U0167393

治山·理水·润城

西宁海绵城市建设探索与实践

沈 敏　王国玉　阳 烨　编著

中国建筑工业出版社

图书在版编目（CIP）数据

治山・理水・润城：西宁海绵城市建设探索与实践 / 沈敏，王国玉，阳烨编著 .—北京：中国建筑工业出版社，2021.1

ISBN 978-7-112-25720-1

Ⅰ.①治… Ⅱ.①沈…②王…③阳… Ⅲ.①城市建设—研究—西宁 Ⅳ.①TU984.244.1

中国版本图书馆CIP数据核字（2020）第247363号

责任编辑：张鹏伟
责任校对：张 颖

治山・理水・润城
西宁海绵城市建设探索与实践
沈 敏 王国玉 阳 烨 编著
*
中国建筑工业出版社出版、发行（北京海淀三里河路9号）
各地新华书店、建筑书店经销
北京点击世代文化传媒有限公司制版
天津图文方嘉印刷有限公司印刷
*
开本：787 毫米 ×1092 毫米 1/16 印张：13 字数：236 千字
2021 年 4 月第一版 2021 年 4 月第一次印刷
定价：**158.00** 元
ISBN 978-7-112-25720-1
（36742）

本书编委会

主　任：沈　敏　王国玉　阳　烨

副主任：司德勇　李雪莲　贺国太　何俊超　王　琦

编委委员：（按姓氏笔画排序）

王文方　王沛永　卢　嘉　田国智　乌云飞　朱　江

刘志成　刘富明　闫晋雅　许梦娇　许得鹏　孙　晨

李万龙　罗茹鹏　贾海花　常　慧

主要参编单位：

西宁市海绵城市建设管理服务中心

中国城市建设研究院有限公司

北京林业大学

编委会指导专家：

牛璋彬　白伟岚

序

习近平总书记在中央城镇化工作会议要求，建设自然积存、自然渗透、自然净化的海绵城市。国务院印发《关于推进海绵城市建设的指导意见》，明确了建设目标、任务和要求。各地将推进海绵城市建设作为落实习近平生态文明思想和新发展理念的重要举措，推动城市绿色发展、转型发展、高质量发展。

2015年以来，全国选择了30个城市开展海绵城市建设试点。通过海绵城市建设，城市防灾减灾能力明显提高，有效缓解内涝积水问题；城市生态环境明显改善，黑臭水体基本得到消除；城市品质和功能明显提升，绿地及滨水空间得到扩展，人居环境得到改善，群众获得感幸福感安全感明显增强。试点城市还从体制机制、政策制度、运作模式、技术标准等方面进行探索，为其他城市推进海绵城市建设提供可复制可推广的经验，也为全球生态文明建设提供中国方案和中国智慧。

青海省西宁市是30个试点城市之一，也是西部地区纳入试点的典型代表。试点以来，西宁市全力推进海绵城市建设，摸索出了“治山·理水·润城”的西北半干旱地区海绵城市建设路径和模式，整个城市因海绵城市建设发生了可喜的变化。“治山”以保护为先，实施整地种植、水土保持、冲沟治理，应势滞水、增绿成景，实现水不下山、泥不出沟；“理水”以净化为重，建设大型湿地，加强雨水和再生水循环利用，实现水清、岸绿、流畅、景美；“润城”以改善城市街区人居环境为主，合理滞蓄、利用雨水，实现雨水润城、生态宜居。目前西宁市正在继续推进海绵城市建设，朝着建成高原美丽城市大踏步前进。

西宁市海绵城市建设取得的成效凝结了本书作者在内的所有参与试点工作人员的心血，也汇聚了大家的智慧。一切向前走，都不能忘记走过的路。在试点结束时，回头看看、想想、写写，将试点经验做法进行分析非常必要。本书全面总结了西宁市推进海绵城市建设的技术路径探索、政策机制创新、建设项目实践等方面的经验做法，可为西北地区推进海绵城市建设提供有益借鉴。

党的十九届五中全会审议通过的《中共中央关于制定国民经济和社会发展第十四个五年规划和二〇三五年远景目标的建议》又一次提出建设海绵城市的要求，为“十四五”期间推进海绵城市建设吹响了新的冲锋号。新时代赋予新使命，新征程呼唤新担当，愿继续与大家一道，振奋精神、坚定信心，锐意进取、扎实工作，持续深入推进海绵城市建设事业。

前言

2016年4月，西宁市入选第二批全国海绵城市建设试点。试点以来，西宁市坚持以习近平新时代中国特色社会主义思想为指导，坚持生态优先、绿色发展，在国家部委，省委、省政府，以及省住建厅、财政厅和水利厅等部门的大力支持和各级领导、专家的悉心指导下，在市委、市政府的高度重视、周密部署下，市政府主要领导亲自安排、高位推动，成立了以市政府主要领导为组长，城建、规划、发改等部门为成员单位的领导小组，统筹配合、聚力攻坚，切实将海绵城市建设作为深入贯彻落实习近平生态文明思想和省委、省政府“一优两高”战略部署的重要抓手，作为建设新时代绿色发展样板城市和“幸福西宁”的实践载体，以推进新型城镇化高质量发展、强化城市绿色发展支撑、提升城市治理体系和治理能力为主线，聚焦“治山·理水·润城”的试点目标，紧抓试点机遇，强化政府引导，凝聚全市之力，完善体制机制，全面落实试点建设任务，并把“大生态、大海绵”理念融入城市建设，构建了“山—水—城”一体共治的海绵城市建设体系，有效推进了海绵城市建设的全域化、自然化和本地化。

经过四年的试点建设，西宁市全面完成《财政部　住房城乡建设部　水利部关于批复2016年中央财政支持海绵城市建设试点绩效目标的通知》（财建〔2016〕546号）中的绩效目标，海绵城市建设成效明显，海绵惠民理念深入人心。在全市21.61km^{2}的试点区范围内，从小区、街道到公园绿地、山林河渠，城市的每一个角落都因为海绵城市的建设而发生了变化，实现了生态、景观、功能的同步提升。“治山·理水·润城”的海绵城市建设理念不断深化，在青藏高原半干旱地区践行生态优先、绿色发展方面迈出了扎扎实实的一大步。

试点过程中，西宁在“治山·理水·润城”海绵城市建设技术路径引领下，系统推进“山体、水系、城市”三类空间治理。着力在体制创新和技术创新方面探索绿色发展和系统建设创新模式，通过加强组织保障、完善标准编制、加强科研创新、实施共同缔造、培育海绵产业五个实施层面具体策略，支撑了西宁城市建设的高质量发展，同时也为西北地区各城市的海绵城市建设提供了有益借鉴。

全书的编写工作由沈敏主持，王国玉和阳烨共同配合进行。撰稿工作从2019年10月开始，2020年9月完稿。撰稿分工情况是：前言、第1章、第2.3节、第3章、第4.1、4.2节、第5.2—5.4节，第6.3节由沈敏执笔，共计十五万余字；第2.1、2.2节、第4.3—4.5节、第6.1节由王国玉、阳烨执笔；其余部分章节及全文附图由编委共同执笔完成。在西宁海绵城市试点建设期间，得到了牛璋彬、白伟岚、王沛永等领导与专家学者的关心与指导，同时也得到中国城市建设研究院有限公司的大力支持，在此一并致以诚挚的谢意。

目录

第1章
河湟夏都高质量发展之初心

西宁是青海省省会，地处黄河腹地青藏高原东部过渡地带，属大陆高原半干旱气候，是西北地区典型的半干旱河谷型城市，也是三江之源和“中华水塔”国家生态安全屏障建设的服务基地和大后方，在国家区域发展战略和生态战略中具有举足轻重的地位。西宁市域总面积7979km^2，占全省面积1.1%，聚集了全省39.3%的人口，经济总量占比达到45%，作为青藏高原对外联系的门户，是青藏高原唯一的百万人口特大城市。相对较好的环境、气候以及公共服务配套设施条件，使西宁成为整个青海乃至青藏高原最适宜人类居住的城市。

在系统剖析西宁的文化传承、建设现状、发展机遇以及预期成效的基础上，明确了西宁海绵城市建设的初心，即贯彻创新、协调、绿色、开放、共享的发展理念，打造山清水秀的生态空间、宜居适度的生活空间，把好山好水好风光融入城市，建设新时代绿色发展样板城市和“幸福西宁”，推进高原美丽城镇的高质量发展。

1.1 湟水河畔千年营城探索

西宁有着悠久的历史，是我国黄河流域文化的组成部分。据城北区朱家寨遗址、沈那遗址和西杏园遗址等考古发现，早在四五千年以前就有人类在这块土地上生产、生活，繁衍生息。汉武帝元狩二年（公元前121年），汉军西进湟水流域，汉将李息、徐自为修建军事据点西平亭，是西宁建制之始。作为青藏高原历史上最早开发的地区之一，从羌笛游牧到屯垦殖谷，从唐蕃古道再到置州设卫，西宁千年营城建设伴水而生，经济社会发展因水而兴。西宁历代主政者均重视水利兴修和农业发展，把修渠引水作为吸引人民前来承垦的基本条件，湟水谷地逐步成为青藏高原重要的农耕区。各民族辛勤劳动，多民族和睦相处，共同创造了灿烂的河湟文化，展现了古城西宁悠久的历史沿革。

黄河流域作为中华民族的摇篮，是中华文明的发祥地，黄河源头在古人看来是圣洁而又遥远的。河湟文化是黄河源头人类文明化进程的重要标志，独特的地理环境孕育了独特的文化。河湟谷地拥有肥沃的土地，便于灌溉使用的水源，适于较原始生产工具的疏松黄土，为这里的先民们从事农耕生产提供了良好的自然条件。河湟地区考古发掘的新石器时期文化遗址，大都分布于河流两岸的滩地之上。可见，这里是人们首选的自然居住地区，也是迁徙到这里的不同民族的首选落脚点，河湟文化是草原文化走廊与农耕文化走廊交汇之地的荟萃瑰宝。

文化的发展、文明的繁盛往往带来对资源环境的巨大改变。作家张承志在《北方的河》中对河湟文化有这样的描述："森林变成了光秃秃的浅山，河床变成了高高的台地，雨水冲垮了山上的古墓葬，于是，顺着小沟，彩陶流成了河……真的，在湟水河流域，古老的彩陶流成了河。"从中可以看出，河湟地区碧水青山的生态环境弥足珍贵。新时代如何采取新的发展方式，讲好"新时代青海黄河故事"，深刻理解、切实贯彻习近平总书记保护、传承、弘扬黄河文化的重要指示精神，西宁海绵城市建设作出了积极回应。

1.2　西宁城市建设发展困扰

伴随着70余年的城市建设发展，西宁经济社会发展高首位度和地区生态环境承载力之间的矛盾突出，生态环境保护和建设任务依然繁重。城市发展进程中人口、资源与环境矛盾依然突出，保护与发展的深层矛盾仍需破解。主要表现在：

1　市域内水资源开发和利用矛盾凸显

西宁是资源型重度缺水城市，人均水资源占有量不足全国水平的四分之一，自然降水时空分布不均，城乡供水能力不足。水资源利用面临地下水开发过度与地表水开发不足并存，水资源刚性需求增长与用水总量红线约束并存，资源性缺水和工程性缺水并存，水资源稀缺与水体污染并存等问题。

2　水生态环境保护和修复任务艰巨

受地理、气候等条件的影响，西宁市水土流失现象严重，部分区域水源涵养和生态功能不强。全市土壤侵蚀面积3321.6km^2，占土地总面积的43.42%。2015年对全市12条河流水质总评价河长678.4km，劣于Ⅲ类水质标准的河长67km，占总评价河长的9.9%。

3　涉水基础设施仍然薄弱

西宁市城市基础设施建设历史欠账多、底子薄、起点低、投入不足。排水、防涝等基础设施体系不健全，存在资金短缺、建设标准低、管理不规范等问题，标准低、配套差、本底不清、管护不足、功能衰减等问题也普遍存在，城市排水"最后一公里问题"突出。

4 流域系统治理仍需不断完善

湟水河、北川河、南川河目前尚未治理河道长度占防洪规划总长度分别为30%、21%、22%，西宁市河道治理工程任务艰巨，目前市级、县级防洪监测预警体系功能以及群防群治等非工程措施均不够完善，仍存在自然灾害隐患。湟水河流域小流域治理、水环境保障工程系统建设仍有不足。

总体来看，西宁市城市建设发展仍处于促转型、补短板、增后劲的发展阶段，要立足省情、市情，以“转”促“建”、补“短”固“长”，牢牢把握新时代中央一系列重大战略机遇，紧扣民生、着眼发展，探索构建适应全面建成小康社会、推进新型城镇化高质量发展、支撑建设新时代幸福西宁城市发展的新模式。

1.3 绿色发展新契机

1 黄河流域高质量发展重大国家战略

习近平总书记在主持召开黄河流域生态保护和高质量发展座谈会时强调，黄河流域生态保护和高质量发展，同京津冀协同发展、长江经济带发展、粤港澳大湾区建设、长三角一体化发展一样，是重大国家战略。这一重大战略布局，着眼中华民族伟大复兴，着眼经济社会发展大局，着眼黄河流域岁岁安澜，是黄河治理史上的一个里程碑，充分体现了全局性和系统性的战略意蕴。

从全局性来讲，黄河流域生态保护和高质量发展事关我国经济社会发展和生态安全。黄河流域是一条连接了三江源、祁连山、汾渭平原、华北平原等一系列“生态高地”的巨型生态廊道,水资源和生态功能极为重要。同时流域内存在着水患频繁、洪水风险威胁较大、生态环境脆弱、水资源保障形势严峻、发展质量有待提高等一系列突出问题。这些问题表象在黄河，根子在流域。筑牢黄河流域生态屏障，既有利于减少水土流失、改善水源涵养、确保黄河生态安全，推进黄河流域高质量发展，更有利于为全流域人民提供清新的空气、清洁的水源、洁净的土壤、宜人的气候等诸多生态产品。

西宁作为黄河上游一级支流湟水河的重要节点城市，黄河流域高质量发展方面结合海绵城市建设先行先试，探索了以流域生态治理、水源涵养功能提升和城乡高质量发展为目标导向的系统化城市水系统治理范式，为黄河上游地区统筹协调流域生态保护和城市高质量发展提供了样板案例。

2 西部大开发战略

西部大开发战略作为我国西部省市发展的顶层设计，为西部的发展指明了方向。2020 年 5 月，中共中央国务院颁布《关于新时代推进西部大开发形成新格局的指导意见》（简称“意见”）明确指出，要加大美丽西部建设力度，筑牢国家生态安全屏障。坚定贯彻绿水青山就是金山银山理念，坚持在开发中保护、在保护中开发，按照全国主体功能区建设要求，保障好长江、黄河上游生态安全，进一步加大水土保持、天然林保护、退耕还林还草、退牧还草、重点防护林体系建设等重点生态工程实施力度，开展国土绿化行动。落实市场导向的绿色技术创新体系建设任务，加强入河排污口管理，强化西北地区城中村、老旧城区和城乡接合部污水截流、收集、纳管工作，加快推进西部地区绿色发展。

西宁海绵城市建设在探索城市排水基础设施绿色更新技术体系、保护流域生态质量、推动城市绿色发展方面进行有益实践，相关经验模式能够有效支撑意见指出的“到2035年，西部地区基本实现社会主义现代化，基本公共服务、基础设施通达程度、人民生活水平与东部地区大体相当，努力实现不同类型地区互补发展，东西双向开放协同并进，民族边疆地区繁荣、安全、稳固以及人与自然和谐共生”的目标。

3 《全国重要生态系统保护和修复重大工程总体规划（2021—2035年）》

习近平总书记多次强调“生态兴则文明兴，生态衰则文明衰”，根据党中央统一部署，“实施重要生态系统保护和修复重大工程，优化生态安全屏障体系”，2020年6月，国家发改委、自然资源部国家发展改革委、自然资源部联合印发了《全国重要生态系统保护和修复重大工程总体规划（2021—2035年）》。规划明确，到2035年，通过大力实施重要生态系统保护和修复重大工程，全面加强生态保护和修复工作，全国森林、草原、荒漠、河湖、湿地、海洋等自然生态系统状况实现根本好转，生态系统质量明显改善，优质生态产品供给能力基本满足人民群众需求，人与自然和谐共生的美丽画卷基本绘就。规划总体布局中重点针对包括青海等8省区在内的黄河重点生态区（含黄土高原生态屏障），提出了“共同抓好大保护，协同推进大治理”的生态保护和修复主攻方向，包括“上游提升水源涵养能力、中游抓好水土保持、下游保护湿地生态系统和生物多样性，以小流域为单元综合治理水土流失，坚持以水而定、量水而行，宜林则林、宜灌则灌、宜草则草、宜荒则荒，科学开展林草植被保护和建设，提高植被覆盖度……”等重点内容。

西宁位于黄河重点生态区（含黄土高原生态屏障）区域范围，做好与流域治理、水土保持、国土绿化、生态修复等工作的有机衔接和科学协同，是提升西宁海绵城市建设内涵水平，促进技术本土化、自然化的必经之路。

4 《兰州—西宁城市群发展规划》

兰西城市群是指以兰州、西宁为中心，主要包括甘肃省定西市和青海省海东市、海北藏族自治州等22地州市的经济地带，是中国西部重要的跨省区城市群，战略地位突出。促进该地区发展，关系到国家安全和发展战略全局，是西部地区全面建成小康社会和实现社会主义现代化的关键。2018年3月国务院印发了《兰州—西宁城市群发展规划》，指出兰西城市群的发展将重点着眼国家安全，立足西北内陆，面向中亚西亚，培育发展具有重大战略价值和鲜明地域特色的新型城市群。兰西城市群将是维护国家生态安全的战略支撑、优化国土开发格局的重要平台、促进我国向西开放的重要支点、支撑西北地区发展的重要增长极、沟通西北西南、连接欧亚大陆的重要枢纽。规划到2035年，兰西城市群协同发展格局基本形成，各领域发展取得长足进步，发展质量明显提升，在全国区域协调发展战略格局中的地位更加巩固，形成“一带、双圈、多节点”发展新空间。规划重点提出构筑区域生态安全格局，依托三江源、祁连山等生态安全屏障，强化城市群内群外生态联动，维护区域生态安全；加快构建以黄河上游生态保护带，湟水河、大通河、洮河和达坂山、拉脊山等生态廊道构成的生态安全格局；系统整治黄河流域，连通江河湖库水系，严格保护湟水、大通河、洮河及渭河等河湖水域、岸线水生态空间，强化与周边青海湖、甘南高原等重要生态区保护建设的联动。

《兰州—西宁城市群发展规划》明确提出了该城市群是维护国家生态安全的战略支撑，生态空间需不断扩大，黄河、湟水河及渭河等流域综合治理要取得重大突破，需大力发展文化旅游和文化创意产业。西宁作为黄河上游的重点城市，生态价值及地位凸显，海绵城市建设既能巩固西宁做好黄河上游生态建设排头兵的建设成果，又能助推打造“大美青海”的靓丽名片。

1.4 海绵理念助力“人—水—城”和谐构建

海绵城市继承和发扬了中华民族在适应自然、改造自然的实践中所形成的具有中华文明特质的传统哲学精髓，生动地描述了人水和谐共生的城市新形态，是着眼于雨水、洪涝治理并解决水环境、水安全、水资源、水生态、水文化等问题的系统认识论与方法论。以往城市建设是条块化、项目化的，也是碎片化的，诱发了环境恶化、资源紧张、安全问题频发等诸多“城市病”，市民、自然和城市三者之间的关系日益紧张。海绵城市推崇自然生态环境保护、修复与工程技术运用的有机结合和科学统筹，架设了自然环境与人工环境有机融合的桥梁。城市人工环境应当在与自然环境有机融合的基础上形成高效、有序运行的系统，为城市运行与发展提供支持，做好城市地下“里子”、地上“面子”，共同构建“人—水—城”和谐的城市系统。

近年来，西宁市委、市政府坚持新发展理念，保持和强化生态发展定力，严格产业准入标准，依法关停并转一些高污染企业，采取了城市“留白”、建设绿芯绿廊绿道、将甘河工业园约6400亩工业用地用于申办“园博会”、提升湟水河水利功能和水系景观等措施，率先在西北地区成功创建国家森林城市，空气质量优良率、空气质量综合指数位居西北省会城市“双第一”。尤其是海绵城市建设对人居环境改善和经济社会发展产生了明显的促进作用，在经济发展新常态下显示出绿色发展的旺盛生命力。

1.5 试点建设助推全市绿色发展

以城市生态治理问题为导向，市委、市政府以践行生态治理、绿色发展确立了城乡建设发展“打造绿色发展样板城市，建设新时代幸福西宁”的总目标。

西宁以推进新型城镇化建设和城市高质量发展为着力点，全面推进都市区空间重构，确立了以 200km^2 的“城市绿芯森林公园”为一芯，西宁主城与多巴为双城，“一芯双城、环状组团发展”的山水生态新格局，坚持以生态保护优先为原则引领各项工作，通过战略预留、空间预控、分类调整等方式，“先绿后城、绿色为底”理念在多巴新城、南川片区、北川片区规划建设过程中得到全面落实。通过打造绿色发展的空间格局，为构建“山—水—城”一体共治的海绵城市建设体系奠定了良好的空间格局。

针对生态基础脆弱、环境约束凸显的区域条件，近年来大力实施南北山三期绿化、湟水流域国家百万亩规模化林场等重大生态绿化工程建设；突出水环境治理，以城市黑臭水体治理攻坚、实施水生态文明城市为抓手，加快实施北川河、南川河、西川河水系水域生态环境治理工程；按照“清洁西宁、美丽夏都”创建行动计划和15分钟幸福生活圈建设三年行动方案，推动社区人居环境、公共服务设施提质、提标、扩面，持续提升城市环境治理，不断完善公共服务体系，提升市民公共服务供给质量，着力打造“绿色之城、碧水之城、幸福之城”。贯彻创新、协调、绿色、开放、共享的发展理念，打造山清水秀的生态空间，宜居适度的生活空间，把海绵城市建设理念融入城市好山好水好风光，实现“生态、安全、宜居”的城市综合治理目标，不断践行西宁海绵城市试点建设的初心。

第 2 章
“治山·理水·润城”特色海绵城市建设路径

2.1 本底特征与建设需求

2.1.1 城市本底特征

1 城市山水格局

西宁位于高原丘陵地区，地处湟水流域，境内山川相间，沟壑纵横，山区为强烈侵蚀基岩低山丘陵，坡度基本在 15° 以上，城区地势相对平缓，坡度在 5° 以下，竖向条件较明显，有利于雨水径流的梳理组织；境内河流基本是本地降雨汇流产生，河道沟渠汇水分明。

中心城区位于山间谷地，临水而建，成“两山对峙、三水汇聚、四川相连”的山水格局，山体是城区的生态屏障，水系是城区的生态红利，独特的山水格局具有良好的生态本底。利用好这种本底，将有效提升城市生态环境，改善百姓居住环境。

试点区背山面水，作为西宁市“山—水—城”骨架的一个典型空间结构单元，是城市建设敏感区域，也是城市水问题最集中、最具代表性的区域。海绵城市系统化设计以解决“水”问题为抓手，与城市空间单元、发展方向和城市迫切需求紧密联系，避免“为了海绵而海绵”，促进海绵城市持续、健康、蓬勃地发展（图 2-1-1）。

2 大陆高原半干旱的气候特征

西宁属大陆高原半干旱气候，年均降雨量 410mm，年均蒸发量 1212mm，全年基本以中小雨为主，其产汇流水文过程多呈现出雨时产流小而慢，易蒸散发的特点。降雨时空分配不均，主要集中在 5—9 月，年均强降雨量 31.1mm，年均频次仅 1.4 天，其降雨时空分布不均且降雨量少的自然特征，致使城区水资源相对匮乏，人均水资源占有量仅占全国平均水平的 14%（图 2-1-2）。

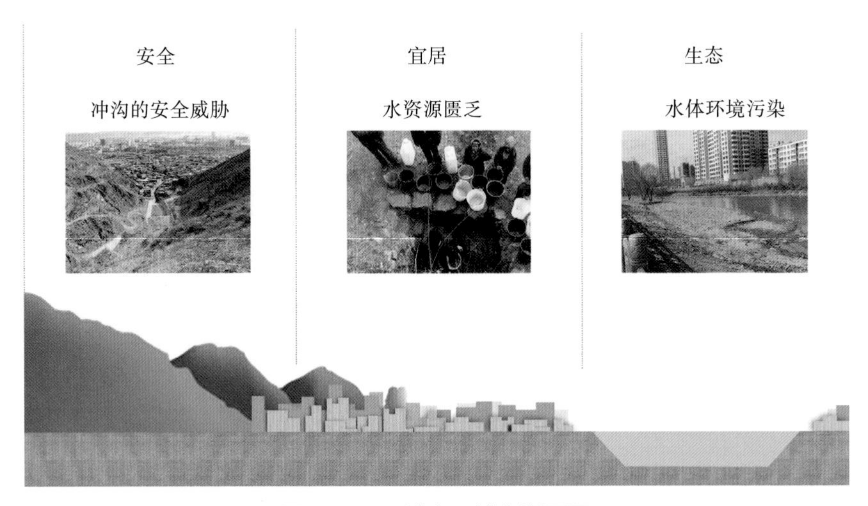

图 2-1-1　试点区城市断面图

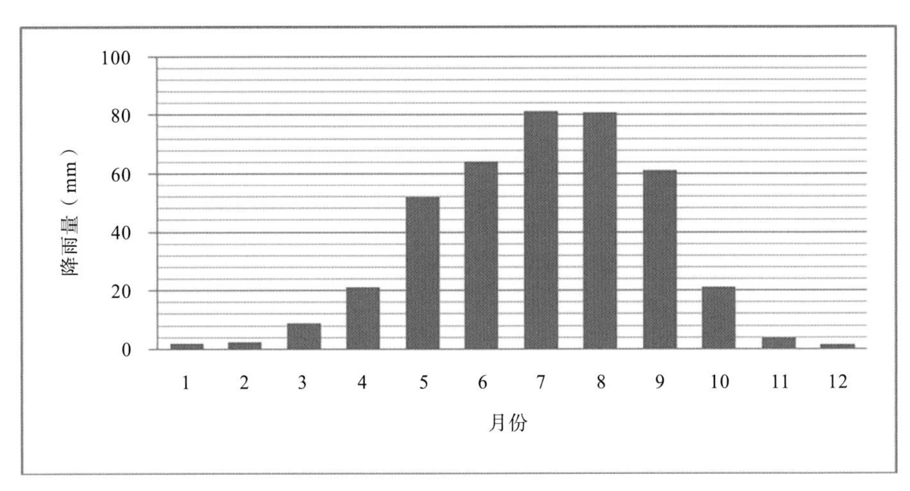

图 2-1-2　多年平均月降雨图

3　渗透性良好、环境适宜的突然结构

西宁作为典型的高原丘陵地貌，地质基层稳定，土壤类型以厚黑黏淤土为主，属稍湿的弱透水层，黄土湿陷性等级属中等偏弱，土壤含水量较均匀，容重较低，孔隙度相对较大，pH 值在 6.5—7.5，土壤渗透系数基本在 5×10^{-6}m/s 以上，雨水渗透效果较好，土壤环境适宜。地下水属松散岩类孔隙潜水，是流域内最丰富的地下水资源，潜水埋藏深度在 10m 以下。综合来看，西宁本底土壤和地下水条件有利于海绵城市设施的建设（图 2-1-3）。

4　城市化扩展、逐年硬化的地表特征

1995 年到 2005 年期间，城市发展缓慢，城市建设用地面积仅增加 $2km^2$；2005 至 2015 年，由于国家西部大开发战略的实施，城市发展迅速，建成区面积由原来的 $68km^2$ 扩张至 $118km^2$，原有大量农田、耕地转为城市建设用地（图 2-1-4）。

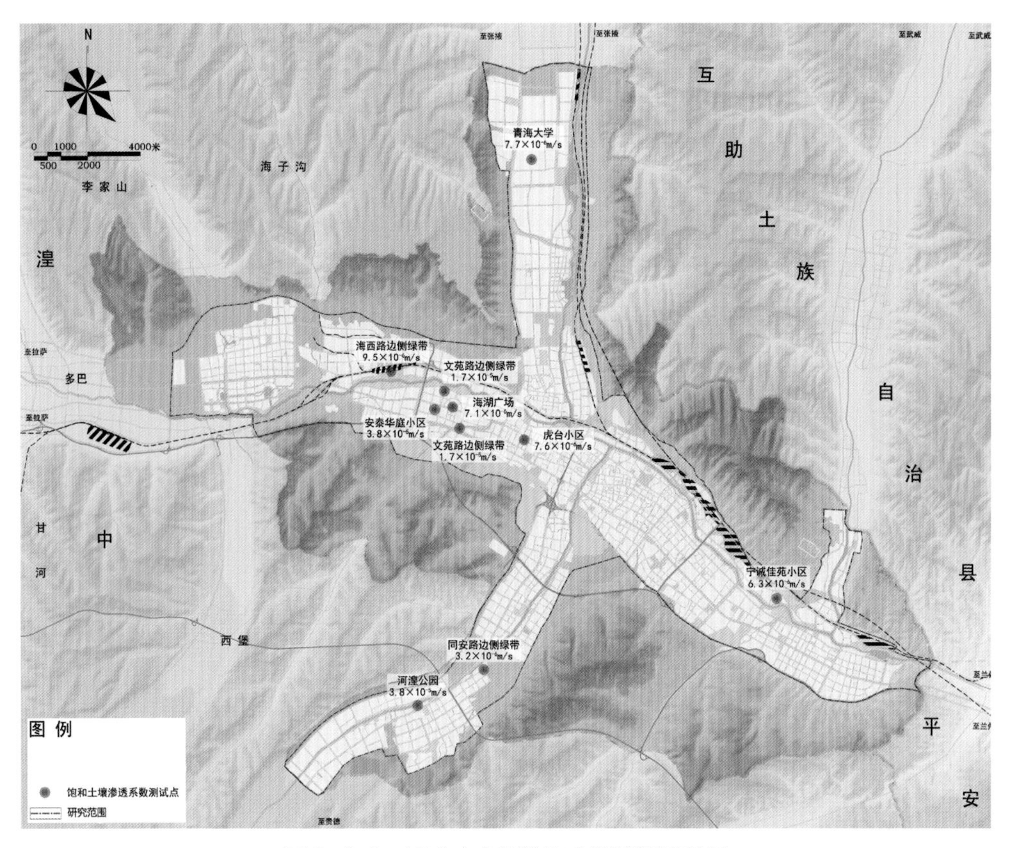

图 2-1-3 西宁市土层饱和土壤渗透系数图

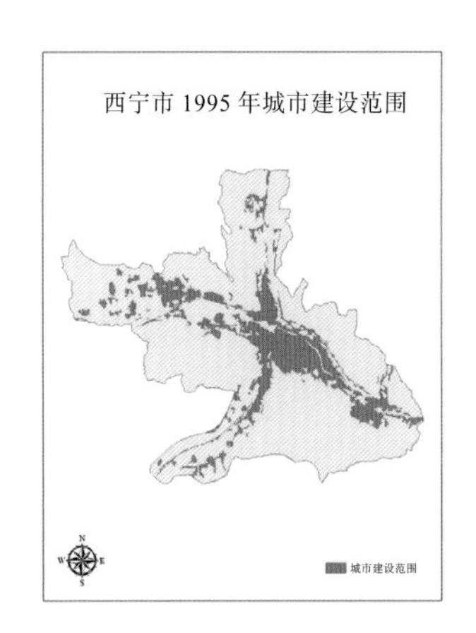

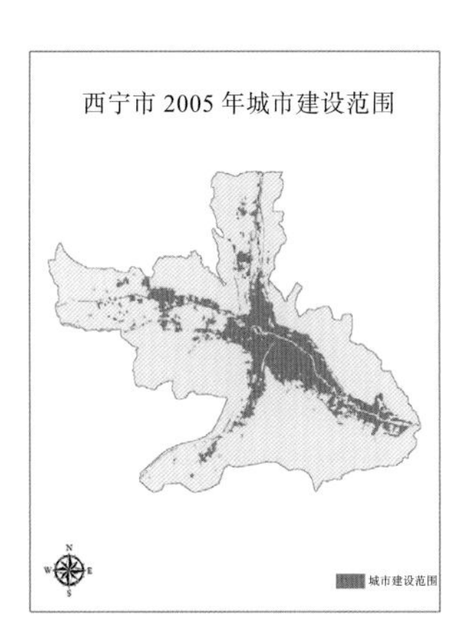

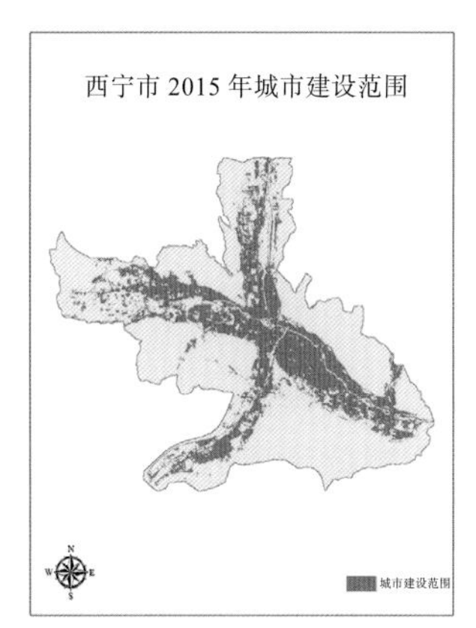

图 2-1-4 西宁市城市建设用地遥感分析图

2.1.2 城市发展主要问题

西宁作为典型的西北地区川道河谷型城市，伴随高速的城镇化发展，日益凸显的城市病制约着绿色城市的发展和人居环境的提升。海绵城市建设立足系统性，以海绵试点建设为突破口和着力点，剖析得出试点区的主要问题表现在以下四个方面。

1 水资源

（1）人均水资源占有量低，供需矛盾突出

西宁市多年平均水资源总量为13.14亿m^3，多年平均地表水资源为12.93亿m^3，地下水资源量多年平均值为8.94亿m^3，地下水和地表水重复量8.73亿m^3。西宁市的入境水量总量为3.77亿m^3，其中由海晏县入境2.45亿m^3；出境水量为12.60亿m^3，其中由湟水干渠出境的水资源量为12.48亿m^3。人均水资源量约为570m^3，分别占全国和全省人均水资源量的近1/4和1/20，属重度缺水城市。西宁市水资源短缺问题是资源性短缺与工程性短缺并存造成的，解决水资源供需矛盾，必须工程性措施与非工程性措施“双管齐下”。一方面人均水资源占有量远低于全国水平；另一方面，虽然水源设计供水能力为66.8万m^3/d，但因水厂工艺缺陷、设备陈旧、供水管网不匹配等限制，水厂生产能力仅为44.5万m^3/d，实际输配能力只有34万m^3/d，已达供应能力上限。

（2）水资源过度开发至生态脆弱，水源地安全卫生隐患凸显

现状地下水开采量占总开采量的84.8%，长期的地下水源开采，导致西宁市局部地下水源地出现地下水含水层降落漏斗问题。如塔尔水源地降落漏斗中心静水位下降7.34m，降落漏斗面积达到11km^2；第四水厂的开采致使大通县石家庄水源地降落漏斗中心静水位下降5m，降落漏斗面积达到6km^2，同时还发生地面建筑沉陷、民用井干枯、地表植被枯萎等问题。

水源地周围生产性项目的建设、养殖业的存在、种植业面源污染带来的隐患较为突出。同时周边生活垃圾的堆放、生活污水散流，导致各水厂水源地存在被污染的隐患，水源地植被的破坏导致水土流失，给水质安全带来新的压力。

（3）城市供水管网建设时间久远，与城市供水需求不匹配

与全国沿海其他同类城市相比，西宁市现有水厂在生产规模、工艺自动化程度、水源保护方面还有差距，西宁市水厂规模较小，数量较多，不利于水源的统一调配。

部分地下水源的输水管线为20世纪80年代施工的管线，管材质量差，材质已老化，承担不了不断提升的管网压力，近年管网漏损率不断增大，供水安全性无法保证。老城区局部供水管网同样面临类似问题。城市东部、南部地区输配水能力不足，缺水问题日益突出。

随着第七水厂投入使用，现有的输配水干管管径偏小，不堪重负，部分管段为瓶颈管段，安全隐患较多，缺少减压及加压设施，部分地区水压偏高，部分地区需要加压供水。

（4）非传统水资源利用率不高

西宁地区降水分布不均、湟中、大通降水量较多，西宁市区、湟源降水较少。

城市供水方面，西宁第四和第六水厂设计供水能力达到24万m^3/d，以黑泉

水库为水源建成的第七水厂供水能力达到 30 万 m^3/d，今后北川大通地区水源将占到西宁市水源总量的 90%，因此导致西宁市供水水源方向单一，如需充裕的水量，需要建设长距离调水工程，投资巨大。

西宁市的雨水收集主要应用于城市建设用地之外的农林用地灌溉，城区雨水集约利用不够。在西宁市境内城南建设雨水设施，可蓄水量 164.16 万 m^3，其中 5 座涝池，库容 0.16 万 m^3，淤地坝 9 座，库容 164 万 m^3。建筑与小区中只有香格里拉城市花园、韵园小区采用了雨水收集方式，在韵园小区 2 号楼的绿地下面建设有一个 300 多 m^3 的蓄水池，下雨时通过小区的雨水收集管网收集小区雨水，通过沉淀、净化后回用于小区绿化用水。

目前西宁市已建中水回用厂仅一座，位于第三污水处理厂内，利用第三污水处理厂出水，处理规模 3.5 万 m^3/d，处理工艺为硝化及反硝化生物滤池 + 混合反应沉淀 + 过滤及双膜处理，处理后的中水主要用于补充东川经济技术开发区的景观补水、城市绿化用水、浇洒道路用水和宁湖景观用水。

2 水生态

（1）工业污染严重，水生态系统日趋恶化

西宁市第二产业比重高，结构性污染突出，金属冶炼、化工、食品加工、畜禽养殖和制药业是工业排污的重点行业。且大部分工业园区都沿河流沟道分布，如甘河工业园区、东川工业园区等，这些污染严重影响了水系统的生态环境，致使水岸生境发生变化，生物栖息地遭到破坏，生物多样性降低（图 2-1-5）。

（2）河流水系片段化，景观水体连通性较差

湟水河干流从西宁城区穿城而过，两岸支沟发育，水系呈树枝状分布，共有一级支流 4 条，大小支沟 60 余条。随着西宁城市的建设发展，不合理的利用方式使得河流水系的连通性遭到破坏，河流沟道的自然联系被人为阻断，许多汇入湟水干流和一级支流的沟道在汇入城区前被灌溉干渠节流，沟道与河流的连通被人为截断，致使河流水量减少，甚至出现断流现象，造成河流湿地生境片段化。而一些汇入城区的沟道由于位置偏远，未纳入城市蓝线管理，季相性断流的沟道存在侵占、填埋现象，致使城市水系破碎化。城市公园内湖泊水循环不畅，泥沙淤积严重。公园内湖泊与湟水河之间只有地下水联系，市区公园内的湖泊就是湟水河的地下水补给。由于湟水河橡胶坝常年抬高水位，湖泊与河流失去了依靠水位变动的侧向交换，水循环能力差，夏季富营养化（图 2-1-6）。

（3）建成区主要河流水系岸线硬化比例较高，泥沙淤积严重

建成区内主要河流包括湟水河、南川河、北川河等，岸线硬化比例较高。主要河流岸线总长度约为 70.2km，其中生态岸线 14.6km，生态岸线仅占 20%。河流在建成区内不同区段的驳岸硬化断面有所不同，包括垂直渠化断面、台阶式渠化断面和斜坡式渠化断面。城区湟水段直立式混凝土护岸加上间距不远的

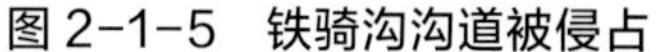

图 2-1-5　铁骑沟沟道被侵占

图 2-1-6　人民公园、儿童公园与河流的关系

橡胶坝，整个河流相当于水渠。河岸固化改变了水流的自然规律，隔绝了土壤与水体之间的物质交换，使岸坡生物失去了赖以生存的环境，造成河流生态的恶化。橡胶坝的分段拦截，使得湟水河城区段的泥沙淤积严重，根据现场调查，中心城区河段泥沙淤积 0.5m 以上（图 2-1-7）。

图 2-1-7　湟水河西宁城区段情况

3　水环境

（1）管网建设和污水处理能力不足，箱涵溢流污染严重

目前西宁市排水管网构架已经成形，新建城区、道路的排水管网实现雨污分流，老城区雨污分流改造进展缓慢，雨水系统远未完善；污水处理设施发展相对滞后，污水处理程度低，尾水污染物浓度高。另外由于常年满负荷运行，无力接纳超出处理规模的未处理污水，使湟水河沿岸污水箱涵常年溢流，对湟水河水体及周边环境造成不利影响。针对此情况，一方面需加强分流制管网的改造，对于分流制改造困难的区域，应加强污水截流工作的推进；另一方面，完善污水收集处理系统，加强污水处理厂建设，提高污水输送和处理能力。

（2）降雨径流污染物浓度高，入河负荷贡献大

西宁市雨水初期污染比较严重，面源污染产生的污染负荷是主要污染来源，对于南川河贡献的入河负荷大，是西宁市主要河流水质超标的重要原因。因此需要加强海绵城市建设，通过源头低影响开发设施建设提高径流控制，必要时增加末端处理设施以削减雨水径流污染。

4 水安全

（1）排水设施设计标准较低

根据现场调研，西宁市部分雨水管渠设计暴雨重现期为1年一遇。随着西宁城市建设的加速，原有绿地、农田变为高楼大厦或道路，不透水区域持续增加，极大地改变了城区降雨的入渗过程，造成雨水管网系统负荷增加。城市建设和城市局部功能调整，在竖向标高设计方面改变了原有的分水线，导致既有排水系统的汇水面积增大。在城市规划初期部分没有纳入原雨水排放系统的区域，随着区域开发和建设，需就近纳入城市排水系统，这样也会增加既有排水系统的汇水面积，改变初期城市规划的排水系统负荷，出现按照原来场地分水线设计的排水系统排水能力不足的情况。经采用Mike Urban水力模型对现状城市排水管网系统进行评估，西宁市现状排水管网系统中未达到设计标准的管线约118.7km，占现状管网总长的28.24%，详见图2-1-8。

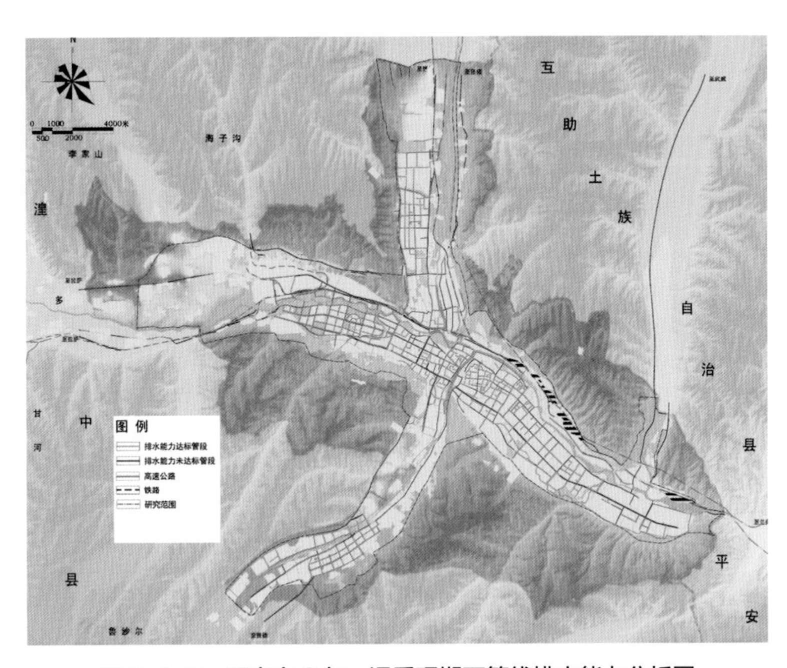

图2-1-8 西宁市2年一遇重现期下管线排水能力分析图

（2）后期管道运维不到位

排水管道在施工和运营过程中，管道破坏和变形的情况时有发生。地面不

均匀沉降等外界环境因素和人为因素均易导致管道结构性缺陷和功能性缺陷，加之缺乏长期有效的管理维护，致使多数排水管道不能发挥应有的作用，当暴雨来袭时，雨水不能及时排除，造成路面积水。

（3）局部存在内涝积水风险

西宁市属山区类地形城市，河沟分布广，密度大，比降陡，洪水都是由暴雨或大雨形成，由于所处地形、降水时空特点，加之植被条件差、侵蚀严重，因而产生的洪水过程陡涨陡落，峰高而量不大，历时短，强度大，并伴有滑坡、崩塌、泥石流等次生地质灾害。西宁地区历史上经常遭受洪水灾害，据史料统计，西宁市湟水河仅在1979—2010年30余年间，因暴雨洪水形成的灾害就有7次之多。

结合Mike Urban模型的模拟结果，给出了西宁市发生内涝情形的积水深度分布。结合城市历史积水情况，经梳理分析，50年一遇情形下内涝片区大于15cm积水深度的主要内涝积水点共18个。从受涝影响和区域特征来看，主要是地势低洼、排水设施不完善、排水能力不足、雨水管线破坏或排水不畅等原因造成的局部或区域积水。内涝点分布见下图所示，具体各内涝点位置及原因分析见图2-1-9所示。

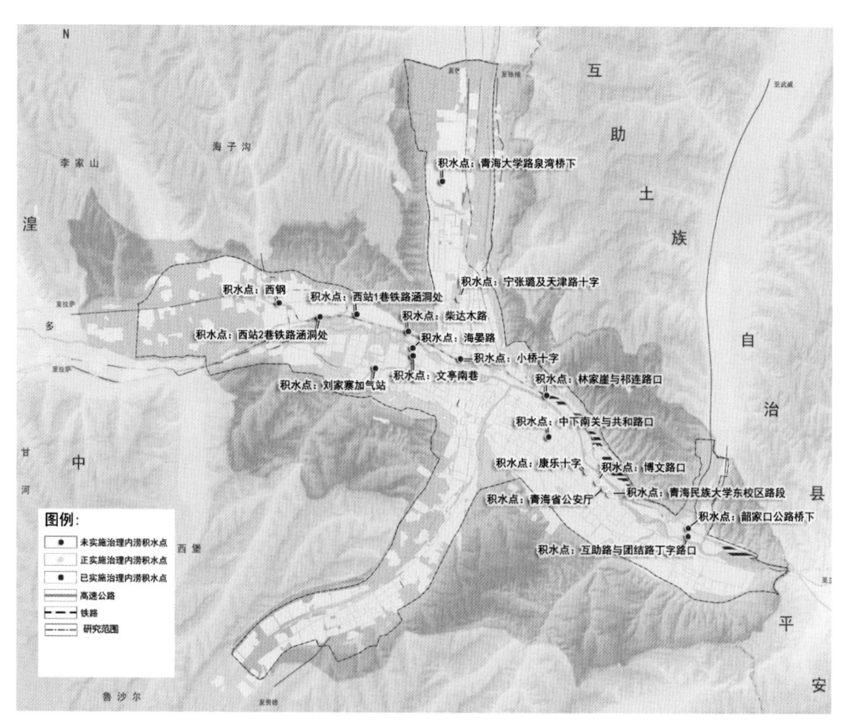

图2-1-9 西宁市内涝点分布图

2.1.3 城市发展建设需求

1 重要海绵体的识别与保护

目前，西宁市生态本底状况相对较好，生态系统完整，应围绕西宁市特有的地形地貌及水文特征，通过分析“山、水、林、田、湖、渠”等海绵自然要素，构建西宁市海绵安全格局，在区域空间上识别“点、线、面”的重要海绵体，保护梳理自然与城市之间“山—城—水”的关系。

2 水土流失的治理及驳岸的生态化保护建设

通过对西宁水生态现状的梳理可以看出，一方面，无序的城市建设侵占了大量农田和生态林地，破坏了原有的自然生态环境及地表植被，导致冲沟水土流失的问题日益严重，另一方，工矿企业的发展对原地形地貌造成了严重的破坏，留下大量的沙坑地，进一步加剧了生态环境的恶化；目前，西宁河道两侧的自然驳岸率相对较高，随着西宁城市的快速发展，应进一步加大对自然驳岸的保护，避免在城市发展过程中对河道驳岸造成破坏，同时，对河流、冲沟以及渠道等已经硬质化的水系驳岸，可结合滨河公园、绿道等绿色空间建设进行生态化改造。

3 水环境污染负荷的预测及水质保障

通过对现状水环境的分析可以看出，目前，西宁市雨污合流、混接等问题严重，现状水环境质量较差。因此，城市雨污分流改造是西宁市未来水环境保障的基础，结合城市总用地性质及下垫面情况，分析水环境污染量，结合水环境容量进行水环境污染负荷计算，通过“源头、中途、末端”布设相应的海绵设施，保障城市水质达到水环境功能区域的标准要求。

4 城市洪涝防治体系的评估及提升改造

随着城市发展建设，西宁市排水防涝系统也需要得到逐步完善提高，对存在雨污合流的老城区与缺乏管网系统的棚户区进行综合改造；针对市区的积水点成因，制定优化方案，排除内涝安全隐患。

5 非常规水资源的校核与利用

西宁市区域属于资源缺水型重度缺水地区，远期城市给水依赖外调水，一定程度上限制了城市发展。水资源时空分布不均，农业生产季节缺水，城市人口集中的川谷地区较流域范围内其他区域降雨少，生产生活用水依赖水利设施。水资源浪费现象较为严重，水资源利用效率低，非常规水资源利用一片空白。因此，需要提高生产、生活用水效率，同时提高再生水、雨水利用等水资源的利用效率。

2.2 “治山·理水·润城”海绵城市总体谋划

2.2.1 总体规划目标确定

生态海绵：识别海绵城市的山、水、林、田、湖要素，构建“山环城、城连山”；“林润城、城郁林”；“水融城、城涵水”的生态格局。

集约海绵：以径流控制为目标，以水资源集约利用为导向，确定海绵建设分区，落实分区控制指标，最大限度地实现雨水的自然积存、自然渗透、自然净化。

系统海绵：协调水环境、水生态、水安全、水资源四大类水系统规划，构建多功能的海绵系统。

2.2.2 指标体系构建

以问题为导向，立足于城市需求，在水生态、水安全、水环境和水资源指标基础上，增加有关山体保护与修复的指标，补充与细化水资源利用指标，弱化城市热岛以及水安全相关指标，搭建“治山·理水·润城”目标指标体系，详见下表。如在治山部分，新增水土流失治理比例与沟道防洪标准，为城市安全与河道水质提供保障（表 2-2-1）。

基于“治山·理水·润城”规划框架的西宁市海绵城市建设指标体系表　　表 2-2-1

目标分类		建设指标	数值
治山	涵养水源	山体植被覆盖率（新增）	≥ 85%
		年径流总量控制率 / 对应设计降雨量	98%/27.4mm
	保持水土	水土流失治理比例（新增）	≥ 80%
		山洪沟道防洪标准（新增）	30 年
理水	清水入湟	河道检测断面水质	不低于地表Ⅳ类水标准
		河道防洪设计重现期	100 年一遇
	蓝绿交织	水系生态岸线比例	≥ 85%
润城	小雨润城	年径流总量控制率 / 对应设计降雨量	85%/13.0mm
		SS 综合削减率	≥ 50%
	用排相宜	雨水管渠设计重现期	2—5 年一遇
		内涝防治设计重现期	50 年一遇
		雨水利用量替代城市自来水比例（优化）	≥ 2%
		污水再生利用率（新增）	≥ 50%

2.2.3 规划总体技术路线

西宁城海绵城市专项规划结合西宁现状情况，以目标和问题为导向，分为前期研究、问题识别、目标确定、体系构建、保障实施五大部分，具体技术路线如下图所示。

在“水生态、水环境、水安全和水资源”规划框架的基础上，从问题识别、目标确定、规划措施三个方面进行优化，解决框架覆盖不全面或有偏差的问题，使“问题—目标—措施”更加契合西北半干旱河谷型城市实际（图 2-2-1）。

2.2.4 生态安全格局分析

采用遥感解译、GIS 提取等方法，对区域自然生态要素（山、水、林、田）

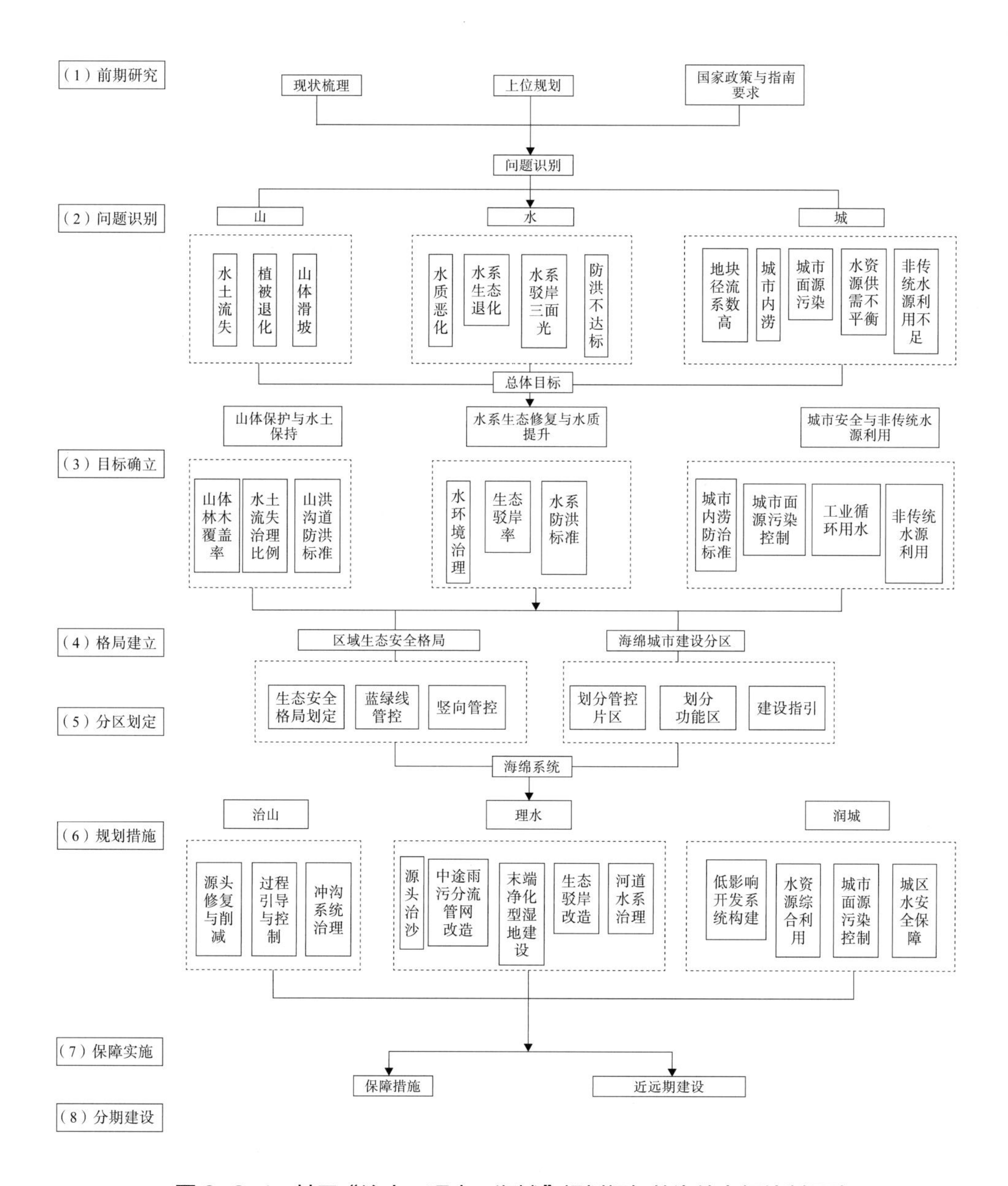

图 2-2-1　基于“治山·理水·润城”规划框架的海绵专规编制思路

进行空间识别。在此基础上进行生态基底的敏感性分析，采用 AHP-Delphi 法，确定指标及其权重，辅以 GIS 叠加分析技术得出分析结果。确定生态基底敏感性后，识别重要的生态廊道和斑块，叠加中心城区建设情况、用地规划、绿地系统规划，构成生态安全格局（图 2-2-2）。

1　山水林田的生态要素识别

西宁市中心城区位于河流交汇的谷地，东北、东南、西北、西南均为起伏

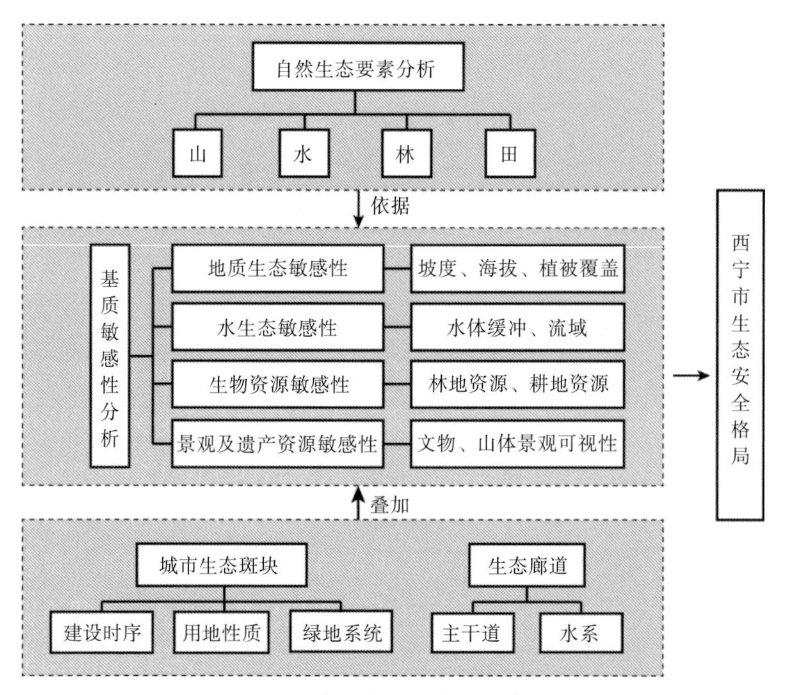

图 2-2-2　西宁市生态安全格局构建技术路线图

的黄土梁峁。西宁市水系由东西向的湟水河以及南北向垂直于湟水河的支流构成，呈现出较为规整的鱼骨状结构特征，水流方向自西向东。中心城区及其周边的林地主要分布于湟水河支流谷地以及立地条件较好的山地。虽然林地覆盖率不高，但多年的植树造林工作正在显现出一定的成果。农田主要分布于湟中县境内，根据《湟中县土地利用总体规划（2006—2020 年）》，2015 年湟中县耕地面积 67140.7hm^2，占县域总面积的 26.24%，其中基本农田面积 51421.67hm^2，占耕地总面积的 76.6%（图 2-2-3）。

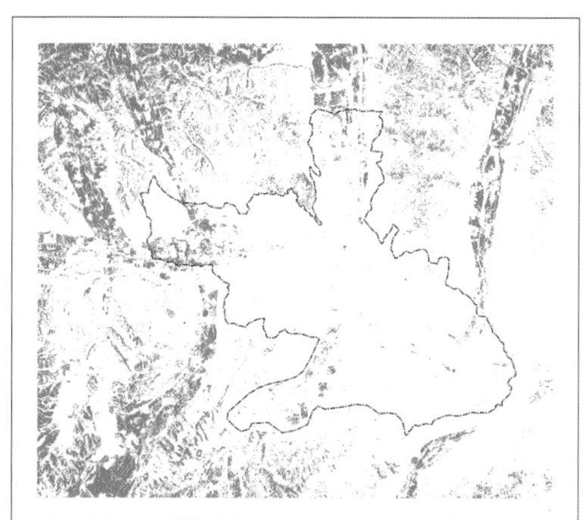

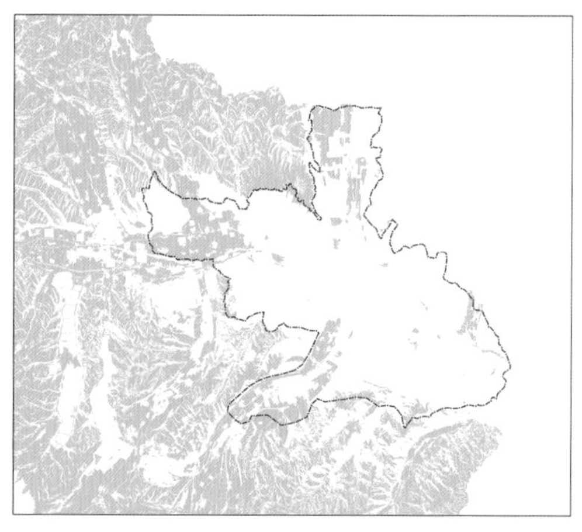

图 2-2-3 西宁市自然生态要素分析图（上页左：山；上页右：水；本页左：林；本页右：田）

2 基于 AHP-Delphi 法的城市基质敏感性分析

（1）敏感性指标体系构建

从地质生态敏感性、水生态敏感性、生物资源敏感性、景观及遗产资源敏感性入手，构建 4 类 9 项指标体系。根据各指标的现状特征及相关生态学理论，对指标属性进行分级，通过 AHP-Delphi 法确定每一等级属性评价值，并得出指标综合权重，详见表 2-2-2。

生态敏感性分析指标体系构建　　表 2-2-2

序号	约束层	指标层	属性分级	评价值	指标权重
1	地质生态敏感性 0.25	坡度	<10°	1	0.13
			10° —20°	3	
			20° —30°	5	
			>30°	7	
2		海拔	<2400m	1	0.07
			2400—2500m	3	
			2500—2700m	5	
			>2700m	7	
3		植被覆盖	0.45<NDVI	1	0.05
			0.3<NDVI<0.45	3	
			0.2<NDVI<0.3	5	
			NDVI<0.2	7	
4	水生态敏感性 0.25	水体及缓冲	水系本体	7	0.19
			河流缓冲区	5	
			其他	1	

续表

序号	约束层	指标层	属性分级	评价值	指标权重
5	水生态敏感性 0.25	流域面积	<30km^2	1	0.06
			30—60km^2	3	
			60—100km^2	5	
			>100km^2	7	
6	生物资源敏感性 0.25	林地资源	NDVI<0.2	1	0.2
			0.2<NDVI<0.3	3	
			0.3<NDVI<0.45	5	
			0.45<NDVI	7	
7		耕地资源	耕地	5	0.05
			其他	1	
8	景观及遗产资源敏感性 0.25	文物资源	地下文物埋藏区	5	0.07
			其他	1	
9		山体景观可视性	高度可视	7	0.18
			中度可视	5	
			低度可视	3	
			不可视	1	

（2）地质生态敏感性分析

西宁市地处黄土高原与青藏高原的过渡地带，属黄土丘陵沟壑区第四副区，土质疏松，降雨集中，易受到水土流失、泥石流等灾害的影响。叠加坡度、海拔、植被覆盖度因子，对地质敏感性进行评价分析。分析结果显示，中心城区南北浅山丘陵地带，尤其是中心城区东北部山体是水土流失风险最大的地区，此区域分布着湟水河一级、二级支流，黄土土质疏松，林地覆盖率低，斑块破碎，营林养护条件较差，规划中应重点考虑对该区域进行水土流失治理，加大对优质林地资源的保护和养护。

（3）水生态敏感性分析

湟水干流两岸支沟发育，水系呈枝状分布，最大支流有北川河、沙塘川、西纳川等。区域位于西北半干旱高原地区，水资源紧张且水生态环境脆弱。研究叠加各级水系及其两侧 100m 缓冲区以及流域面积因子，得出水生态敏感性分析结果。规划应重点保护河流廊道及其两侧的生态环境，保障水质水量。在生态敏感性较高的区域，应对工业等可能造成污染的产业进行严格管控，提高水资源循环利用率，避免造成污染。

（4）生物生态敏感性分析

西宁市林地、耕地资源主要分布在湟水河支流谷地以及立地条件相对较好的山地。中心城区范围内林地和耕地主要集中在城西、城北，其余地区林地斑块分布相对破碎，耕地分布相对较少。叠加林地资源和耕地资源因子，得出生物生态敏感性分析结果。规划应加大对重点森林资源的保护和抚育，进一步提高西宁市森林覆盖率。应减少建设用地侵占农用地的现象，明确基本农田保护范围并严格保护。

（5）景观及遗产资源敏感性分析

西宁市拥有悠久的发展历史，中心城区内现有 3 处国家级文物保护单位、29 处省级文物保护单位、6 处市级文物保护单位，此外还有沈那遗址、虎台遗址和青唐古城等地下文物。相关保护规划已对地下文物划定保护区，本次规划将地下文物埋藏区的分布纳入敏感性评价体系。此外，选取西宁市主要交通干道，包括西塔高速、昆仑东路、西路、西川南路、京藏高速等，对沿道路的山体可视性进行分析，作为敏感性评价因子。分析结果显示，中心城区四周山体可视性较高，尤其是西北、西南部山体，规划应做好山体可视面的生态景观恢复，对水土流失等地质灾害进行防护，避免在景观高敏感区建造干扰性建筑、构筑物。

（6）综合生态敏感性分析

西宁市位于青藏高原与黄土高原的过渡地带，其所处的湟水河流域为黄河源头的大型支流，中心城区周边土壤质地较差，水资源缺乏，植被覆盖率低，水土流失较为严重，生态基底较为敏感脆弱。随着西宁市建设用地不断扩张，中心城区周边的生态绿色用地逐渐被蚕食。识别中心城区及其周边的生态敏感程度，在此基础上构建区域生态安全格局具有重要的意义。通过生态敏感性分析，留足绿地与水域的生态空间，实现城市与自然的共生。

叠加地质生态敏感性、水生态敏感性、生物资源敏感性、景观及遗产资源敏感性，得出西宁市综合生态敏感性分析结果。将西宁市生态敏感性等级分为高敏感、中敏感、低敏感、不敏感四类。其中高敏感区主要是水系以及可视性较高、植被覆盖较高、坡度较陡的山体，占中心城区总面积的 13.2%；中敏感区主要是农田以及山体、水系的缓冲区域，占中心城区总面积的 24.1%；低敏感区和不敏感区主要是植被覆盖率较低、地形较为平缓的建成区，低敏感区占中心城区总面积的 29.3%，不敏感区占中心城区总面积的 33.4%。高敏感地区为保证区域生态安全的底线，应执行严格的生态保护和修复（图 2-2-4）。

3 “一心、两轴；四片、四屏；多廊、多点”的安全格局构建

在生态敏感性分析的基础上，结合研究范围内重要的斑块、廊道的分布，构建区域生态安全格局。西宁市生态安全格局呈现出“一心、两轴；四片、四屏；多廊、多点”的特征。

一心：西宁绿心位于西宁市中心城区和湟中县的交界地带，又名西宁西堡生态森林公园，被中心城区、湟中县城、西堡镇、多巴镇等建成区围合而成，是

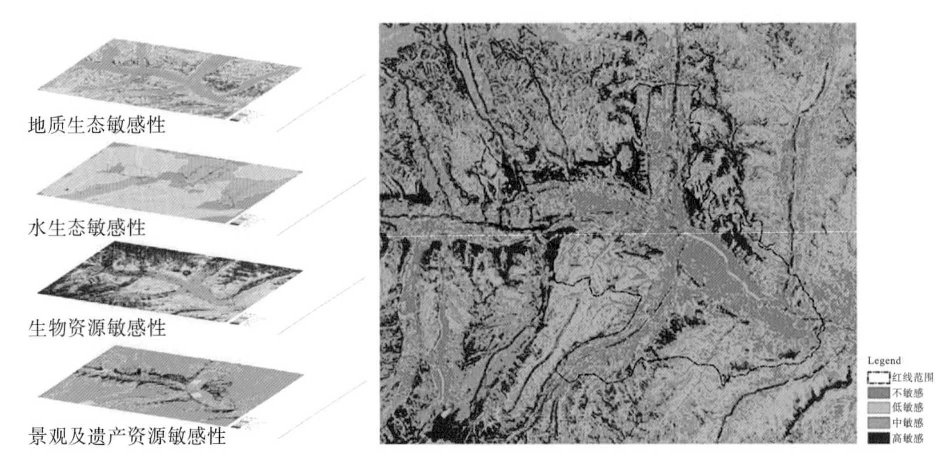

图 2-2-4　综合生态敏感性分析

城市重要的生态斑块，具有防止城市无序扩张、承接城市职能、提供生态系统服务等重要功能。

两轴：东西走向的湟水河与南北走向的北川—南川河共同构建了西宁生态系统的骨架，奠定了区域的生态安全格局。应保证整体水系的畅通，改善水域生态环境。

四片：西川隔离绿地、北川隔离绿地、南川隔离绿地、小峡口隔离绿地，属规划城市大型绿地斑块，分别分布在城北（7.18km^2）、城南（3.45km^2）、城西（6.23km^2）和城东（2.35km^2），具有隔离城市组团、连通绿地系统、污染防护等重要生态功能。

四屏：围合西宁市中心城区南北山天然城市屏障。属于西宁浅山丘陵地带，水土流失现象严重，且距离中心城区较近，应做好水土流失防治，降低滑坡、崩塌等灾害对城市造成的影响。南山城市生态修复区应以西宁绿心为核心，开展生态修复，植树造林、荒坡治理，提升区域的生态系统服务功能，助力城市的可持续发展。

多廊：西宁市中心城区的生态廊道由鱼骨状的水系和重要道路的附属绿地构成。湟水河及其支流连通着各大生态斑块，保证城市内外物质能量的流通，具有生物迁徙、生物多样性保护、水汽输送、小气候调节、城市风廊等作用，是区域生态系统的重要组成部分。除水系廊道外，中心城区内重要道路的附属绿地进一步增强了城市内绿地斑块的连通性，完善了城市的生态格局（图 2-2-5）。

多点：西宁市内市级——组团级的绿地斑块。点状镶嵌的绿地斑块是西宁市中心城区生态安全格局的重要组成部分，同时也发挥着改善人居环境质量，均衡城市绿地空间布局的作用。应对城市内点状的绿地斑块进行保护，加强绿地的维护和管理，提升绿地的生态和文化服务价值。

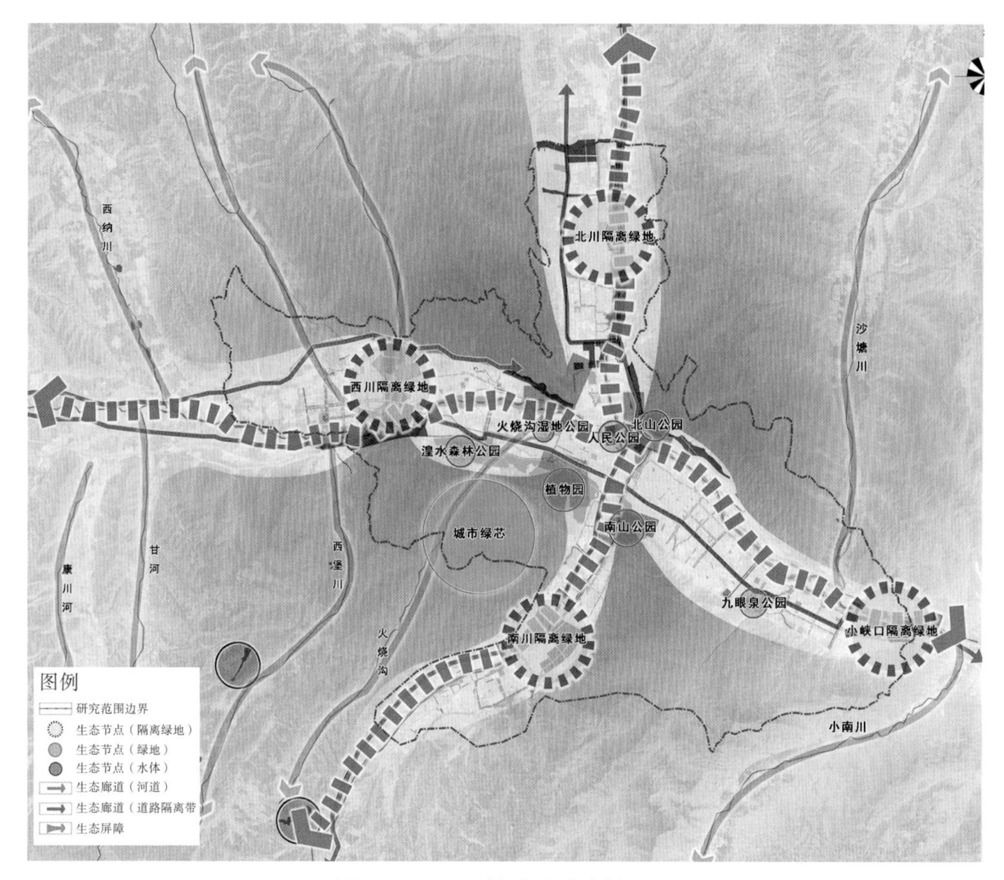

图 2-2-5　区域生态安全格局图

2.2.5　管控分区划分与指标分解

1　目标导向模型分解、问题导向因子调整的分解思路

西宁市年径流总量控制率指标分解总体分为两大步骤：目标导向模型分解、问题导向因子调整。首先，通过 SWMM 模型，设定各管控片区内用地类型的绿地下沉比例、透水铺装比例和硬化地块径流控制比例，将总目标初步分解至各管控片区；其次，结合规划区域 7 种影响因子和管控片区特点，合理调整各管控片区相应的指标，实现指标分解过程。详见图 2-2-6 所示。

2　城市管控分区划分

西宁市海绵城市建设管控单元划分通过流域划分、汇水分区划分、排水分区划分和最终管控单元确定四个步骤进行。首先根据 DEM（地面高程数据）及水系分布情况，通过 ArcGIS 进行水文分析，划定流域分区；结合规划排水管网数据，通过管网拓扑关系及最终收纳水体，将建成区划分为若干汇水分区；在汇水分区划分的基础上，结合规划区规划雨水管网走向，将规划建成区划分为若干排水分区；最后基于总规用地规划图，考虑地块完整性，确定管控单元划分方案，管控单元划分如图 2-2-7 所示。

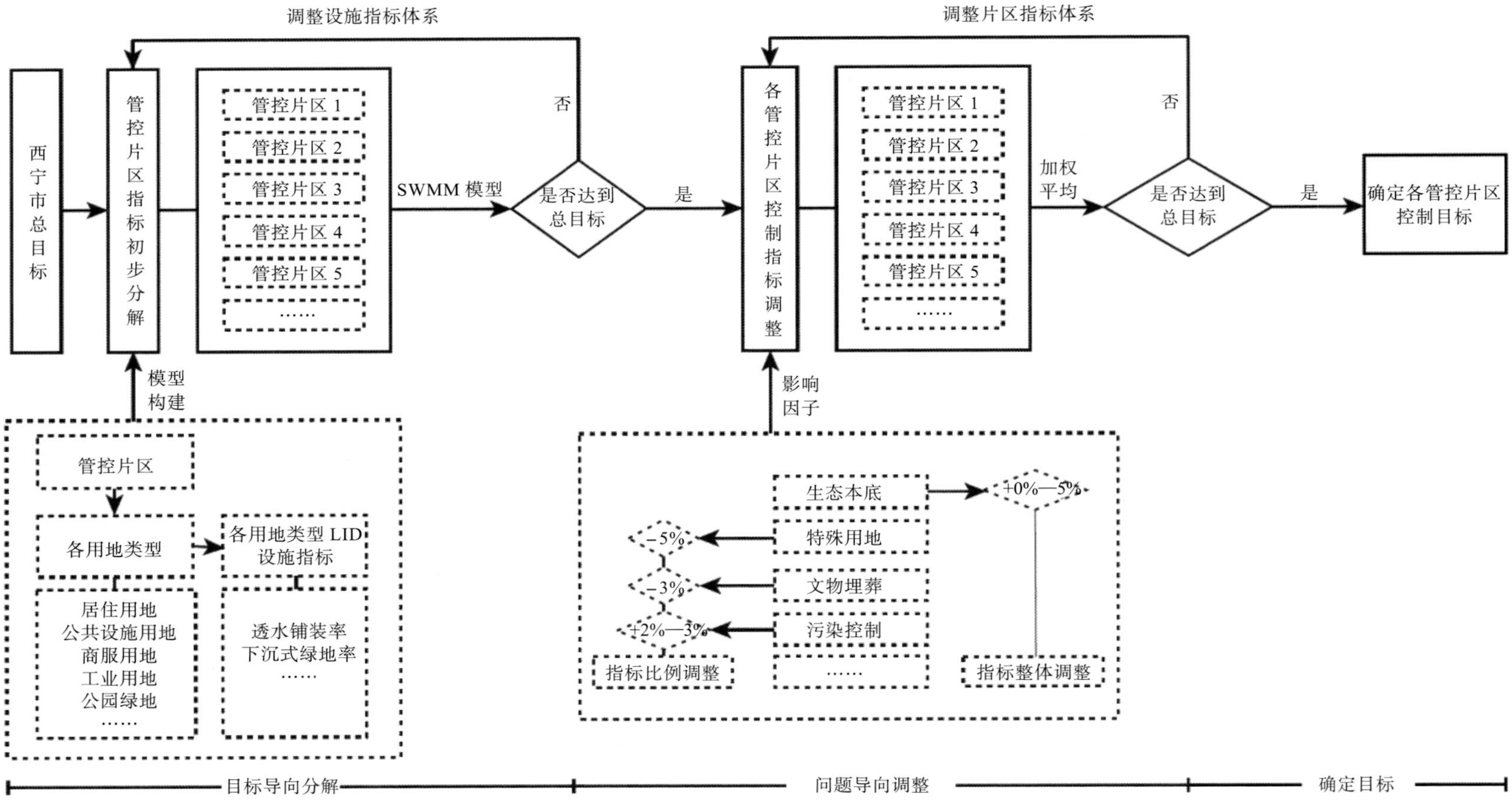

图2-2-6　指标分解方法技术路线图

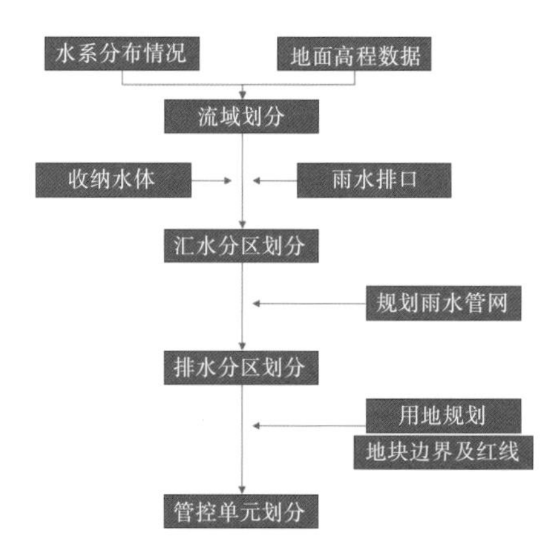

图 2-2-7　管控单元划分步骤路线图

（1）流域汇水分区划分

基于规划区地面高程数据，通过 ArcGIS 进行汇水流域识别，最终选取湟水河、北川河和南川河作为主要流域划分水系。根据规划建成区子流域划分及规划雨水管网总排口所在收纳水体，结合现场调研、部门寻访和资料查阅等方式，以考虑收纳水体及地块边界线，保证地块完整性为前提，将西宁城市开发区划分为 3 个汇水分区，详见图 2-2-8 所示。

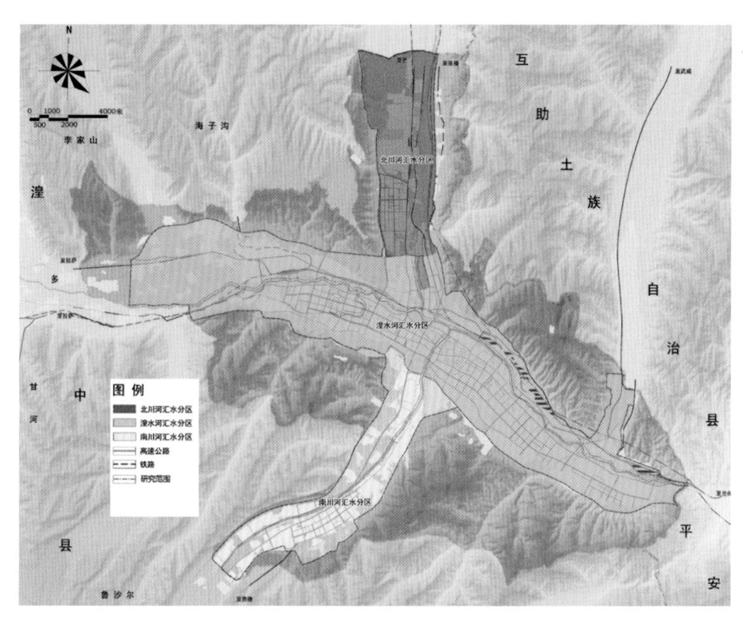

图 2-2-8　城市开发建设区汇水分区划分

（2）排水分区划分

根据规划区规划雨水管网走向，结合汇水分区划分，将规划建成区划分为

82 个子排水分区，详见图 2-2-9 所示。

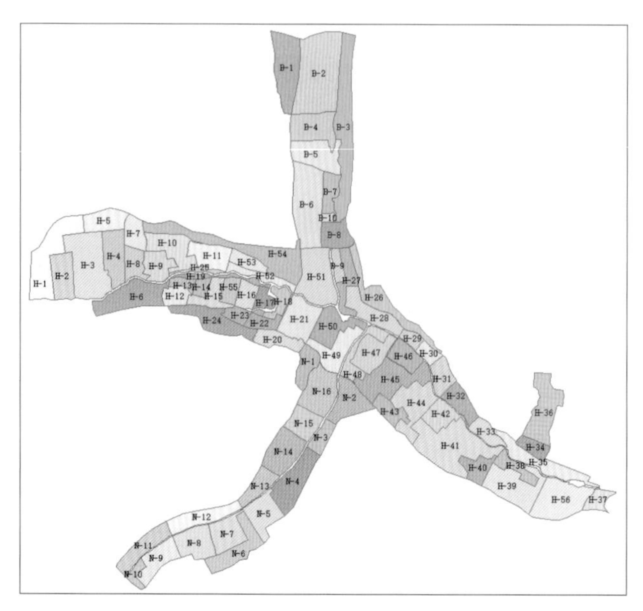

图 2-2-9 城市开发建设区排水分区划分

（3）管控片区划分

结合中心城区海绵城市功能分区、行政区划、排水管网以及地形坡度走向、河道水系流向，将西宁市城市开发用地划分为 64 个管控片区，结果如图 2-2-10 所示。

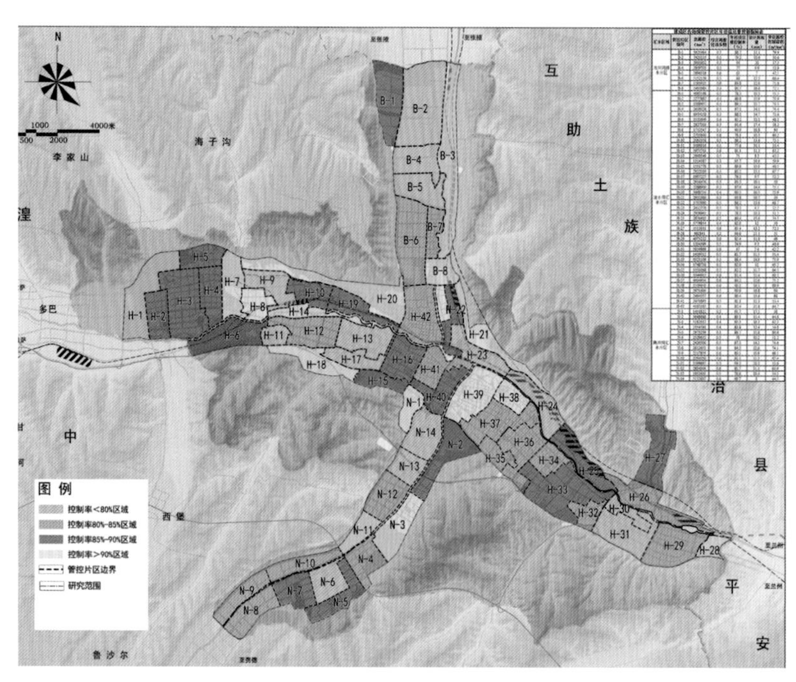

图 2-2-10 城市开发建设区管控片区划分图

3 管控片区指标初步分解

通过概化城市开发区域各管控片区规划用地下垫面、用地状况，构建SWMM水力模型，建模面积约185.86km^2，子汇水区64个，排出口1个，模型选用西宁市近30年连续日降雨量用于降雨情景参数；蒸发量、温度等气候参数通过气象局获取；子汇水区面积、不透水率、汇水宽度、坡度等地块特征参数通过ArcGIS计算获取；曼宁系数、地表洼蓄量和入渗模型参数根据模型手册典型值和测试值调试获取，概化后的模型详见图2-2-11所示。

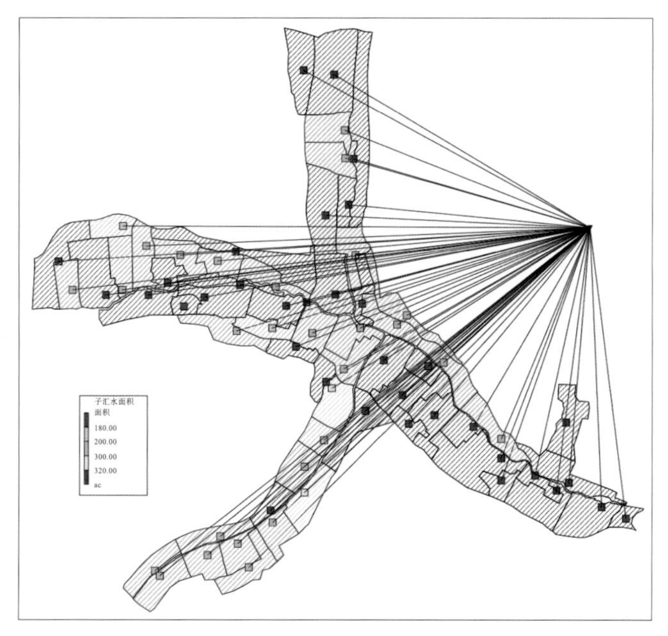

图2-2-11　指标分解模型界面图

通过对各管控片区分配布置用地类型下相同比例的绿地下沉比例、透水铺装比例和硬化地块径流控制比例，反复调试模型指标体系，直至模拟结果与总目标控制率相接近（85%的控制总目标），初步得出各管控片区相应的控制目标。

4 管控片区影响因素分析

西宁市海绵城市建设管控片区以城市总体年径流总量控制率为目标，综合考虑片区生态本底、建设难度、用地性质等因素，构建建成区海绵城市建设指标分解二次调整评价体系，基于层次分析法（Analytic Hierarchy Process，简称AHP）确定各因素权重，借助ArcGIS的空间分析工具得到各管控单元的指标二次调整分值，最终因地制宜地对各管控单元的年径流总量控制率进行差异化调整（表2-2-3）。

指标调整体系权重因素分值 表 2-2-3

影响因子		指标权重
生态本底	自然调蓄空间（水域和大型生态绿地）	0.3
建设难度	新建区、新城区（改建）、老城区（改建）、棚户区（改建）	0.2
用地性质	特殊用地	0.05
地质灾害	低发区、中发区、高发区	0.1
文物埋藏		0.05
污染控制		0.15
内涝风险		0.15

5 指标调整与复核

（1）权重因素叠加分析

根据管控片区影响因素分析，对于海绵雨水系统的构建，在以目标导向分解的同时，应同时兼顾问题导向，考虑以上各影响因子对年径流总量控制率的影响。通过对径流控制效果制约的各影响因子进行分析，结合西宁市实际情形和问题导向，才能更好地指导年径流总量控制率目标的分解（图 2-2-12）。

通过 ArcGIS 空间分析对各管控片区影响因素进行加权叠加，结果如表 2-2-4 所示，以初步指标分解结果为基准值，差异化确定各管控单元设计降雨量在 －6—4mm 范围调整。

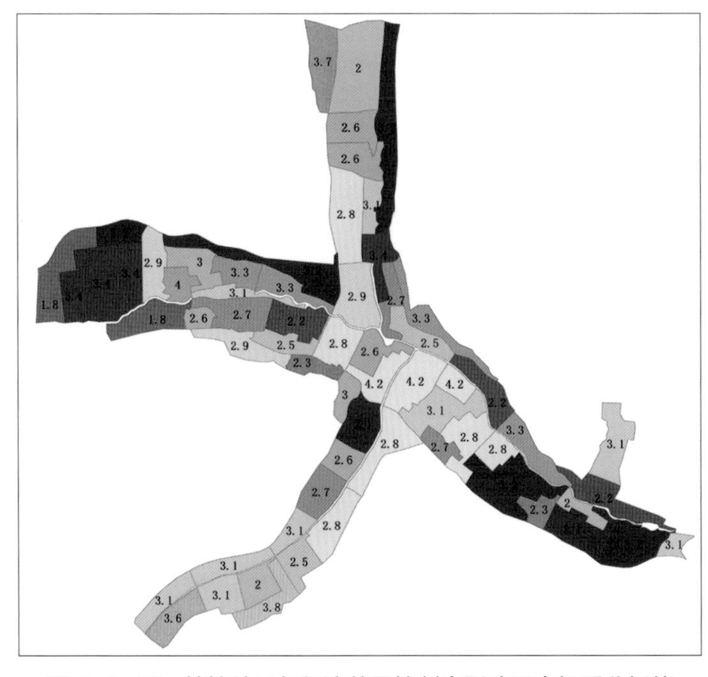

图 2-2-12 管控片区年径流总量控制率影响因素权重分析值

管控片区年径流总量控制率目标调整表　表 2-2-4

权重叠加值	1.8—2.2	2.3—2.6	2.7—3	3.1—3.4	3.5—3.8	3.9—4.2
调整值（mm）	-3.5	-2.5	0	1.5	2.5	3.5

（2）管控片区控制指标最终核算

通过管控单元权重值进行指标核算调整，分区年径流总量控制率范围 65.0%—94.9% 之间，结合 SWMM 模型进行经反复核算调整，最终确定各管控单元调整后的控制指标，具体见图 2-2-13 所示。

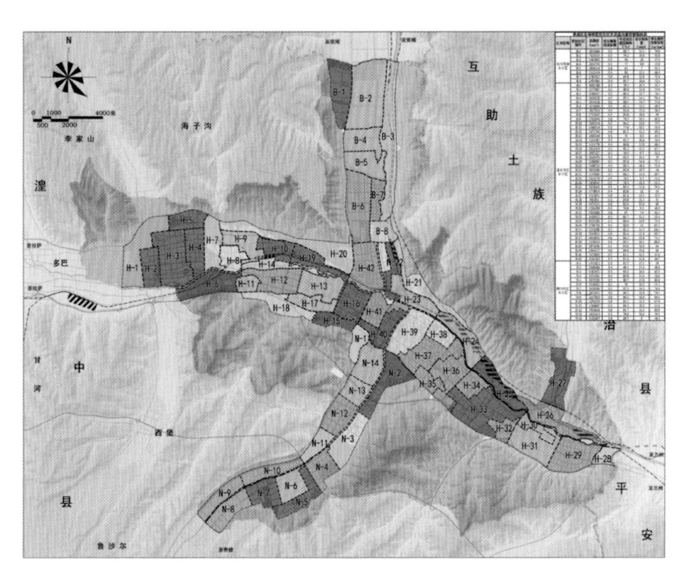

图 2-2-13　管控片区年径流总量控制率

2.2.6 “治山·理水·润城”全面保障的海绵规划

1 “治山”海绵系统规划方案

西宁海绵专规编制实践中，形成了“治山·理水·润城”的海绵系统。其中“治山”围绕中心城区外围山体，践行源头修复与削减、过程引导与控制、冲沟系统治理的技术措施，建立城市绿色生态屏障。源头上，通过营林与水平阶修复技术，对片林生态修复，对中、高山地水源涵养林封育保护，对天然乔、灌木稀疏林地进行人工补植或封山育林；过程上，对道路边沟进行生态化改造，对灌溉用水与雨水径流进行有效引导与控制；系统上，以小流域为单元，通过沟头防护、边坡修复，末端雨水多级净化与调蓄利用系统构建，达到沟道防洪与地质灾害防护双标准。将建设项目整合为 8 类，由市园林主管部门统一建设与管理。

（1）外围浅山丘陵区域的水土保持策略

根据西宁市不同区域存在的问题采取不同的措施。

①水源涵养区植被封育保护

针对中、高山地水源涵养林，必须进行封育保护。本区域范围包括湟水河、西纳川上游，云谷川上游集水区，北川河的上游集水区域。这些区域主要位于西宁中心城区外围，区域植被覆盖度高，部分区域天然林生长良好。

这部分区域的主要工作是为了保护好原生态现状。该区域虽然是植被生长良好区，但生态非常脆弱，地表一旦遭受破坏，可能永远无法恢复。封育保护的主要措施：划定封山育林区，禁止人畜进入，加强巡护和宣传。

②低覆盖区域的植被恢复

湟水河（西宁段）流域各支流上游植被覆盖度较高，但西宁周边的水保措施仍需大大加强。西宁市周边和北川河、沙塘川、西纳川、云谷川和南川河的中、下游区域，植被覆盖率仍多在 30% 以下，属于低覆盖区。这些区域植被覆盖低的主要原因，一是土壤瘠薄，以栗钙土为主，有机质含量低，水分涵养能力差；二是地质条件所限，多为第四系地层，岩层抗侵蚀能力弱，不利于植被生长。

该区内水土保持措施主要是以水源地的保护和植被修复为重点，在宜林荒山荒地全部栽植乔灌木，对天然乔、灌木稀疏林地进行人工补植或封山育林。在植被退化草地和草质非常差的低产草地采取补播、封育、灭鼠等措施，防止草地退化。对低产的天然草地进行围栏建设，分区保护，实行草畜平衡的分片轮牧，控制载畜量。

③陡坡植物建植

中心城区内周围山体直立斜面，坡度多大于 50°，由于该区位于黄土高原的过渡区，具有黄土的直立性。对于大部分的黄土质直立坡面可不予治理，维持现状即可。还有一些石质山区，则要视实际情况而定。如西宁市区内的南山寺所处的山体，石质易风化破碎，则不适于直接种植植被，以免加快风化。可采用骨架式浆砌石的固坡方式先固定山体，单个护坡面积在 100—1500m^2 内。然后再浆砌石骨架内和坡表面进行植被绿化，需在上述固坡基础上进行藤蔓植物护坡、厚层基材喷射植被护坡、浆砌石骨架内填土植草护坡和植生带护坡。该方法稳定性较高，但投入成本大，仅适于城区陡坡绿化。

对于目前已经退耕的一些市区周边沟道，如小西沟内已无居民点，坡面处于极端不稳定状态，陡坡经常发生崩塌事件，则采取封育措施，尽量减少人为活动干扰。

④沟道水土保持与泥石流防治

以小流域为单元，采用“上拦、下排、水不下山、泥不出沟”的综合治理模式，在沟坡兼治的基础上，以沟道防护工程为重点，综合利用工程措施与生物措施，从支沟到主沟，根据不同沟段的地形和比降，全面系统地布设沟头防护工程、谷坊、淤地坝、沟岸护坡、沟口整治工程。就地拦蓄地表径流，增强土壤涵养水分的功能，阻止或延缓地表径流的产生，把部分地表径流转变为壤中流及地下补给，在暴雨期间有削弱河川洪峰流量和推迟洪峰到来的功能，同时也能增加河川枯水期流量并推迟枯水期到来的时间，从而有利于提高水资源的有效利用率。

综合考虑规划区内小流域特点，主要采用两种工程措施组合模式进行治理：对于沟道比降较大的小流域沟道，采用沟头防护工程 + 谷坊群 + 沟岸护坡 + 滞洪阻沙植被带的模式治理；对于面积相对较大且情况复杂的小流域，采用沟头防护工程 + 谷坊群 + 坝系 + 沟岸护坡 + 滞洪阻沙植被带的治理模式；对于河谷川水区主要采取沟岸护坡 + 排洪渠道的治理模式。

（2）外围浅山丘陵区域的雨水径流控制策略

外围山体是西宁市重要的生态屏障，对西宁市的环境质量提升具有重要意义。针对西宁乃至西北地区河谷型城市现状山体存在的水土流失、冲沟威胁、地质灾害等多层次问题，“治山”模式不仅限于传统意义上的海绵低影响开发系统打造，还应全面统筹水土保持、冲沟治理、植物修复以及灾害防治等多个系统建设，综合协调各个领域对相关工程的建设要求，实现山林生态环境与海绵建设的全面提升。

依据目标要求，针对山体雨水径流路径，构建“源头削减、过程控制、系统治理”的系统性海绵改造建设路径。源头通过植被修复、生态造林以及下沉式绿地、透水铺装、雨水花园 / 生态停车场等低影响开发设施布设，对山体坡面和重要景观节点内雨水径流进行减排，强化雨水滞留与就近浇灌利用；过程上通过植草沟、生态边沟以及海绵型道路等设施的布置，有效控制山体的雨水径流传输通道，达到雨水净化与利用的目的；系统上通过对冲沟、边坡等重点区域进行综合修复与治理，构建雨水多级净化与调蓄利用系统，减缓水土流速，防止水土流失，并达到沟道防洪标准。

①源头削减

a. 植被修复技术

针对山林实际情况，宜根据地段坡度采用不同形式的整地措施，最大限度地利用宜种土地，提高造林成活率：25° 以下的缓坡地段，采用水平台地整地，宽度 2—3m 为宜，长度依地形而定；25°—35° 之间的坡面，采用水平沟或水平阶整地，宽度为 1—2m，沿等高线修筑；35° 以上的陡坡，宜挖成高标准的鱼鳞坑。针对登山路两侧植被种植，可采用漏斗式集流坑整地（图 2-2-14）。

b. 低影响开发设施系统布置

低影响开发理念是一种强调通过源头分散的小型控制设施，维持和保护场地自然水文功能，有效缓解不透水面积增加造成的洪峰流量增加、径流系数增大、面源污染负荷加重的城市雨水管理理念，设施类型包括透水铺装、绿色屋顶、

图 2-2-14 水平阶改造典型做法示意图

下沉式绿地、生物滞留设施、渗透塘、渗井、湿塘、雨水湿地、蓄水池、雨水罐、调节塘、调节池、植草沟、渗管 / 渠、植被缓冲带、初期雨水弃流设施、人工土壤渗滤等。其中适用于西宁市特殊地理环境的常用设施主要有：透水铺装、雨水花园、渗透沟、植草沟、蓄水池等。低影响开发设施是硬质场地雨水径流削减的核心措施。

由于外围山体 80% 以上的面积为软质的山林绿地，本身就是依靠自然力量排水，满足"自然积存、自然渗透、自然净化"的海绵城市要求，显然大面积布置低影响开发设施意义不大。因此低影响开发设施的系统布置主要针对外围山体内的核心建设节点，针对这些核心节点的建筑、铺装以及道路等硬质下垫面的产汇流，因地制宜地布置低影响开发设施，达到源头削减的目的。

②过程控制

a. 边沟改造

西宁现有边沟主要沿山体道路布置，多为水泥硬化边沟，局部地段为土沟，主要作为灌溉用水的传输通道，同时起到一定的截洪沟作用。改造措施为对边沟进行清淤疏浚，降低灌溉用水的传输消耗，并增加卵石或河滩石铺面，对山体雨水径流过滤净化（图 2-2-15）。

调整竖向，使边沟上开口线标高略低于道路 5—10cm，雨水径流通过道路横坡与截流沟排入边沟；间隔 50—100m 设置小型蓄水池（1—2m^3），蓄水池池底标高低于边沟沟底标高 50cm，对雨水径流进行收集利用，降低水资源浪费（图 2-2-16）。

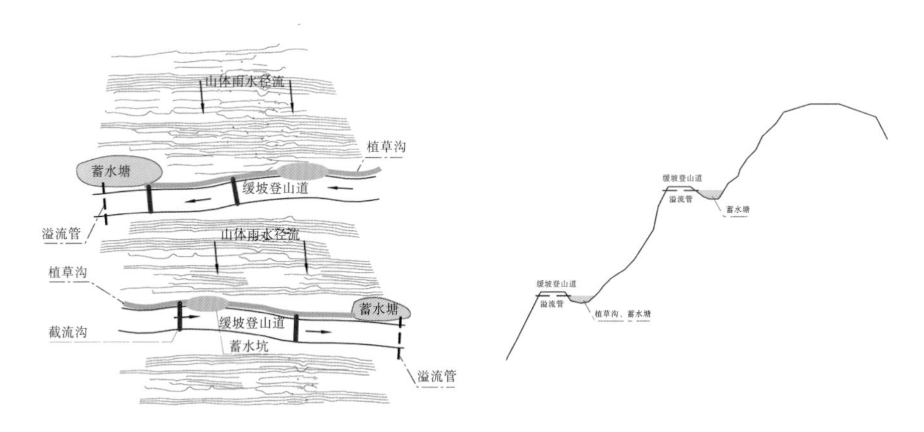

图 2-2-15　生态边沟做法示意图

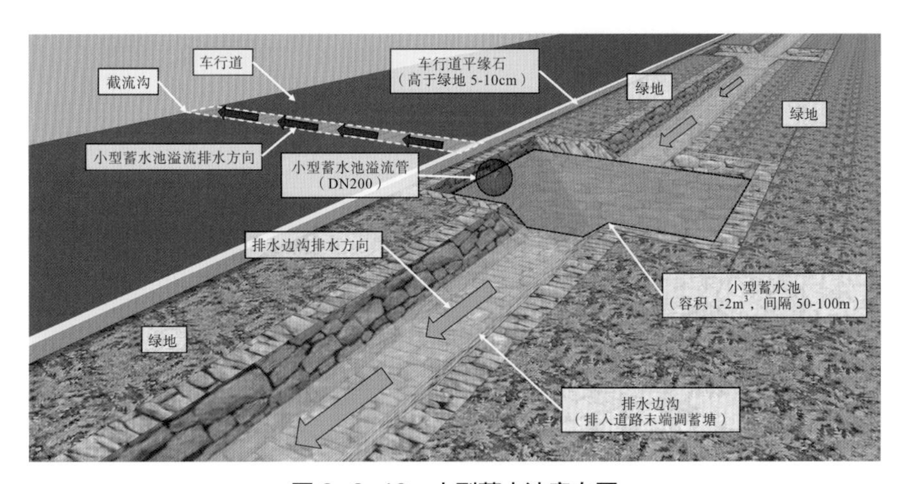

图 2-2-16　小型蓄水池意向图

沿山路转弯点，选择最低点布置蓄水塘，蓄水塘滞水深度为 0.3—0.5m，塘中可种植既耐水湿又耐干旱植物，以减缓雨水径流流速，增强雨水净化效果，并设置溢流口，将超标雨水排入周边绿地。蓄水塘具有削峰、错峰的调节功能，有助于提高防洪标准，减小下游排水管道的排水压力（图 2-2-17）。

b. 海绵型道路交通建设

海绵型道路交通建设主要涉及范围为车行路、步行游园路改造。

针对车行道，将现状水泥路面或土路改为透水沥青，在保障交通功能基础上，提高雨水的下渗能力；并对纵坡坡度大于 20% 的车行道，间隔 50—100m 布置截水盖板沟，对道路纵坡排水进行分段截流，将雨水导入道路两侧的绿地或灌溉渠，达到雨水滞留与就地利用的目的（图 2-2-18）。

步行游园路主要分布于山下公园地块，铺装面积与纵坡较小，考虑场地绿地率较高，综合径流系数低，如全面对道路铺装进行透水面层改造，性价比低，可结合简单的道路横坡调整将道路雨水径流排入道路两侧绿地。道路两侧绿地

图 2-2-17　山地蓄水塘意向图

图 2-2-18　车行道海绵改造示意图

布置植草沟，道路雨水排入植草沟，在植草沟内进行自然沉淀、渗透与过滤。

③系统治理

a. 冲沟生态修复

改造传统筑堤修坝工程，构建多级雨水滞留系统。在冲沟下游凹地通过竖向设计与简易置石挡墙的设置，打造多级干塘，对沟谷雨水径流多级调蓄、缓冲与净化，防止水土流失，超标雨水溢流至市政管网，最终汇流至水系。大型冲沟可在干塘底部设置模块调蓄池，收集雨水回用灌溉与消防。结合冲沟多级干塘布设及边坡修复整理，建设自然林火阻隔带，满足森林防火隔离需求（图 2-2-19）。

b. 护坡生态修复

对现状无防护措施的土质护坡，增植深根系、抗滑坡、涵水固土的植物，如红柳、柠条、紫穗槐等，防止水土流失；局部陡坎处增设石笼护坡或生态袋护坡。

图 2-2-19　西宁山体冲沟治理模式与建成效果图

2 “理水”海绵系统规划方案

“理水”系统围绕中心城区主干河流，通过源头治沙、末端净化以及河道水系统治理，控制外源、内源、面源与点源污染，综合实现“蓝绿交织，清水入河”。河道上游，利用城市隔离绿地布置沉砂公园，保证“清”水入城。河道城市段，结合污水处理厂的位置与竖向条件，布置末端尾水净化湿地公园，将污水处理厂尾水进行二次净化，控制点源污染；结合雨水总排口布置末端雨洪调蓄湿地公园，对雨水进行末端调蓄净化，实现面源污染控制。河道全段通过河道清淤疏浚工程，生物境营造、生态岸线建设等措施提升河道自净化能力，实现河道生态系统修复。将建设项目整合为 6 类，由市水务统一建设与管理。

（1）湟水河流域水环境质量评估

①主要河流断面水质变化分析

西宁市主要河流包括北川河、南川河和湟水河，根据西宁市环保局提供的 2016—2018 年监测数据对河流水质进行评价。选取的断面包括湟水干流断面 2 个：入境断面黑嘴桥、出境断面小峡桥；支流北川河断面 2 个：入境断面润泽桥、入湟断面朝阳桥；支流南川河断面2个：入境断面老幼堡、入湟断面七一桥；以上断面中，小峡桥、润泽桥为国控断面，其余为省控断面（图2-2-20）。

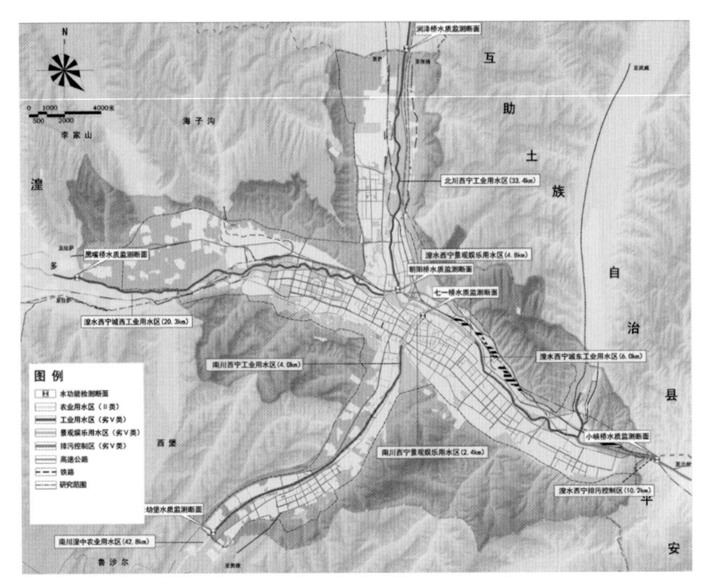

图2-2-20　监测断面位置

根据《湟水流域综合规划》（2013年）规定的功能区目标划分，三条河流在西宁市区段内均为地表水Ⅳ类标准，入境断面黑嘴桥、润泽桥、老幼堡执行Ⅲ类标准。总体来看，3条河流水质自2016年以来均有逐渐好转的趋势，一方面是由于上游来水水质也趋于稳定；另一方面也与市区内部污水处理能力提升和水质提标有关。北川河入境断面与汇流断面COD、氨氮浓度相差不大，说明北川河市区河段污染汇入较小或自净能力较强；而出境断面的总磷浓度明显高于入境断面，且偶有超标现象存在，可能是由于该河段汇入的污染负荷较高所致。南川河出境断面的主要污染物浓度均高于入境断面，2016年7月以前超标严重。湟水河水质变化波动较大，入境断面的COD、总磷浓度劣于出境断面，进入2018年后水质波动较为平稳，但氨氮有连续超标现象。

②规划污染负荷贡献分配

分析点源污染和面源污染在各汇水分区所贡献的负荷比例，湟水河分区，污水处理厂产生的尾水排放是主要污染物的来源，尤其是总磷，在近期和远期规划条件下，尾水分别贡献了75%和80%的总磷。对于北川河汇水分区，近期第五污水处理厂尾水全部回用，没有点源入河；远期规划条件下，尾水贡献了50%以上的总磷和氨氮，而COD主要来自降雨径流形成的面源污染，占总负荷的70%。对于南川河汇水分区，近期规划条件下，COD和氨氮主要来自降雨径流形成的面源污染；远期规划条件下，尾水贡献的总磷和氨氮较高，达到60%以上（图2-2-21）。

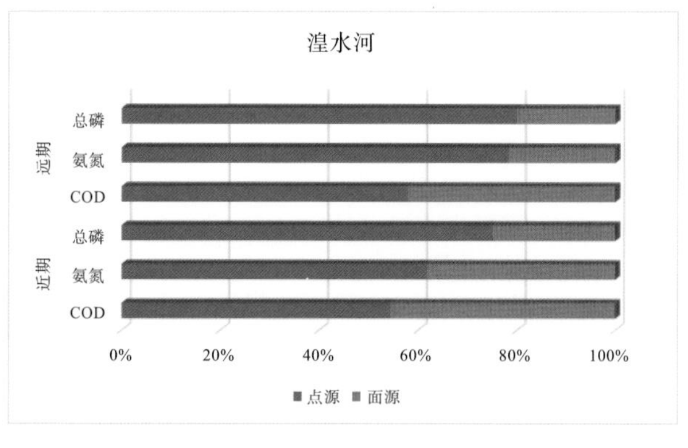

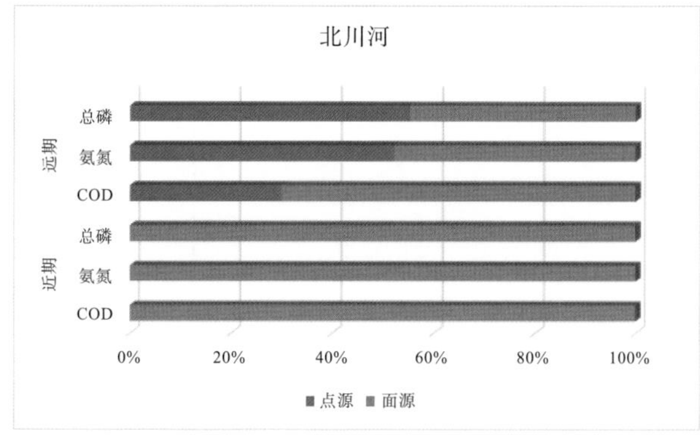

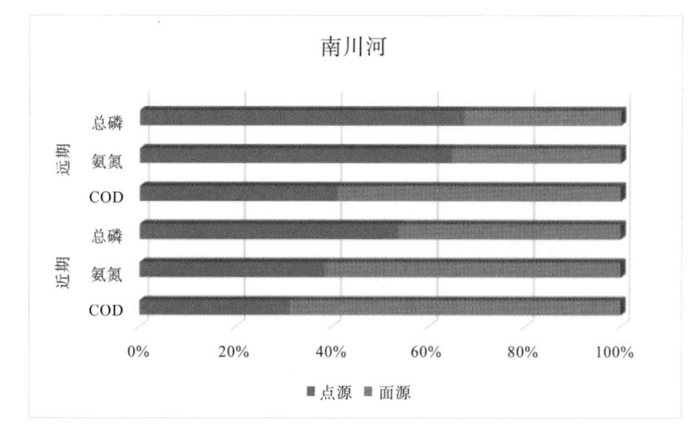

图 2-2-21 近期和远期规划条件下各类型污染源贡献比例

③水环境容量与污染负荷对比分析

将各河道入河污染物负荷与河道水环境容量进行对比分析，如果水环境容量高于污染负荷，说明该河道接纳污染后也能够达到目标水质；如果水环境容量低于污染负荷，说明该河道不能实现水环境质量目标要求，需要对入河负荷进行削减或对水环境容量进行扩增。

对比结果下表。可以看出，在近期和远期规划条件下，湟水河、北川河均可以实现水环境质量目标要求。南川河在近期和远期规划条件下 COD、氨氮、总磷负荷均超过水环境容量，需要对入河负荷进行削减，而近远期条件下，氨氮的削减率分别达到 69% 和 61%，削减强度较高（表 2-2-5）。

污染负荷与水环境容量对比分析表　　表 2-2-5

近期	水环境容量（t/a）			污染负荷（t/a）		
	COD	氨氮	总磷	COD	氨氮	总磷
湟水河	15351.82	767.59	143.74	6704.77	585.71	48.22
北川河	7217.89	360.89	70.92	814.62	59.98	3.19
南川河	662.78	33.14	6.12	1313.61	106.56	7.62
远期	水环境容量（t/a）			污染负荷（t/a）		
	COD	氨氮	总磷	COD	氨氮	总磷
湟水河	15351.82	767.59	143.74	5979.41	442.85	43.27
北川河	7217.89	360.89	70.92	910.03	52.33	4.93
南川河	662.78	33.14	6.12	1355.86	85.93	8.26

（2）点源污染控制

通过改造雨污分流管网收集、转输系统，完善污水处理系统，提升尾水水质及湿地净化回用系统等措施，构建完善的“收集—转输—处理—回用”等一整套污水处理系统，实现点源污染的控制。

①雨污水管网建设

根据《西宁市城市总体规划（2001—2020 年）》相关要求，全市排水系统应坚持雨污分流制。对于已形成合流制或雨污混流严重的老旧小区，分流制改造难度较大时，近期可临时进行合流截流制改造，并结合规划逐步改造为分流制，新建区域实行完全雨污分流。

为保证中心城区达到污水管网 100% 覆盖率的要求，应进行合流制管道改造、新建污水管道等管道建设工作。目前，西宁市污水收集输送系统仍然存在局部区域雨污混流、污水管道不完善等问题。

梳理老城区合流制雨水管网，明确其位置、管段长度及管径等属性，原则上将原合流制管道用作污水管道，并布置新的雨水管道。在用地不满足的地区，布置截污管道，设置适宜的截污倍数，防止暴雨时出现溢流污染。经统计，雨污分流改造管段长度约 19.3km，具体管段分布位置见图 2-2-22 所示。考虑到城市的正常运行，涉及投资金额大、空间限制等因素，且合流管网多集中在老旧城区，规划建议近期应继续完善老城区的合流制系统措施，对沟渠进行清淤和整治，初步改善城区排水不畅的情况，尽量做到不积水；远期随着城市开发建设更替，逐步实现雨污分流。

②污水处理厂建设

依据《西宁市排水工程专项规划（2012—2030 年）》，至 2030 年，全市污水处理厂总处理规模不小于 50 万 m^3/d，中心城区远期规划污水处理规模达到 42 万 m^3/d，污水处理率达到 100%，处理厂尾水一级排放标准的 A 标准（表 2-2-6）。

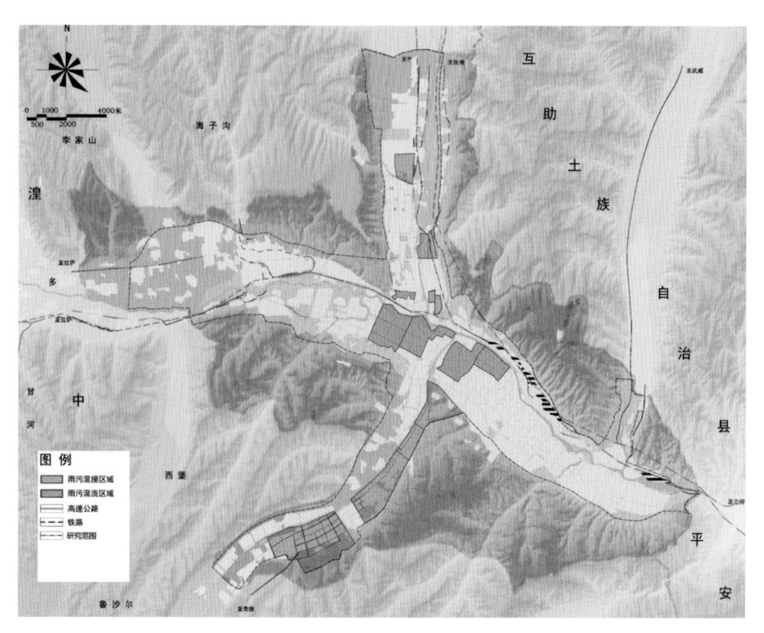

图 2-2-22　雨污合流管段位置分布图

西宁市中心城区污水处理厂规划情况一览表　　表 2-2-6

污水厂名称	污水处理规模		再生水规模		尾水排放	建设情况
	近期规模（万 m^3/d）	远期规模（万 m^3/d）	近期规模（万 m^3/d）	远期规模（万 m^3/d）		
第一污水处理厂	8.5	8.5	—	—	湟水河	保留
第三污水处理厂	10	10	3.5	3.5	湟水河	保留
第四污水处理厂	3	6	2	4	湟水河	新建
第五污水处理厂	3	4.5	3	3	北川河	新建
第六污水处理厂	5	10	3	6	湟水河	在建
城南污水处理厂	2.25	3.05	—	—	南川河	保留
合计	31.75	42.05	11.5	16.5	—	—

③排污口治理措施

根据《西宁市入河排污口设置布局规划》，对现状 17 个排污口进行综合整治与优化：首先，对于污染负荷重、贡献率在 10% 以上的排污口采取禁止入河措施，设计管道工程接入附近污水处理厂；其次，对于污染负荷重、贡献率在 10% 以上，且未直排入河的排污口，应加强监督管理，建立在线监测网络，保障达标排放，并逐步提升出水水质；最后，对于污染负荷贡献率在 10% 以下的直排入河口，采取就近原则合并、调整，并纳入市政管网布设规划（表 2-2-7）。

入河排污口布局调整方案 表 2-2-7

编号	排放口	排入河流	排入敏感区	整治措施	规划期限
1	二污排放口	湟水河	湟水国家湿地公园	新建六污，实施异地提标改造	近期
2	四污排放口	湟水河	湟水国家湿地公园	加强运行监督管理，提升出水水质	近期
3	五污排放口	北川河	北川湿地公园	加强运行监督管理，提升出水水质	远期
4	城南排放口	南川河	南川湿地公园	加强运行监督管理，提升出水水质	近期
5	湟水河北岸天源小区东侧	湟水河	湟水国家湿地公园	开展丰水期监督性监测；接入管网，提标至一级 A	近期；远期
6	天源小区南侧两个排污口	湟水河	湟水国家湿地公园	开展丰水期监督性监测；接入管网，提标至一级 A	近期；远期
7	箱涵外溢污水入口排污口（北岸毛纺小游园南侧）	湟水河	湟水国家湿地公园	开展丰水期监督性监测；接入管网，提标至一级 A	近期；远期
8	湟水河北岸贵南桥东侧桥下	湟水河	湟水国家湿地公园	开展丰水期监督性监测；接入管网，提标至一级 A	近期；远期
9	宁湖湿地深度治理排污口	湟水河	非敏感区	开展丰水期监督性监测；接入管网，提标至一级 A	近期；远期
10	宁湖湿地北侧渠道退水溢流排污口	湟水河	非敏感区	开展丰水期监督性监测；接入管网，提标至一级 A	近期；远期
11	一污排放口	湟水河	湟水国家湿地公园	加强运行监督管理，提升出水水质	远期
12	三污排放口	湟水河	湟水国家湿地公园	加强运行监督管理，提升出水水质	远期
13	第一再生水厂排放口	湟水河	湟水国家湿地公园	加强运行监督管理，提升出水水质	远期
14	箱涵外溢污水入口排污口（南岸）	湟水河	湟水国家湿地公园	禁止入河，接入新建第六污水处理厂进行处理，建立在线监测系统	近期
15	六污排放口	湟水河	非敏感区	加强运行监督管理，提升出水水质	远期
16	宁湖湿地南岸东川提升泵站溢流口	湟水河	非敏感区	提标至一级 A	远期
17	团结桥西侧六个应急泄压口	湟水河	非敏感区	提标至一级 A	远期

（3）面源污染控制

城市雨水径流面源污染主要是由旱季地表污染物累积和雨季下垫面污染物冲刷作用产生。其中，旱季地表污染物的累积与城市土地利用类型密切相关，不同功能区，不同下垫面情况，所累积的地表污染负荷会有所不同；累积的地表污染物在降雨过程中被冲刷转移，通过排水管网传输排放，往往径流污染初期作用较明显，尤其在降雨初期（降雨前 30min），污染物浓度往往会超出平时污水浓度，致使大量面源污染负荷汇入受纳水体。因此，通过布置源头低影响开发措施（一般削减率可达到 30%—50%），再根据计算的污染负荷削减量，确定末端雨洪滞蓄公园湿地措施，将面源污染的排放控制在规划允许范围内。

面源污染控制实施途径：对于城市建设区内的新建区域，可采用低影响开发设施控制径流污染，主要针对初期污染较严重的少量雨水进行收集处理，以减轻排入城市河湖水系的污染负荷；对于建成区，可结合源头设施和末端公园湿地滞蓄设施对初期雨水进行滞蓄，延长雨水排放时间，实现雨水的生态净化效果。

①源头减量控制

低影响开发源头削减是指在雨水径流进入城市雨水管渠系统前采取的生态型和工程型措施削减径流量，从而减少径流污染物总量的措施。主要措施为雨水罐、透水铺装、植被缓冲带、植草沟、下沉式绿地和生物滞留设施等低影响开发雨水设施和工程措施。

低影响开发设施在进行雨水径流量削减的同时，可有效去除径流污染物。国外大量研究表明，低影响开发设施对雨水径流中的 COD、油脂类、重金属等污染物也具有很好的去除效果。美国弗吉尼亚大学对雨水花园（Rain garden）的监测结果显示，一般新建的雨水花园可以去除 97% 的 COD 和 67% 的油脂；Singhal 等人对植被草沟（Grassed swale）的研究结果表明，植被草沟可消纳部分有机污染物、油类物质和 Pb、Zn、Cu、Al 等金属离子。不同类型用地的低影响开发径流污染控制工艺流程如下图所示。

②路面径流控制

根据现场实测和污染源分析，西宁地区道路广场污染物浓度较高，是雨水径流污染的主要组成来源。一方面，道路广场由于地面硬化，雨水初期效应较强，另一方面，沉降在公路路面的机动车尾气排放物、汽车泄露的油类、客货车运输过程中的抛撒物及其他散落在路面上的有害物质，被降雨剥离、冲刷、溶解，并随着径流迁移至沿线水体，从而对受纳水体产生污染。因此，对于这部分径流必须加以控制。路面径流控制技术包括径流收集系统、滞留池、氧化塘、植被控制、渗滤系统等，采用有效的径流污染控制技术组合可以控制污染最严重的初期径流，有效延迟洪峰时间，降低污染物浓度，处理后的水可就地排放和植被浇灌。

路面径流经处理设施处理后可以大大削减污染物，相关研究结果表明，处理设施对 COD、NH_3-N、TP 等主要污染物处理效率较高，约为 80%、60% 和 60%。根据以上分析计算路面径流末端处理措施后可削减的污染物负荷，对于南川河可削减负荷 COD438.60t/a、氨氮 12.75 t/a、总磷 1.75t/a。

③雨水湿地建设

雨水系统的末端治理是指在分流制雨水管网末端、雨水径流排入收纳水体前的径流污染控制措施。以及合流制管道系统中用来应对雨季污染负荷的措施。

末端治理措施主要有滨水缓冲带、雨洪调蓄公园、雨水湿地等，以湟水河湿地公园为例，末端处理示意情况见表 2-2-8 所示。

末端治理公园绿地分布一览表 表 2-2-8

序号	公园名称	面积（hm^2）	位置	受纳水体
1	人民公园	62.8	城西区胜利路	湟水河
2	文化公园	14.7	城西区海晏路	湟水河
3	宁湖水上公园	100.0	城东区八一路	湟水河
4	湟水河湿地公园	120.0	城西区通海路	湟水河
5	朝阳公园	4.2	城北区门源路	北川河
6	北川湿地生态公园	30.0	城西区海湖路西	北川河
7	南川公园	40.5	城中区南川东路	南川河
8	劳动公园	2.0	城东区五一路	湟水河
9	东川湿地生态公园	100.0	城东区八一路	湟水河
10	西城东南游园	3.4	二十二号路西、南绕城路北	湟水河
11	南川湿地生态游园	34.9	南川河两岸	南川河
12	河滨公园	46.1	南川河南岸	南川河
13	湟水河滨河绿地	49.0	同仁路至湟中路之间的湟水河两岸	湟水河
14	黄河路小游园	28.8	黄河路	南川河
15	滨河小游园	31.5	滨河路	南川河
16	三角地游园	0.7	城西区胜利路	南川河
17	火车站广场	5.4	西宁火车站南	湟水河
18	龙泉谷公园	12.7	火烧沟两岸	湟水河
合计		686.7	—	—

雨水湿地与雨水湿塘、景观水体的构造相似，一般由进水口、前置塘、沼泽区、出水池、溢流出水口、护坡及驳岸、维护通道等构成。雨水湿地典型构造如图 2-2-23 所示。

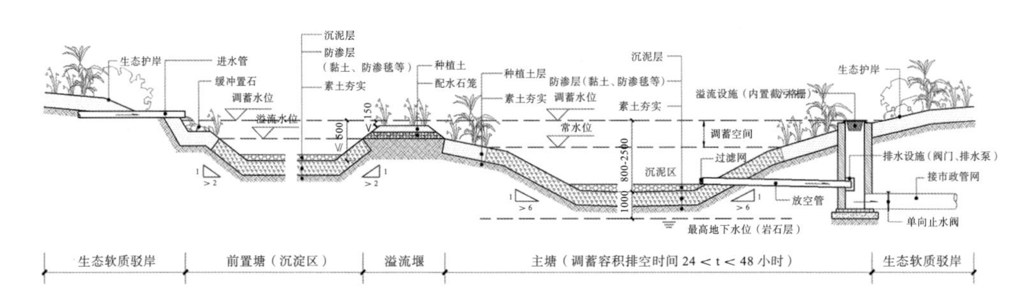

图 2-2-23 雨水湿地典型构造示意图

雨水湿地应满足以下要求：

a. 进水口和溢流出水口应设置碎石、消能坎等消能设施，防止水流冲刷和侵蚀。

b. 雨水湿地应设置前置塘对径流雨水进行预处理。

c. 沼泽区包括浅沼泽区和深沼泽区，是雨水湿地主要的净化区，其中浅沼泽区水深范围一般为 0—0.3m，深沼泽区水深范围一般为 0.3—0.5m，根据水深不同种植不同类型的水生植物。

d. 雨水湿地的调节容积应设置在 24h 内排空。

e. 出水池主要起防止沉淀物的再悬浮和降低温度的作用，水深一般为 0.8—1.2m，出水池容积约为总容积（不含调节容积）的 10%。出水池生态驳岸边坡坡度（垂直：水平）不宜大于 1：6。常水位附近区域的坡度要更小，具体设计中坡度的大小应由结构设计人员根据土质和护坡措施决定。

f. 湿地应设置护栏、景石牌等安全防护与景石措施。

g. 在水质污染较重的区域，也可设置人工湿地，分为表流湿地和潜流湿地，其中潜流湿地又分为水平潜流湿地和垂直潜流湿地，其设计原理与污水湿地相似，一般在进入人工湿地前建有雨水储存设施，严格控制进入人工雨水湿地的水量。

（4）河道水质提升

①河道源头泥沙控制

通过对河道上游泥沙源头净化控制、岸线生态化改造、清淤疏浚、生态浮岛及生态环境补水等生态化治理措施，提升水质。

规划分别在西川隔离绿地、北川隔离绿地、南川隔离绿地建设沉沙湿地公园，控制进入中心城区的河道含沙量，保证“清”水入河川。沉沙湿地公园一般由沉沙区、湿地净化区和景观游赏区组成。既能发挥湿地公园的生态功能，又为市民提供较多的亲水空间。沉沙湿地公园包括：

a. 沉沙池与苗圃综合利用区：在不影响沉沙效果的基础上，对靠河一侧的沉沙池略加改造，留出空地，用作苗圃种植。

b. 生态涵养区：依靠湿地植物进行二次沉沙，营建优美的生物自然栖息地。为避免栖息地频繁破坏，规划每 3 年冲一次沙，并对部分湿地植物进行修剪与补种；

c. 生态缓冲区：湿地水流经过较窄区域，水流较急，经过自然曝气充氧，改善水质条件，为下游水生动物生长提供环境。

d. 生态休闲区：该区域水面宽、流速慢，有助于剩余细颗粒泥沙的沉积，并在出口处种植湿地植物，改变出口水的流态，改善泥沙沉降环境；经过前面的沉沙与曝气，该区域水的透明度和溶解氧都增加，适合底栖、浮游乃至鱼类的生长。此处水质环境较好，可作为景观休闲娱乐地，为市民提供宜人的亲水空间。

②河道自净能力提升

a. 清淤疏浚：西宁市河道泥沙淤积的重要原因是由于河道采沙活动造成了采沙区细颗粒的流失，将大量细颗粒沙直排入河道，破坏河道输沙平衡的同时带来严重的环境问题。西宁市位于湟水流域上游，平时水量相对较小。洗沙场一般选择滩涂平缓，交通便利的位置进行洗沙。这些位置水流平缓，水流挟沙能力较小，在大量细颗粒泥沙的冲击下，使得河床迅速坦化，水流散乱。特别是在河流交汇处，容易造成大量淤积。使河床不稳定的同时，大大降低河道的行洪能力，带来巨大的洪灾隐患。其次，上游水利水电工程的建成和运行，用水量加大，使下游汛期河道水量变小，造成河道河床淤高和支流大量泥沙堆积在入河口，给区内经济发展和人民生命财产安全带来严重危害。此外，公路、水利等基础设施建设和开矿、建厂办企业时，大量土石直弃河道，加重河道淤积。

每一到两年，定期实施规划区部分河道清淤疏浚工作，清理河道水体底泥污染物，可以快速降低河道的内源污染负荷，避免其他治理措施实施后，底泥污染物向水体释放。此外，加强河道采沙活动与相关建设工程的管理，从源头上杜绝泥沙的汇入。

b. 河道生态修复：通过生态和生物净化措施，消除水中的溶解性污染物。比如，通过曝气向水中增加氧气，促进水中的各种好氧微生物“吃掉”有机污染物。还可以通过种植水生植物吸收水中的氮磷等污染物。此外，还包括对原有硬化河（湖）驳岸的修复技术，利用人工湿地、生态浮岛、水生植物的生态净化技术以及人工增氧技术。

c. 补水活水：通过向城市水体中补入清洁水，促进水的流动和污染物的稀释、扩散与分解。清水补给措施既可以作为一种临时措施，也可以作为一种水质维持的长效措施。清水的来源为城市再生水，城市再生水是污水经过多重处理（工程处理与湿地净化）后达到景观利用标准的回用水，对于缺水城市西宁尤其重要。

根据污染负荷解析和水环境容量核算结果，南川河需要削减的负荷较高，其原因一是由于入河负荷量较大，二是南川河流量小，水环境容量也较小，水动力缺乏，水体自净能力差。单纯依靠入河负荷削减很难达到控制要求。因此对南川河实行生态补水，提高南川河的水环境容量，也是实现南川河水环境质量目标要求的重要措施。

（5）黑臭水体整治

①黑臭水体产生原因

西宁市黑臭水体产生的主要原因如下：

a. 由于基础设施不完善、缺乏管理，造成局部地区产生积水，积水长期暴露引起水体发黑发臭。

b. 由于排水管道或渠道堵塞等原因导致雨污水排泄不通，造成雨污水在一些区域形成积水，积水受地表污染物的污染后，很快就会有大量微生物繁殖，最终变成黑臭水体。

c. 由于部分城乡接合部远离城市，村民环保意识较差，同时村内未有完善的排水系统和垃圾收集处理系统，随意排放污水、倾倒垃圾等产生黑臭水体。

②黑臭水体治理措施

为提升城市河道、湖泊水环境质量，改善城市人居环境，结合创建文明城市、卫生城市，制定《西宁市城市黑臭水体整治方案》，通过整体布局，统筹安排，分步实施，到 2017 年 12 月底前西宁市建成区实现河面无大面积漂浮物，河岸无垃圾、无违法排污口，市中心城区基本消除黑臭水体的目标（图 2-2-24）。本次黑臭水体的治理措施主要分为以下几类：

a. 截污纳管：通过新建截污管道将排入沟渠的污水截留入污水管道，最终送至污水处理厂，避免未处理污水直接污染水体。

b. 沟渠整治：部分地区黑臭水的产生是由于垃圾堆积在渠中和河道旁，长期堆积后，垃圾腐烂发酵，当地下水溢出或者河水流经后会把污染物质带走，渗出的地下水或者流过的河水变得黑臭。由于降雨夹杂泥沙进入渠道，流速较低时会产生淤积，长时间淤积底泥，会腐烂变质。所以对渠道底泥的清淤和对渠道内垃圾的清理，可以减少黑臭水体对湟水河的影响。

c. 排水系统维护：城区排水系统（管道、收集口、排放口等）在长时间运行后，管道内会被淤泥和垃圾堵塞，影响管道的有效过水断面，造成污水外溢，影响周边生活环境，并污染水体。雨水收集口被人为堵塞，影响雨水收集，雨季雨水沿地面汇流，无法排入管道，夹带大量路面尘土和垃圾进入河道，污染环境。所以对已建排水系统的维护是解决黑臭水体污水的有效措施。

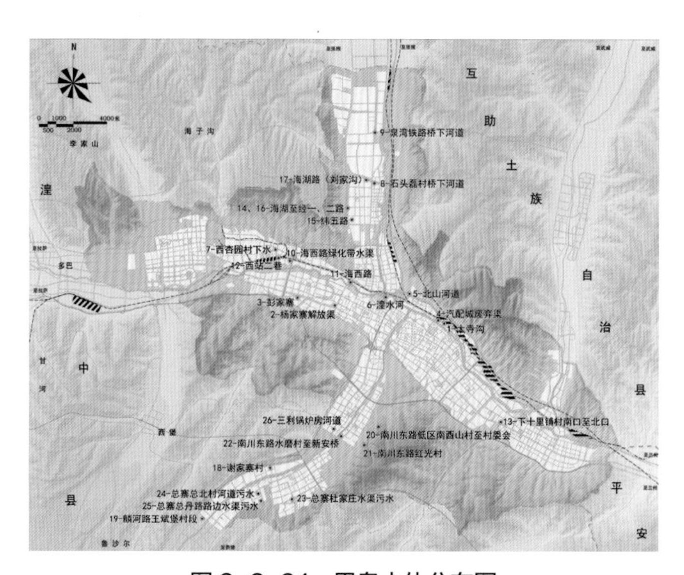

图 2-2-24　黑臭水体分布图

3 “润城”海绵系统规划方案

“润城”系统围绕中心城区建设用地，通过源头低影响开发系统构建、中途雨污分流管网改造、水资源循环利用系统构建，实现“小雨润城、用排相宜”目标。首先，建立“源头截流、过程引导、末端蓄存、系统增绿”的低影响开发源头减排系统，实现雨水快排向慢排模式的转变，并对初期污染较严重的少量雨水进行收集处理，以减轻排入城市河湖水系的污染负荷。其次，摸查老城区合流制雨水管网位置、管段长度及管径等属性，原则上将原合流制管道用作雨水管道，并布置新的污水管道。在用地不满足的地区，布置截污管道，设置适宜的截污倍数，防止暴雨时出现溢流污染。最后，建立雨水综合利用系统与再生水循环利用系统，提高用水效率，缓解城市水资源供需矛盾。将建设项目整合为 5 类，由市住建部门与排水公司统一建设与管理。

（1）内涝积水点整治

建成区多数内涝积水产生原因为排水管径过小、存在部分雨污合流，导致在极端降雨条件下排水能力不足。随着近年来城市建设改造，规划区内已开展了雨污分流、综合管廊等工程，部分内涝积水点正在改造中。主要包括康乐十字、青海省公安厅、博文路口、博雅路口至青海民族大学东校区路段、宁张路及天津路十字路口。其余内涝积水点，结合积水原因及周边情况，改造措施如表 2-2-9 所示。

内涝积水点整治措施一览表　　表 2-2-9

序号	内涝点名称	路段	内涝原因分析	改造情况	整治方案
1	中下南关与共和路口	共和路	中下南关路因为雨污河流管管径过小，造成自身排水不畅	未实施	新建 DN600mm 雨水管道，提高低洼处排水能力
2	西钢	柴达木路	现状雨水管线存在污水管线混接，环保整治堵塞雨水排口导致内涝积水	未实施	雨污混接整治，疏通雨水管线
3	西站 1 巷铁路涵洞处		因铁路净空要求，产生低洼路面，形成短时间积水	已实施	提标改造 DN500mm 雨水管道 72m，DN400mm 雨水管道 65m
4	西站 2 巷铁路涵洞处		因铁路净空要求，产生低洼路面，形成短时间积水	已实施	新建 DN600mm 雨水管道 645m，DN400mm 雨水管道 85m，DN300mm 雨水管道 20m，DN200mm 雨水管道 115m
5	柴达木路（盐庄）		排水管径偏小，排水不畅	已实施	新建 DN600mm 雨水管道 1020m，DN1200mm 雨水管道 530m
6	刘家寨加气站	昆仑大道	维护不到位管网内部多堵塞，排水能力不足，排水不畅	已实施	新建 DN300mm 雨水管道 66m，DN400mm 雨水管道 24m
7	林家崖与祁连路口	祁连路	该地段因铁路桥净空要求，地势低洼，且该段无市政管网，造成积水，需进行改造	未实施	新建 DN600mm 排水管网，提高低洼处排水能力

续表

序号	内涝点名称	路段	内涝原因分析	改造情况	整治方案
8	韶家口公路桥下	互助路	地势低洼，南部宁沪公路极端降雨条件下外来汇水量大，易发生内涝	未实施	增加管网排水能力，新增DN600mm 雨水管网，加强汛期管网、雨水口维护
9	互助路与团结路丁字路口		由于该路段地势比较低洼、路南侧无雨水篦子，降雨时排水不畅，加之区域污水管网饱和且上游存在合流管段，降雨时污水井污水溢到地面形成积水点	未实施	已经新建 DN1800 雨水管网，但老城区合流管网已处于饱和运行，降雨条件下容易冒水，建议将现有 800mm 管网扩管至1500mm，增加排水能力
10	小桥十字	小桥大街	涵洞导致路面地势低洼，同时由于雨水管径过小，路面积水不能及时排除积水严重	已实施	新建 DN800mm 雨水管 208m，DN1200mm 雨水管 52m，DN1228mm 雨水管 832m，DN600mm 雨水管 6m
11	海晏路	海晏路	地势低洼，缺少排水管线	已实施	扩建海晏路北侧原有 11m 的DN500mm 雨水管线至 DN800mm
12	文亭南巷	文亭南巷	雨水管径过小，路面积水不能及时排除，造成短时间积水	已实施	新建 DN1000mm 雨水管 300m
13	青海大学路泉湾桥下	青海大学路	现状合流管线，无法满足片区污水的转输及雨水的排放，雨天检查井冒雨导致内涝	已实施	新建 DN1000mm 污水管线500m，DN800mm 污水管线900m，DN1200mm 雨水管线900m，DN300mm 雨水管线400m

（2）雨水管渠规划

①雨水管渠提标改造

对现状雨水管渠排水能力评估，结合现状雨水管道设计标准，对不达标管段进行适度调整，以提高雨水管渠系统的排水能力。管渠改造应充分利用现状设施，通过优化和调整管渠汇水分区、增设平行管渠等低成本措施进行。经统计，全市对现状雨水管网规划提标改造长度约 118.7km，具体位置分布见图 2-2-25 所示。

提标改造雨水管网 17km，远期（2020—2030 年）至 2030 年完考虑到城市的正常运行，管网改造工程建设不仅投资金额较大，还涉及交通、空间限制等因素，近期（2016—2020 年）提标改造雨水管网 17km，远期（2020—2030 年）至 2030 年完成剩余 101.7km 管网提标改造工程。

②新建雨水管网

规划按照 2 年一遇设计重现期的标准，确定新建雨水管渠的规格，长度约226.85km，具体位置分布见图 2-2-26 所示。

考虑到城市的正常运行，新建管网工程随着城市发展而开展，近期（2016—2020 年）新建雨水管网 16km，远期（2020—2030 年）至 2030 年完成剩余

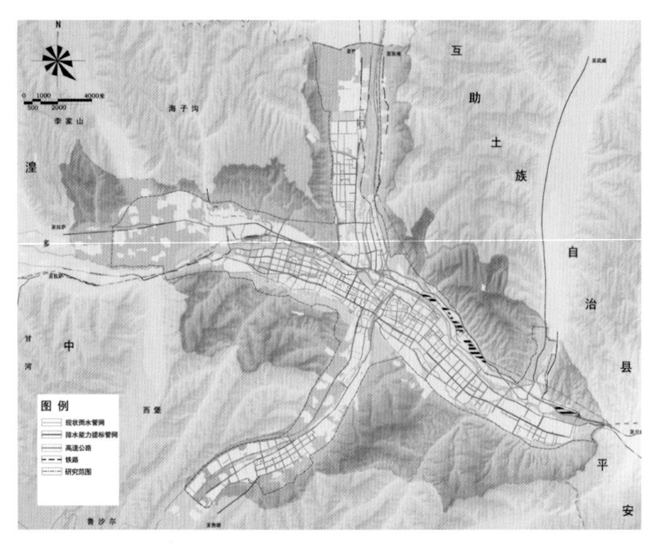

图 2-2-25　现状雨水管渠提标改造分布图

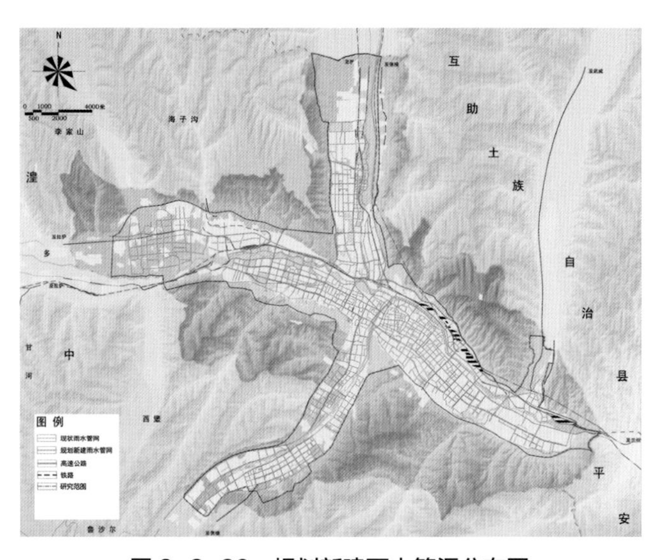

图 2-2-26　规划新建雨水管渠分布图

210.85km 管网新建工程。

（3）雨水调蓄空间

规划雨水调蓄空间应优先利用城市湿地、公园、下沉式绿地和下沉式广场等空间，同时在城市发展过程中与各类建设活动相结合，设置雨水调蓄设施，如屋顶雨水集蓄系统、道路两侧人工蓄水池等。

①城市湿地

湿地是蓄水防洪除涝的天然“海绵”，通过湿地的调节，储存来自降雨、河流过多的水量，从而避免洪涝灾害的发生，保障城市安全。规划建议合理利用建设区域内湿地，构建一个庞大的蓄水防洪除涝系统，缓解城市在汛期的排水问题。

②公园、下沉式绿地

规划建议公园和道路绿化建设中大力推广雨水利用，通过下沉式绿地积蓄、利用雨水，通过人工湖、渗水井等多种方式收集雨水，实现“蓄雨型绿地”，有效改变雨后积水、游人行路难的境况，减少公园外排雨水量，减轻城市排水和防涝压力。经规划统计，至2020年西宁市下沉式绿地面积预计达8.16km^2，调蓄容积122万m^3。

③雨水调蓄设施

除湿地、公园等调蓄空间，规划相应设置雨水调蓄设施，如透水铺装、屋顶雨水集蓄系统、道路两侧人工蓄水池等。

a. 屋顶雨水集蓄利用系统

利用屋顶做集雨面的雨水集蓄利用系统主要用于家庭、公共场所的非饮用水供应，如浇灌绿地、喷洒路面、冲厕等中水系统，节约自来水、减轻城市排水和处理系统的负荷、改善生态环境等多种效益。

b. 透水铺装

透水铺装由于本身的多孔隙特征，具有良好的透水性能，能有效地缓解城市排水系统压力。透水铺装的强入渗能力，有助于消纳周边不透水硬化面积产生的径流，起到控制区域雨水径流的作用，既为城市景观布局提供了更宽松的规划条件，又能够达到削减径流，截污减排的目的。经规划统计，至2020年西宁市预计新建透水铺装面积达9.8km^2。

c. 道路两侧人工蓄水池

规划在道路积水严重区域，沿路两侧修建人工蓄水池，具有平抑雨洪峰值、减小下游管道压力的功能，而且也是雨水回用、减污等多功能的载体。道路雨水经预处理（拦截大颗粒悬浮垃圾杂物等）后直接进入蓄水池，雨水在蓄水池中自然沉淀24小时以上，出水用于喷洒道路、灌溉绿地以及洗车等。人工蓄水池的建设应结合城市总体规划进行选址，并合理确定其蓄水容积，蓄水池容积可按每公顷10—20m^{3}考虑。

（4）防涝治理工程

①河道防治

重点治理湟水干流湟源峡出口—西岗桥，北川河黎明桥—朝阳电站引水口、南川河拉脊山出口药水泉—谢家桥，应结合园林、道路设计，使防洪工程的兴建不仅起到防洪作用，还起到美化城市、增加河道生态多样性的作用。

湟水河防洪堤按设计洪水位加1.2—1.5m建设，河宽规划按40—100m控制，南川河防洪堤按设计洪水位加1.2—1.5m建设，河宽规划按25—50m控制。北川河防洪堤按设计洪水位加1.2—1.5m建设，河宽规划按50—80m控制。

②沟道治理

沟口整治工程范围根据每条沟道的不同情况，以出口为界，向上游0.4—1.2km，向下游直至送入规划主河道。

各沟道整治工程布置原则：沟道中心线基本维持现状，局部沟道根据地形、地物和城市规划情况适当调整；沟道采用矩形断面，以减少占地，节约土地资源；基本维持现状沟道纵坡，保持沟道纵坡连接顺畅；沟道采用明渠形式。

③截洪沟工程

截洪沟外侧边坡整修按照设计的坡度确定开挖边线，由上至下逐步开挖。坡脚截洪沟根据平面布置的位置和走向进行定线。以沟底中心线向两侧按设计宽度进行清基，除去杂草、乱石等，按设计断面尺寸挖沟，需填筑土埂的，同时进行填埂，土埂每升高0.2m应夯实，干容重达1.3t/m以上。两端出水口处与支沟应做好顺接护砌，防止冲刷。截洪沟的护砌工程施工应按相应结构的施工规范要求进行控制，确保施工质量。

④山洪、泥石流防治

以山洪沟汇流区为治理单元，采用缓流、拦蓄、排泄等工程措施，结合林草种植等非工程措施进行综合治理。上游做好植树造林生态保护、中游采取拦挡坝的工程措施、下游进行河道整治增加排泄能力。上游病险水库、堤坝防洪按设计标准进行除险加固、严格保护、严禁占用。

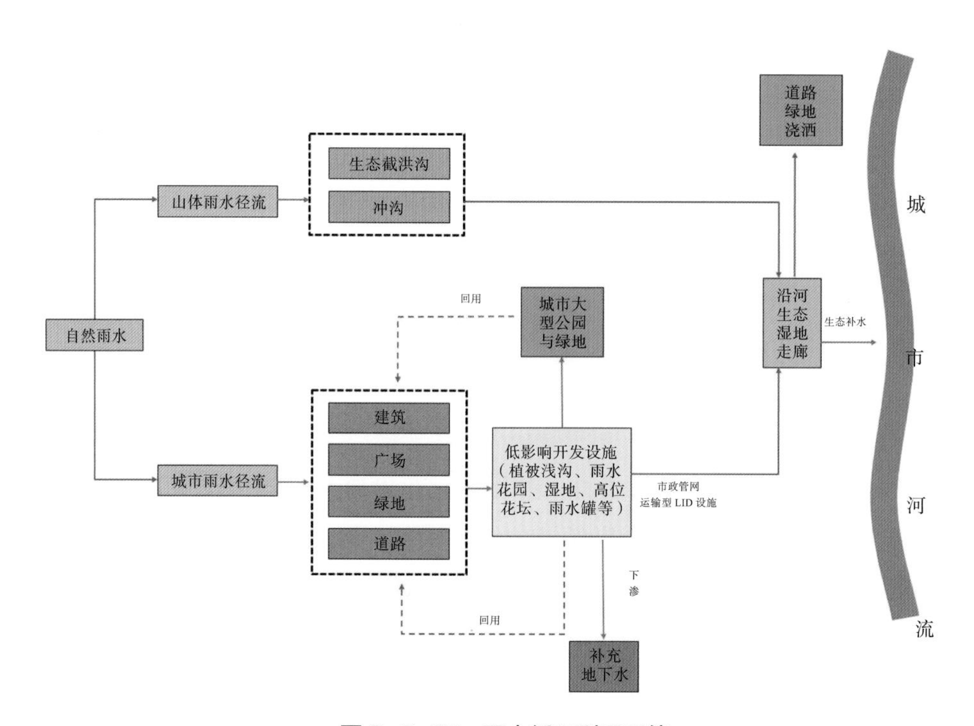

图2-2-27　雨水循环利用系统

（5）雨水资源利用

建立两级雨水综合利用系统。第一级雨水利用系统是指山体雨水径流通过生态截洪沟与冲沟的输送后，最终汇入沿河生态湿地走廊，雨水经自然净化后可回用于周边绿地灌溉、道路冲洗用水；第二级雨水利用系统是指建筑与小区、城市广场、城市道路、绿地等的雨水径流通过低影响开发雨水设施的“渗、滞、蓄、净”作用后，可收集一部分雨水，经净化后直接用于地块。在地块用地空间不足的情况下，可结合周边绿地进行低影响开发雨水系统设计。各地块超过设计降雨量的雨水均经雨水管渠系统溢流排放至城市沿河生态湿地走廊（图 2-2-27）。

2.3 “治山·理水·润城”海绵城市试点系统实施

2.3.1 现状概况

1 建设现状与山水格局

试点区域位于西宁中心城区西部，涉及海湖新区、城西区和城北区三大行政区域，其中包括老城区 5.4km^2，海湖新区 12.26km^2（拟建区域 0.41km^2，湟水河河谷地区 0.41km^2）以及城市郊野森林公园绿化区 3.97km^2（图 2-3-1）。试点区背山面水，城市空间要素布局具有典型性。现状人口（2016 年）20 万人，近期（2020 年）规划人口 22 万人，远期（2030 年）规划人口 24.3 万人。

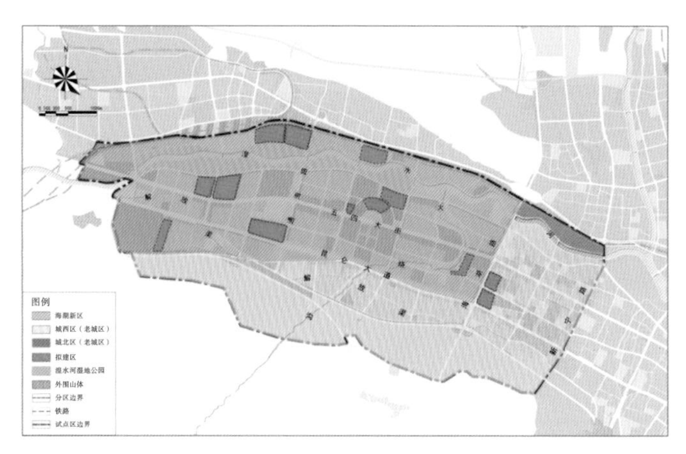

图 2-3-1　试点区域建设现状图

2 地质条件

试点区地质灾害主要集中在西山、火烧沟区域。根据《西宁市海绵建设试点西山片区地质灾害危险性分布评价图》，山体区域整体属地质灾害低易发区，仅火烧沟及沟口西侧陡坎分别属泥流沟、不稳定崩塌潜在危害区，山体区域水土流失与坍塌危害较严重（图 2-3-2）。

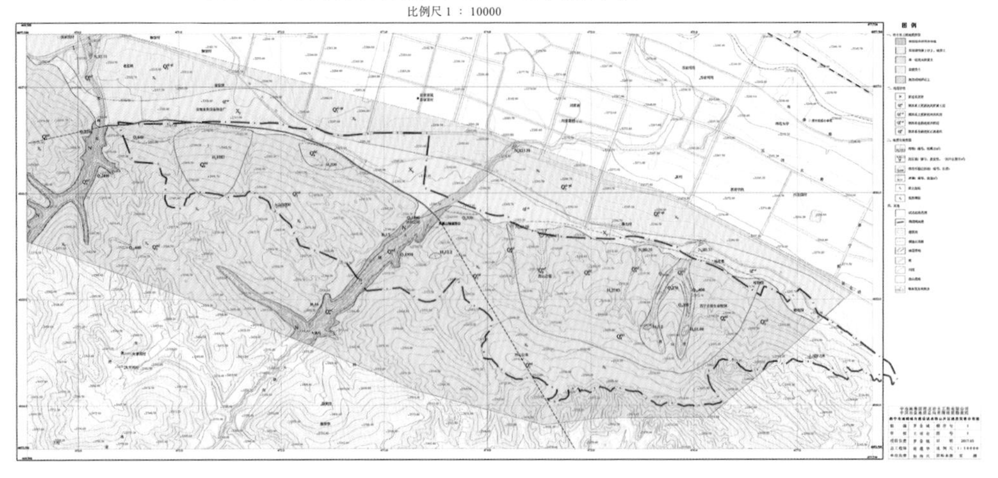

图 2-3-2　西宁市试点区地质灾害分布图

3　土壤条件

试点区域内无明显湿陷性黄土分布，土壤主要以厚黑黏淤土、厚黄淤土及厚黑淤土为主。土壤成分主要为粉土，属稍湿的弱透水层（图 2-3-3）。

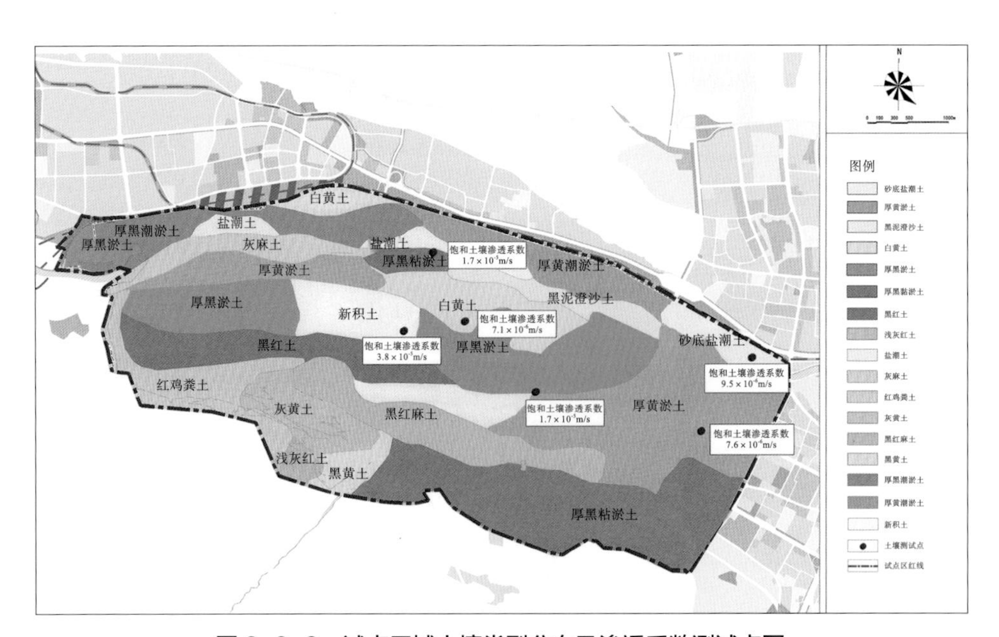

图 2-3-3　试点区域土壤类型分布及渗透系数测试点图

试点区域内平均含水量较均匀，在 16.1% 左右，对植物的生长可提供很好的水分补充；土壤以客土为主，容重较低，孔隙度相对较大；试点区属中性土壤，土壤养分 pH 值 6.5—7.5，整体土壤环境较好；土壤渗透系数均大于 5×10^{-6}m/s，符合低影响开发设施的建设标准。通过土壤改良实验，选出具备良好渗透性的改良土壤（原土：沙土：种植土 =1：1：1），为项目海绵建设方案确定提供可靠依据。

4 竖向条件

试点区域海拔由西南向东北逐渐降低，最高点位于西南角山脊处，海拔2480m，最低点位于东北角湟水河北岸，海拔2230m，试点区范围内相对高差最大为250m。试点区横坡2%，纵坡2.1%，平均坡度为3.5%左右。试点区用地坡度大多在15° 以内，占总面积的87.27%（图2-3-4）。

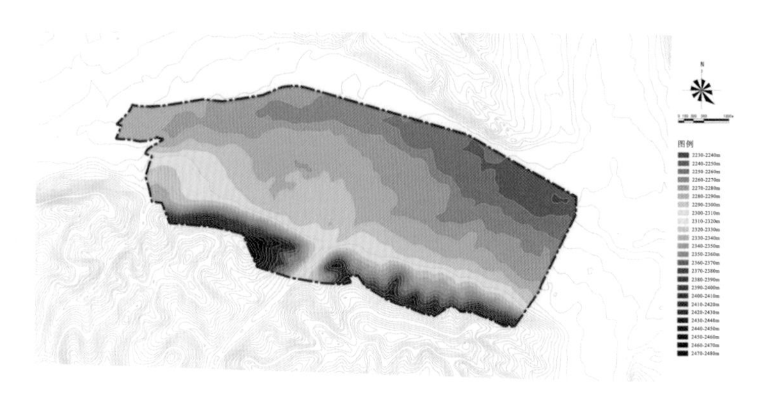

图2-3-4 试点区域竖向高程分布图

5 水文条件

试点区地下水为松散岩类孔隙水，主要呈条带状分布于河谷Ⅱ级阶地的砂砾卵石层中，河谷潜水与河水有着密切的水力联系。地下水位埋深在10—20m，单井涌水量在100—1000m^3/d，属水量中等区，Ⅱ级阶地区地下水为SO_4·Cl-Na型水，矿化度大于1g/L（图2-3-5）。

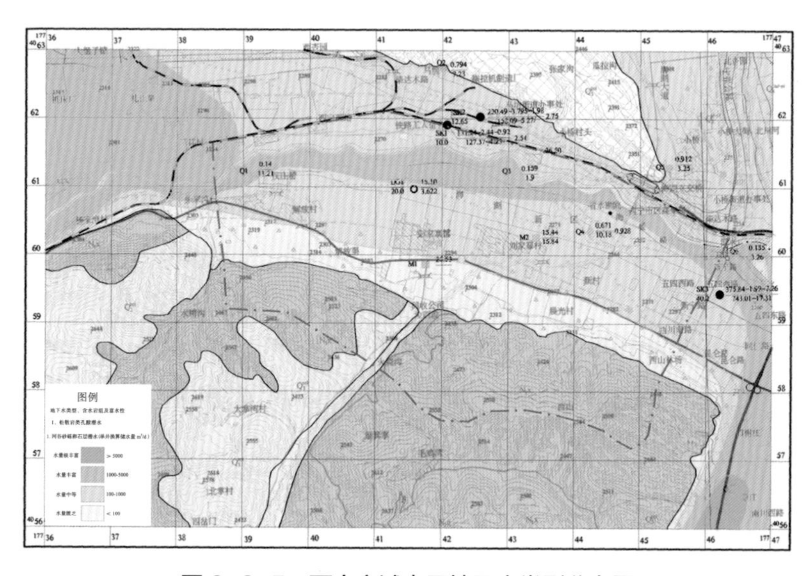

图2-3-5 西宁市试点区地下水类型分布图

试点区河流水系包括湟水河、火烧沟及解放渠。其中，火烧沟为湟水河水系支流，解放渠为试点区内的人工水渠。

6 下垫面情况

试点区域下垫面分为水域、道路、建筑、广场、裸土、铺装和植被 7 类。其中，老城区现状下垫面以铺装和建筑为主，占 5.4km^2；新城区以绿地、建筑、铺装和裸地为主，占 12.26km^2，外围山体主要以植被为主，占 3.97km^2；已建区域 21.2km^2，拟建区域 0.41km^2。试点区综合雨量径流系数为 0.53，老城区为 0.68（不包括西山），新城区为 0.50（图 2-3-6）。

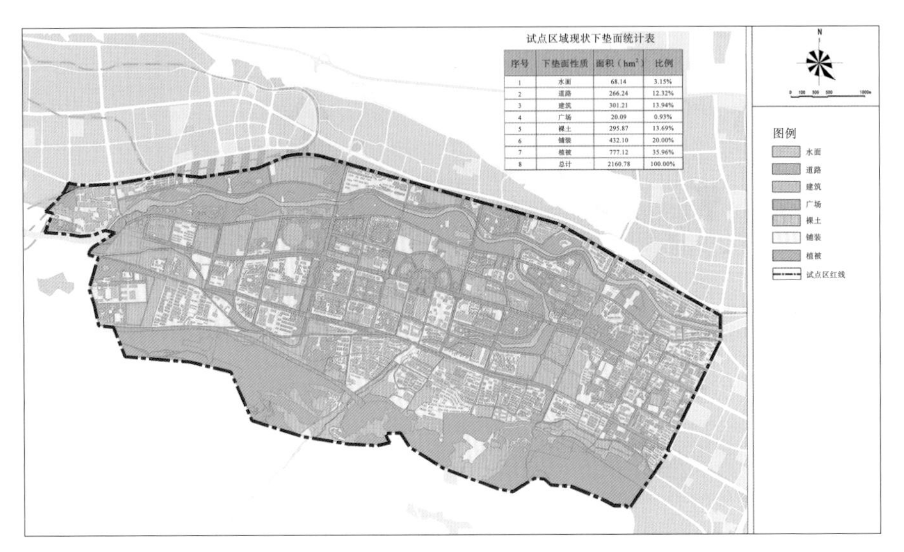

试点区域现状下垫面统计表

序号	下垫面性质	面积（hm^2）	比例
1	水面	68.14	3.15%
2	道路	266.24	12.32%
3	建筑	301.21	13.94%
4	广场	20.09	0.93%
5	裸土	295.87	13.69%
6	铺装	432.10	20.00%
7	植被	777.12	35.96%
8	总计	2160.78	100.00%

图 2-3-6　试点区现状下垫面情况图

通过在试点区典型下垫面（高层屋面、低层屋面、市政道路、广场铺装、公园绿地）采样点，对 2018—2019 年度 9 场 4.5—20.5mm 的有效降雨，进行采集并分析有效水样 100 个。结果显示，试点区降雨径流面源污染较为严重。其中，高层屋面地表径流 COD、TN 的平均浓度值分别为 46mg/L、2.49mg/L，分别超出国家地表水环境Ⅴ类标准 1.15 倍、1.25 倍；低层屋面降雨地表径流 TN 的平均浓度值为 5.96mg/L，超出国家地表水环境Ⅴ类标准 3.0 倍；市政地表径流 COD、NH_4-N、TN 和 TP 分别为 273.3mg/L、2.88mg/L、6.82mg/L、0.82mg/L，分别超出国家地表水环境Ⅴ类标准 6.83 倍、1.44 倍、3.41 倍、2.05 倍；公园绿地地表径流 TN、TP 分别为 3.06mg/L、0.52mg/L，分别超出国家地表水环境Ⅴ类标准 1.53 倍、1.3 倍。

2.3.2 问题识别

试点区水环境、水资源现状问题突出，水安全、水生态问题偶发，结合“山—

城—水”空间布局，不同问题又各有侧重，具体如下。

1 山体空间海绵城市建设突出问题

坡面林地生态营建、养护力度尚待加强，植被覆盖率增长缓慢，林下水平沟年久失修，局部损坏，雨水就地存蓄、下渗回补植被生态用水能力不足，山体林地水源涵养功能有待进一步提升。沟道、冲沟治理不达标，构成对城市空间的安全隐患。外围流域生态综合治理欠账，影响下游水环境质量。

2 城市空间海绵城市建设突出问题

试点区城市建成区新老城区共存，老城区绿地率低、新城区地下空间开发强度大，共同造成了雨水就地蓄、渗能力的不足；老城区合流制排水、新城区建筑小区小市政错接情况复杂，共同导致试点区城市空间成为水质污染的重要来源。受城市化过程中局部竖向变化及硬质下垫面比例提升影响，试点区内局部地段产生积水并有城市内涝风险。雨水、再生水等非传统水源使用意愿不迫切，城市仍为传统粗放的用水模式，导致一定程度的水资源浪费。

3 水系空间海绵城市建设突出问题

水系空间蓝线保护落地不足，水系周边湿地雨水径流调蓄、净化潜力挖掘不足。水体整体水环境质量超标，且受上游污染输入影响极大。此外，山体、城市、水系之间的内在多元水循环路径尚不健全，目前仅实现了水系和局部绿地空间由山体延伸至城市，连接于水体（湟水河及滨河湿地）。蓝绿空间相互交织融合程度不足，不同情景（中小雨、大雨、超标防涝标准）下雨水径流跨“山—城—水”空间的组织路径不明晰等问题，也是西宁海绵城市建设试点亟需解决的课题。

2.3.3 目标对策

1 总体目标

以解决“水”问题为抓手，以“治山·理水·润城”为着力点，以“安全、生态、宜居”为落脚点与根本出发点，顺应西宁城市发展方向，成为西宁绿色发展生态样板城市助推剂。城市发展方向迫切需要与海绵城市建设紧密联系，避免“为了海绵而海绵”，为海绵城市建设注入新的活力，促进海绵城市持续健康蓬勃发展。

治山——涵养水源，保持水土。加强外围大南山水土保持、林木涵养工作，逐步恢复大南山生态安全屏障作用；完善火烧沟水生态治理工作，确保防洪安全。

理水——清水入湟，蓝绿交织。对湟水河进行生态驳岸改造、内河整治以及滨河湿地建设，针对点源、面源、内源污染进行系统化整治，确保清水入湟。

润城——小雨润城，用排相宜。以低影响开发理念为指导，统筹考虑试点区域院落、道路、绿地、水系以及工程设施的布局关系，从系统出发，优化城市空间结构，构建试点区域透水、通风生态廊道，完善均衡地布局绿地空间，增加水面面积，调节城市小气候，为西宁市存下每一滴雨水。

2 年径流总量控制率确定

根据西宁市气象局近30年日降雨资料，绘制了年径流总量控制率和日降雨强度的关系曲线，如图2-3-7所示。

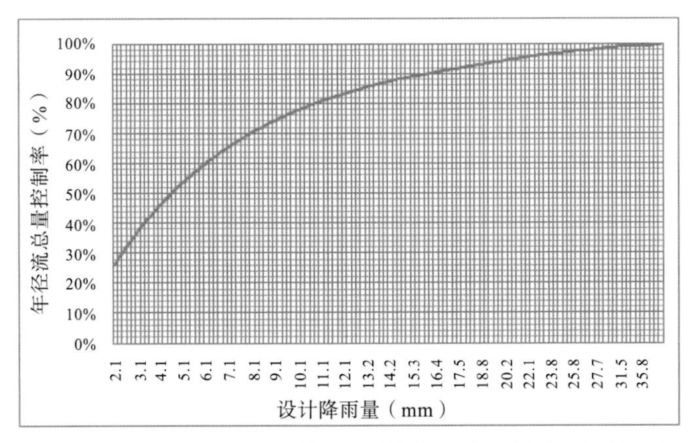

图2-3-7 西宁市年径流总量控制率与对应设计降雨量关系图

3 山林水源涵养

水源涵养功能体现为降水被植被的林冠层、枯落物层和地下土壤层等拦截、吸收和积蓄，从而使降水积蓄重新分配的过程。山区降水一部分经植被截留蒸发或裸土蒸发成为白水，这部分水分被称为无效水分；一部分贮存于土壤中成为绿水，经植被蒸腾转化为绿水流，绿水流积累量就是生态需水量。重点结合现状典型植被类型土壤调研，借鉴相关研究确定典型植被类型土壤物理性质及绿水含量，结合冠层、枯落物层等水源涵养能力，综合确定试点区山林水源涵养目标（表2-3-1）。

试点区山林不同植被类型下土壤物理性质及绿水含量 **表2-3-1**

植被类型	容重（g/cm^3）	最大持水量（mm）	最小持水量（mm）
青海云杉	0.58	85.94	31.25
祁连圆柏	1.23	52.50	23.38
青 杨	1.57	48.59	24.74
灌丛林	1.13	90.37	42.77

结合实验测试确定植被冠层、枯落物水源涵养能力贡献比例，校对土壤层涵养水源与土壤盐渍返碱情况，根据不同类型植被面积比例综合测算，试点区山林水源涵养目标为27.4mm，对应年径流总量控制率为98%。

4 水文本底恢复

参考试点区海湖新区开发前（2005 年）的用地类型（图 2-3-8）、卫星遥感图，通过建立 SWMM 模型，分析西宁市试点区城市开发前水文本底状况。经统计，区域模型面积为 13.91km^2，不透水面积比例约 35%，以近 30 年日降雨量为降雨数据（总降雨量 12538.6mm），模型模拟结果中地表径流为 1786.3mm，则试点区城区开发前本底年径流总量控制率为 85.7%。

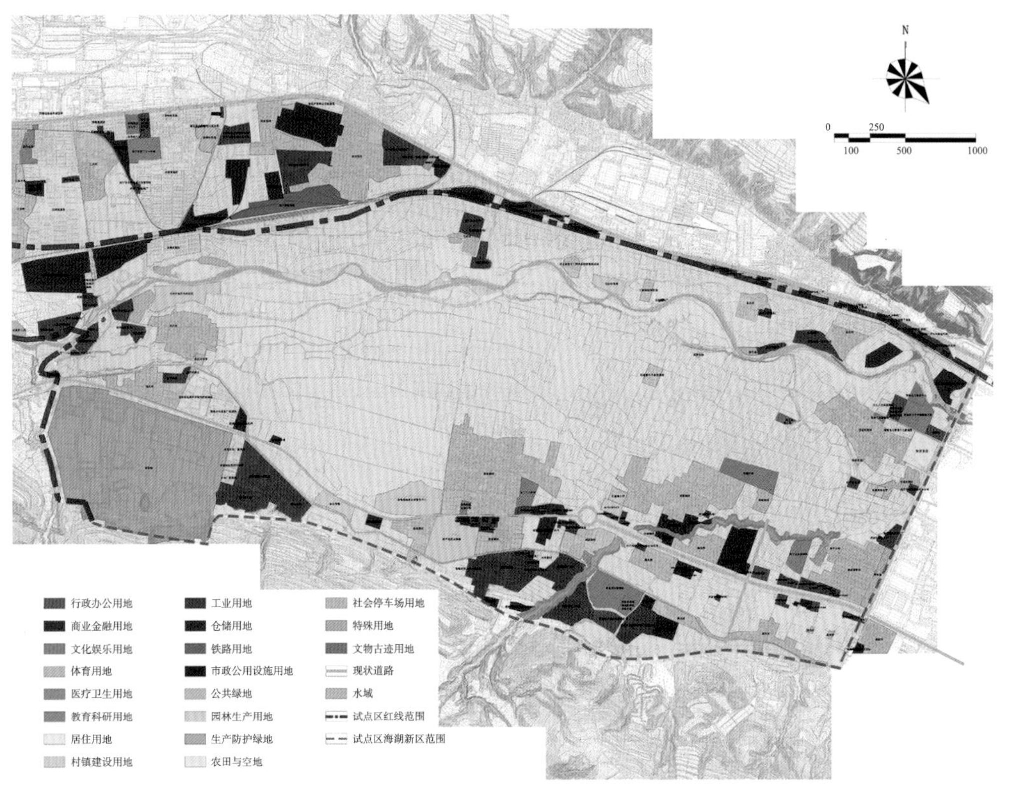

图 2-3-8　西宁市试点区海湖新区开发前用地类型分布图（2005 年）

综合上述分析，选取年径流总量控制率 85%、对应设计降雨量 13mm 作为城区海绵城市建设的径流控制指标；选取年径流总量控制率 98%、对应设计降雨量 27.4mm 作为山区海绵城市建设的径流控制指标。综合试点区山体和城市年径流总量控制率，评估得出试点区开发前的年径流总量控制率为 88%，对应的设计降雨量 14.7mm。

2.3.4 指标体系构建

针对“安全、生态、宜居”的迫切需求，明确“治山·理水·润城”定量化指标，详见表 2-3-2。

西宁市海绵城市建设试点区域建设指标体系表　表 2-3-2

目标分类			建设指标	数值
治山	涵养水源	水生态修复	山体林木覆盖率	≥ 85%
		水资源涵养	年径流总量控制率 / 对应设计降雨量	98%/27.4mm
	保持水土	水安全保障	水土流失治理比例	≥ 80%
			山洪沟道防洪标准	30 年
理水	清水入湟	水环境治理	试点区域内湟水河检测断面水质	检测断面水质不得低于试点区进水断面水质，且试点区湟水河入流的污染负荷量不低于地表Ⅳ类水的水环境容量
			合流制管网改造率	≥ 90%
	蓝绿交织	水生态修复	水系生态岸线比例	≥ 40%
润城	小雨润城	水生态修复	年径流总量控制率 / 对应设计降雨量	85%/13.0mm
		水环境治理	SS 综合削减率	≥ 50%
	用排相宜	水安全保障	雨水管渠设计重现期	2—5 年
			内涝防治设计重现期	50 年
		水资源利用	雨水利用量替代城市自来水比例	≥ 2%
			污水再生利用率	≥ 50%

2.3.5 汇水分区划分

试点区根据区域自然属性、社会属性和城市建设现状，统筹考虑海绵城市系统构建，按照“流域分区、汇水分区、排水分区、项目服务区”确定的工作流程，共划分为 1 个流域分区、4 个汇水分区、30 个排水分区；在排水分区基础上，依据管网布局、径流组织、溢流收排和行政管辖等，系统布局管控，划分为 14 个管控片区（项目服务区）。

1 汇水分区

试点区在流域层面，汇流路径较为明显，主要分布在火烧沟一级支流汇流至湟水河干流水系的流域范围内。基于流域水文分析结果，结合试点区地形高程、水系分布和管网总排出口情况等因素，进行受纳水体的识别分析，将整个试点区划分为 4 个汇水分区（图 2-3-9）。

2 排水分区

以划定的汇水分区和雨水排口为基础，结合试点区现状下垫面、规划和现状排水管网、规划土地用地图、交通规划图和行政管控范围，并考虑地块项目完整性，细化出每个雨水总排口对应的排水范围，将试点区划分为 30 个排水分区（图 2-3-10）。

3 项目服务范围

在划定的排水分区基础上，对试点区内建设项目进行系统布局管控，依据地形坡度、管网布局、径流组织、溢流收排和行政管辖，将试点区划分为 14 个

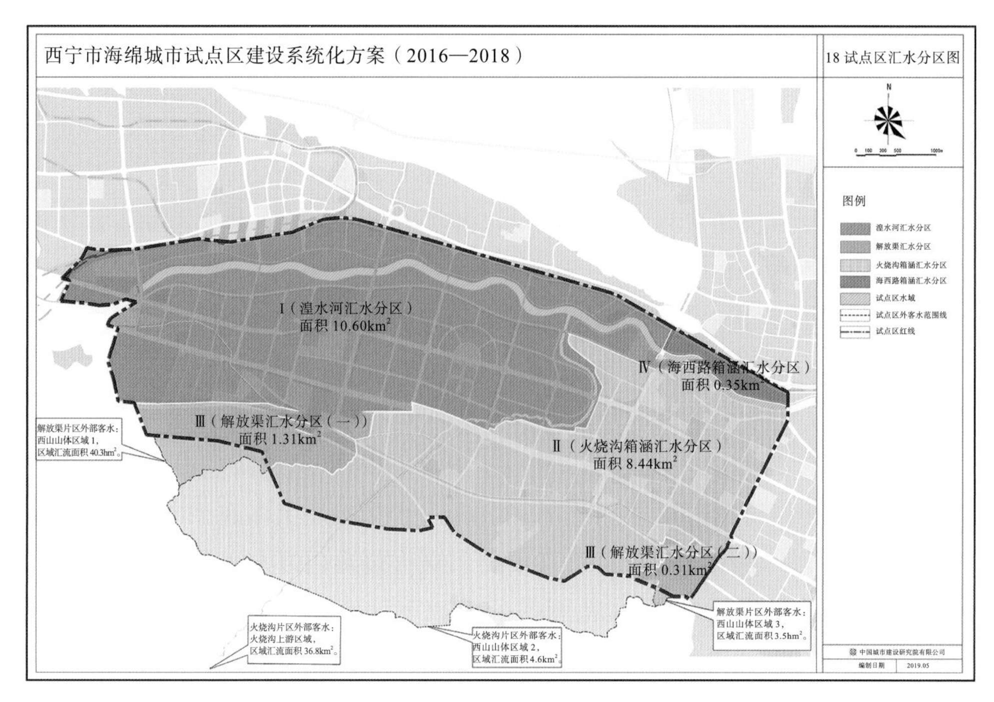

图 2-3-9 试点区汇水分区划分图

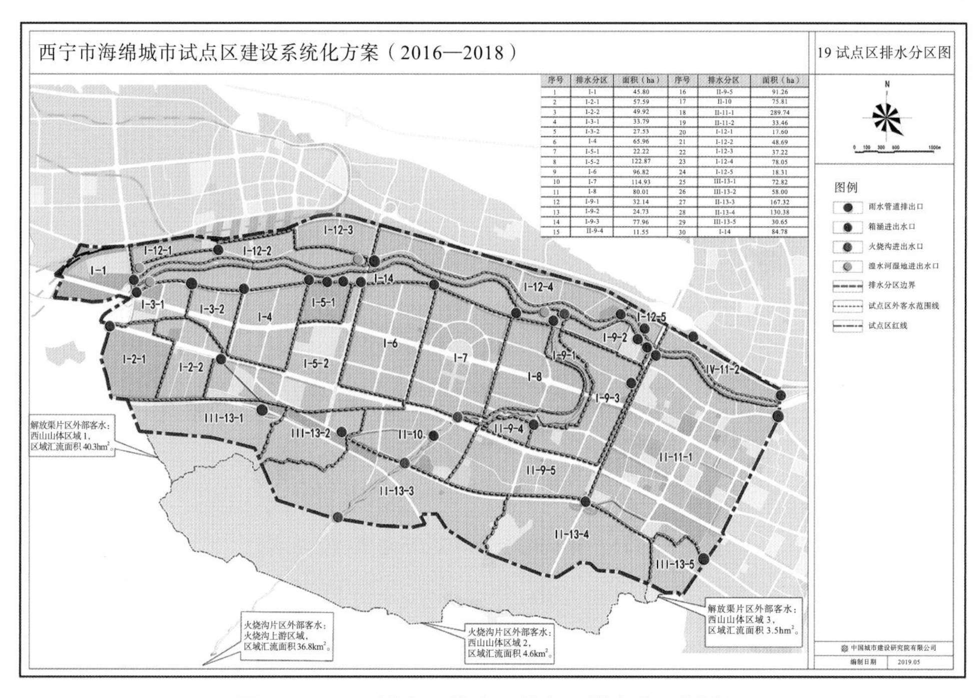

序号	排水分区	面积（ha）	序号	排水分区	面积（ha）
1	I-1	45.80	16	II-9-5	91.26
2	I-2-1	57.59	17	II-10	75.81
3	I-2-2	49.92	18	II-11-1	289.74
4	I-3-1	33.79	19	II-11-2	33.46
5	I-3-2	27.53	20	I-12-1	17.60
6	I-4	65.96	21	I-12-2	48.69
7	I-5-1	22.22	22	I-12-3	37.22
8	I-5-2	122.87	23	I-12-4	78.05
9	I-6	96.82	24	I-12-5	18.31
10	I-7	114.93	25	III-13-1	72.82
11	I-8	80.01	26	III-13-2	58.00
12	I-9-1	32.14	27	II-13-3	167.32
13	I-9-2	24.73	28	II-13-4	130.38
14	I-9-3	77.96	29	III-13-5	30.65
15	II-9-4	11.55	30	I-14	84.78

图 2-3-10 试点区排水口分布及排水分区划分图

管控片区（项目服务区），共安排海绵城市建设项目 248 项，支撑各管控片区（项目服务区）有效达到预定的建设目标。

2.3.6 典型汇水分区系统化方案——火烧沟箱涵汇水分区

1 基本特征

火烧沟箱涵汇水分区位于试点区东部，西起湟水国家森林公园—火烧沟景观水系，东至试点区边界新宁路，南起试点区山体边界，北至湟水河南岸边界，总面积 8.95km^2。火烧沟汇水分区因火烧沟南北纵贯，衔接了试点区山体、城市和水系三类典型构成元素，在海绵城市建设过程中，山林生态保护、城市宜居建设和水绿空间营造，均需统筹考虑，有机衔接。

火烧沟箱涵汇水分区基本地形可分为 2 类，一类是南部黄土梁峁山地地形，一类是北部湟水河河谷平原地形。其中，山地区域地形坡向主要为南山北坡，海拔由南向北逐渐降低，范围在 2600—2280m。山体坡度大多在 15°—35° 之间，占总面积的 49.53%；35° 以上陡坡主要分布在火烧沟内以及海拔 2465m 以下的冲沟两侧，占总面积的 6.62%；范围内 15° 以下坡度占总面积的 43.85%。河谷平原区域地形高程主要分布在 2230—2280m，地势平坦，整体呈现南高北低的趋势（图 2-3-11）。

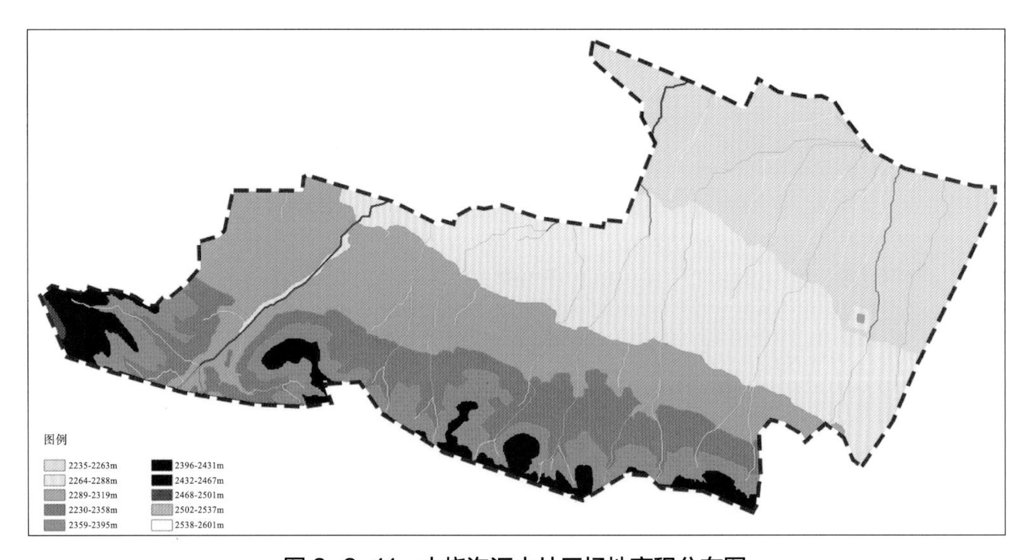

图 2-3-11 火烧沟汇水片区场地高程分布图

片区内山体冲沟较多，利用 GIS 进行汇水分析显示，冲沟均集中在火烧沟东侧，坡降高差基本在 100m 以上，纵比降落差大，沟深长度在 500—1200m，雨洪冲刷时易形成泥石流灾害。经场地调研，现状冲沟治理欠缺，存在“塌、断、堵、丑”等问题（图 2-3-12）。

火烧沟汇水片区建设地块主要集中在试点区北部河谷平原及南部山地山脚、火烧沟沟口区域，包括羚羊路片区、火烧沟东岸片区、城西虎台片区，自东向西总体呈现“老城—新区—老城”的交替镶嵌格局（图 2-3-13）。

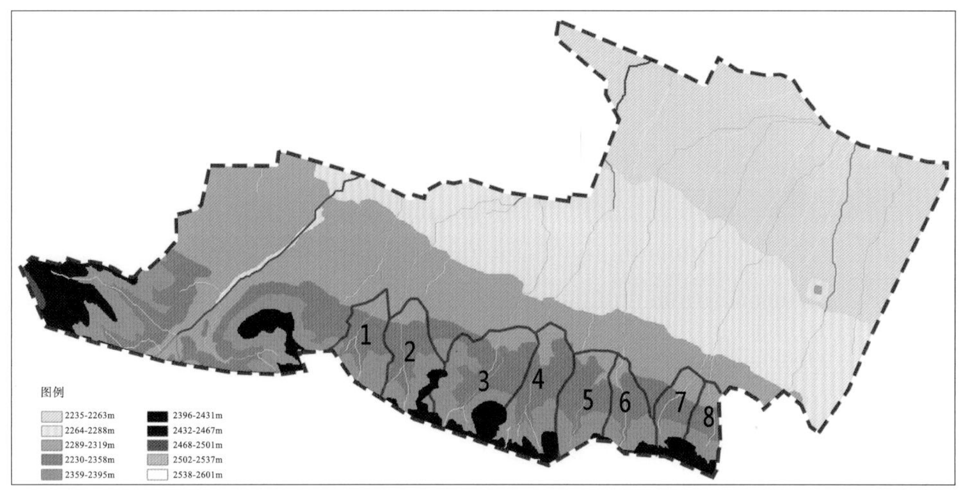

图 2-3-12　火烧沟汇水片区山体冲沟汇水分析及现状场地图

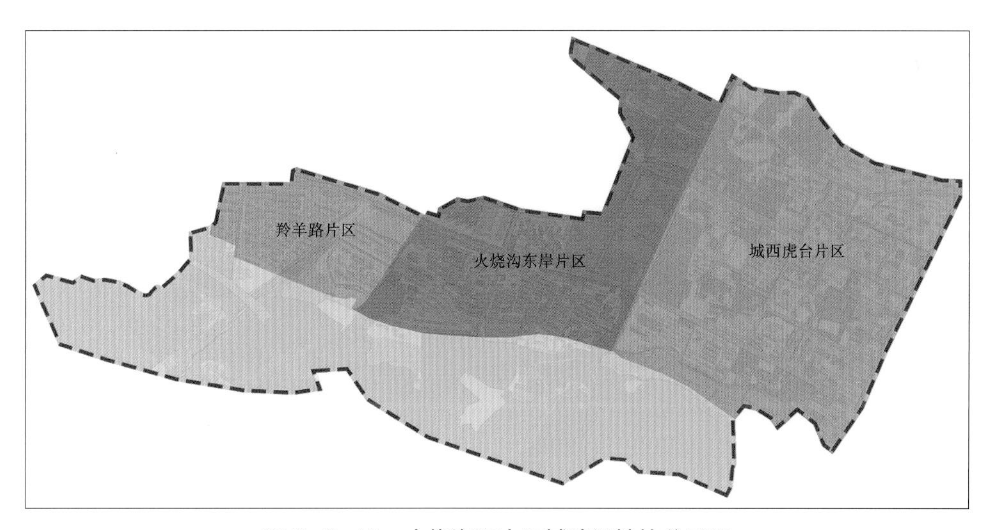

图 2-3-13　火烧沟汇水区域建设地块分区图

火烧沟东岸片区的市政道路均有绿化带和绿道，人行道和广场均为不透水铺装，但多为新改建道路，不宜进行大规模海绵改造。羚羊路片区和城西虎台片区的大部分市政道路两侧绿化带和绿道少，人行道均为不透水铺装，道路年径流总量偏低，基本在 20% 以下（图 2-3-14）。

火烧沟汇水分区的排水体制为末端截流式合流制，根据测绘管网资料显示，该分区内雨水管渠总长约 36.71km，约占雨水总管网总长的 36.02%。其中，火烧沟沟道和羚羊路片区雨水径流收集后直接汇入火烧沟排洪箱涵（规模 4.5m × 4.0m）；火烧沟东岸片区雨水管渠长度约 16.86 km，雨水经市政管网收集后汇至末端排洪箱涵，排洪箱涵长度为 3.1 km，部分箱涵混合水溢流至湟水河，另一部分汇至下游截流箱涵（规模 2.0m × 2.0m）；城西虎台片区雨水管渠长度约 14.99km，

（1）五四大街

（2）海湖路

（3）昆仑路

图 2-3-14　火烧沟汇水分区主要市政道路现状图

雨水经市政管网收集后汇至末端截流箱涵，截流箱涵长度为 1.76 km（图 2-3-15）。

分区内污水管渠总长约 31.1 km，管径在 400—1000mm，约占污水总管网总长的 30.17%，分区内的生活污水经管网收集后，输送至末端截流箱涵（规模 2.0m × 2.0m），再共同输送至下游的第一污水处理厂进行集中处理后排放（图 2-3-16）。

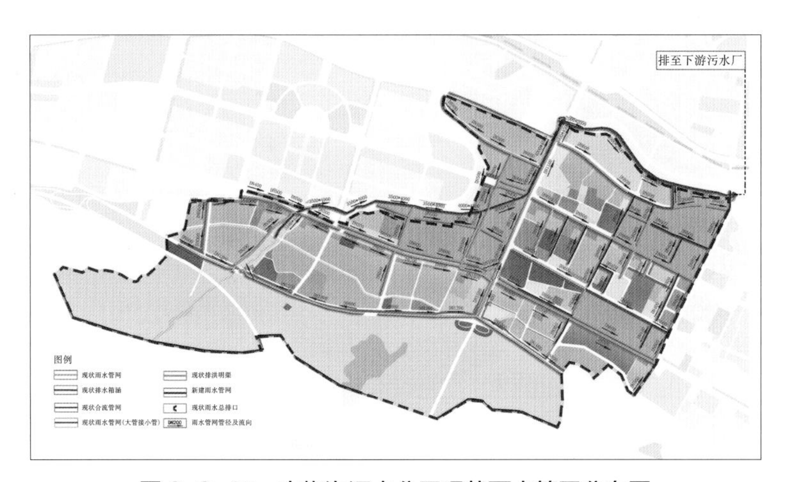

图 2-3-15　火烧沟汇水分区现状雨水管网分布图

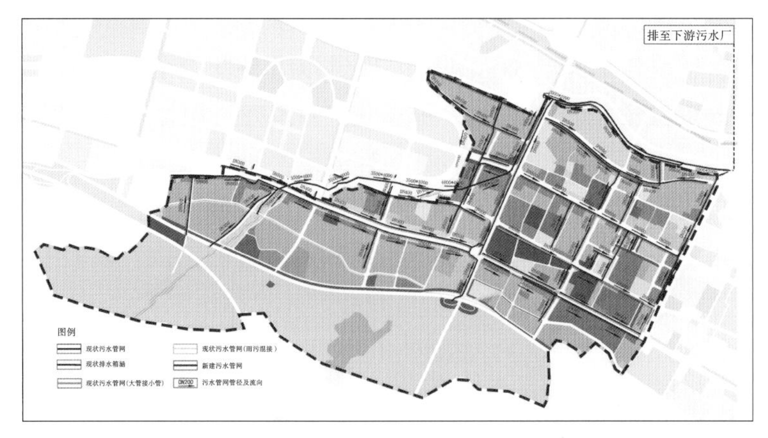

图 2-3-16　火烧沟汇水分区现状污水管网分布图

2 存在问题

（1）山体生态脆弱，海绵功能缺失

火烧沟汇水分区内山体局部林地配置布局不合理，生态效益发挥较差，主要表现在植被覆盖不足、林相单一（图 2-3-17）；部分山林水平阶年久失修，水土保持、水涵养能力降低。

图 2-3-17 火烧沟汇水分区现状植被分布图

（2）山体沟道水土流失严重

通过现场调研考察，选取火烧沟沟道干流、支流 14 处取样点，经测试，取样点含沙量在 0.06—16.8kg/m^3，水系泥沙含量较大。火烧沟流域面积约 58.06km^2，沟道比降 48‰，侵蚀模数为 2500 t/km^2，则年输沙量约 14.52 万 t/a，水土流失严重。

（3）城区建设地块硬化面积大，现状年径流总量控制率偏低

火烧沟汇水分区建设地块集中分布在北部河谷平原区，一部分邻近山脚，纵坡较大，另一部分处于老城区，雨水低影响开发空间受限，硬质下垫面比例较高。经模型模拟，城区部分现状年径流总量控制率为 38.5%，地表径流大（图 2-3-18）。

（4）城区段硬化驳岸比例大

经统计，片区内火烧沟城区段（南绕城路—昆仑路段）全为硬化驳岸，长度约 1.0km；解放渠城区段（湟水国家森林公园—植物园段）全为硬化驳岸，长度约 5.0km，其中现状有 3.5km 的渠道受居民活动影响或被侵占，出现沉沙淤泥及“三面光”现象较为严重；1.5km 的渠道在城市建设中被改为盖板渠形式，渠道需进行生态化改造（图 2-3-19）。

图 2-3-18 火烧沟汇水分区现状年径流总量控制率分布图

图 2-3-19 汇水分区内火烧沟和解放渠驳岸现状图

（5）火烧沟自然网络破碎化严重

火烧沟中游段长期以来自然植被稀少，覆盖率低，加之沟道两岸建材加工、养殖业、物流仓储等自建厂房杂乱，垃圾填埋充斥，沟道水系阻隔、填埋严重；经统计计算，火烧沟中游段散布的建筑垃圾体积约 211.6 万 m^3，污染严重的自建厂房侵占沟道面积约 $44.5hm^2$，水系生态网络破坏严重（图 2-3-20）。

（6）存在箱涵溢流污染

火烧沟汇水分区对海湖桥—新宁桥段湟水河产生污染影响，主要是存在火烧沟排洪箱涵溢流污染。经 2017 年监测数据统计计算，箱涵非降雨期来水包括火烧沟上游水系和解放渠来水（流量为 $0.104m^3/s$，COD、NH_4-N、TN 和 TP 平均污染浓度分别为 20.8mg/L、1.3mg/L、5.0mg/L 和 0.3mg/L）以及城区市政污水管线截流至箱涵的污水（流量为 $0.239m^3/s$），非降雨期箱涵的平均流量约为 $0.343m^3/s$，最大流量为 3.724 m^3/s，产生的 COD、NH_4-N、TN 和 TP 平均污染浓度分别为 260.3mg/L、23.8mg/L、28.3mg/L 和 2.4mg/L；降雨期箱涵径流汇入量包括山体径流来水量和排水分区 9-3、9-4、9-5、10 径流来水量。利用 2017

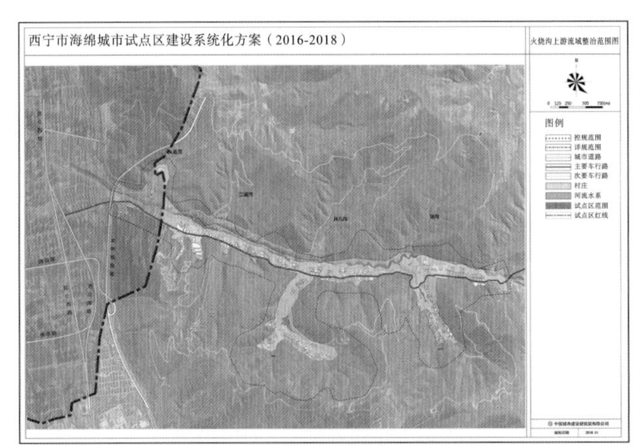

（1）火烧沟中游段水系现状分布

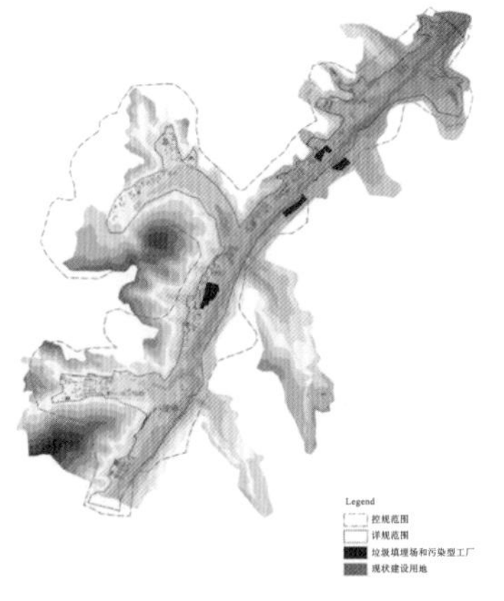

（2）火烧沟中游段垃圾填埋及污染工厂分布

图 2-3-20　火烧沟中游段现状水系自然网络破碎化分析图

年实测 5 分钟间隔降雨进行模型模拟，末端箱涵的溢流频次为 9 次，总溢流量为 $251016m^3$，产生的 COD、NH_4-N、TN 和 TP 污染负荷量分别为 39.78t/a、2.23t/a、3.17t/a 和 0.23t/a（图 2-3-21）。

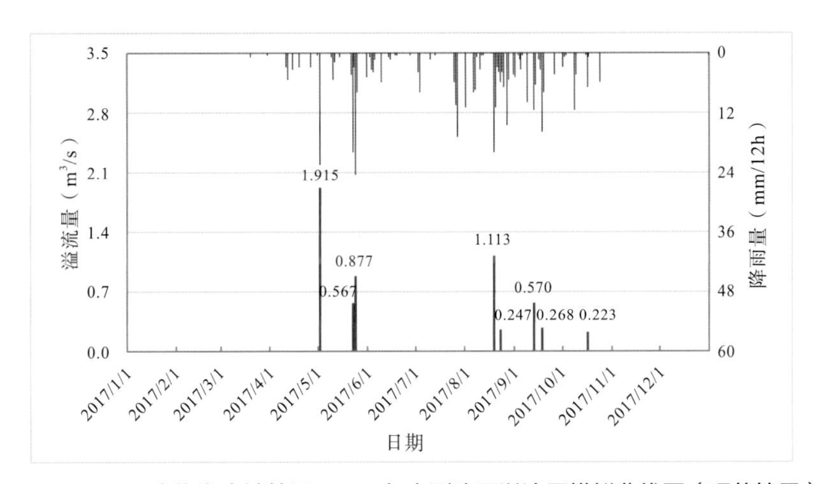

图 2-3-21　火烧沟末端箱涵 2017 年实测降雨溢流量模拟曲线图（现状情景）

（7）排水系统不完善

箱涵截流量大，污水厂雨季处理能力不足；根据目前西宁市排水系统现状调查，雨季时火烧沟汇水分区生活污水、合流制混合水均通过截流箱涵排至试点区下游的第一污水处理厂，现状截流需求均已超出现有污水处理厂处理能力，直接溢流至湟水河，对西宁市下游湟水河造成严重的环境污染。

其中，火烧沟汇水分区的末端箱涵截流量包括试点区湟水河南岸区域全部生活污水量（服务面积约 $1345.45hm^2$）、火烧沟排洪箱涵上游水系来水量和火烧沟汇水分区截流的径流污染量，具体污染负荷量见表 2-3-3 所示。

截流箱涵对下游第一污水厂贡献的污染量一览表 表 2-3-3

类型	输入量（万 m^3/a）	COD（t/a）	NH_4-N（t/a）	TN（t/a）	TP（t/a）
生活污水量	861.40	3195.86	294.45	336.41	29.44
火烧沟箱涵上游来水量	327.98	68.22	4.26	16.40	0.98
降雨径流污染量	180.59	202.75	6.00	11.51	0.72
火烧沟箱涵溢流量	25.10	39.78	2.23	3.17	0.23
箱涵截流总量	1344.87	3427.05	302.48	361.15	30.91

基础设施老旧，合流制改造难度大。经管网普查统计，火烧沟汇水分区内存在约 4.81km 的市政合流管渠，合流制地块范围面积约 279.4hm^2，主要集中在羚羊路片区、城西虎台片区，属城西区老城区，建成时间长，排水设施老旧，改造难度大（图 2-3-22，表 2-3-4）。

图 2-3-22 火烧沟汇水分区现状合流小区分布图

火烧沟汇水分区现状合流、混流管网分布图 表 2-3-4

类型	道路位置	长度（m）	管径（mm）
合流、混接管网	富兴路（西川南路交叉路）	145	DN800
	宁靖路与昆仑路交叉路	250	DN500
	昆仑路（海湖路—冷湖路）	540	DN500
	虎台一巷（昆仑路—五四大街）	665	DN400
	建研巷（五四大街—冷湖路）	240	DN400
	西关大街（虎台一巷—新宁路）	155	DN500
	新宁路（昆仑路—西关大街）	120	DN800
	冷湖路（西关大街—海晏路）	770	DN400-DN600
	盐湖路（虎台二巷—新宁路）	550	DN400-DN500
	虎台三巷（西关大街—五四大街）	560	DN400
	学府巷（冷湖路—西关大街）	375	DN400
	海晏路（虎台二巷—新宁路）	440	DN400-DN500

（8）山体沟道存在安全隐患

火烧沟汇水分区山体沟道现状存在8条冲沟，部分冲沟纵比降大，暴雨时洪水来势凶猛，容易形成泥石流灾害；冲沟治理措施欠缺，存在“塌、断、堵、丑”等问题。山体沟道现状存在13处地质灾害危险性大的区域，易出现不稳定斜坡、滑坡、崩塌和泥石流等地质灾害隐患，具体情况见下图所示。火烧沟属于湟水河一级支流，沟道中段现状防治标准仅能达到10年一遇标准，主要由于自建厂房、垃圾填埋不断侵占沟道漫滩地及低阶地，加上建筑、生活垃圾和生产废渣日益增多，不断倾入沟道，导致沟道行洪断面缩小，大大削弱沟道自然抗洪能力，存在一定的安全隐患。

（9）现状管网排水能力不足

通过模型验证，火烧沟汇水分区的现状排水管网不满足2年一遇设计标准的管线长度为47.95%，发生暴雨时可能存在因管线排水能力不足而导致的内涝积水风险，管渠排水能力状况见图2-3-23所示。

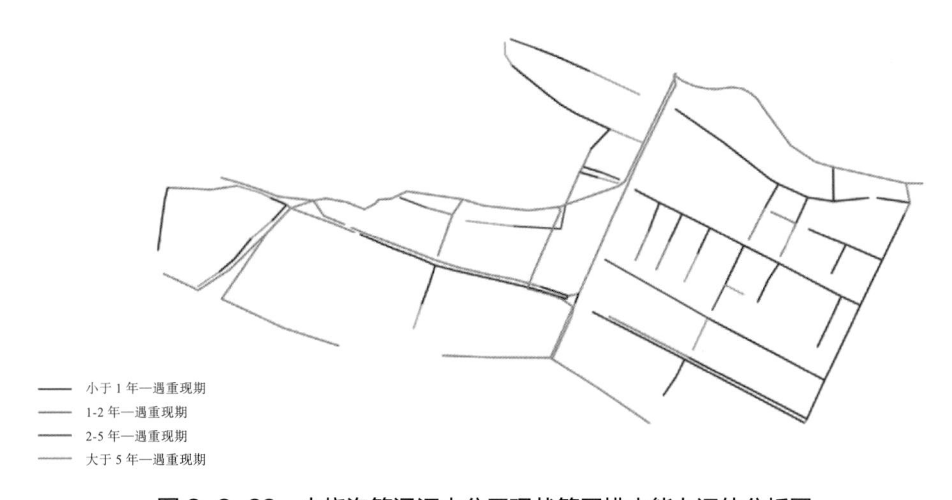

图2-3-23 火烧沟箱涵汇水分区现状管网排水能力评估分析图

（10）存在一定的内涝风险区域

通过Mike Flood耦合模拟平台，形成完整的内涝风险综合评估模型，对现状情景火烧沟箱涵汇水片区的内涝风险进行模拟评估，并给出了50年一遇重现期下内涝风险区分布及积水量，具体见图2-3-24和表2-3-5所示。根据模拟结果分析可以看出，50年一遇长历时降雨条件下，分区内黄Ⅲ等级以上的内涝风险区面积约12.64hm^2，积水量约50138m^3。

根据模型模拟和现场调研，本片区内存在2处内涝风险区，分别为虎台二巷和文亭南巷内涝风险区，另外还存在1处现状内涝积水点，为刘家寨加气站内涝积水点。内涝积水区分布见图2-3-25所示。

图 2-3-24　50 年一遇下火烧沟箱涵汇水分区现状内涝风险分布图

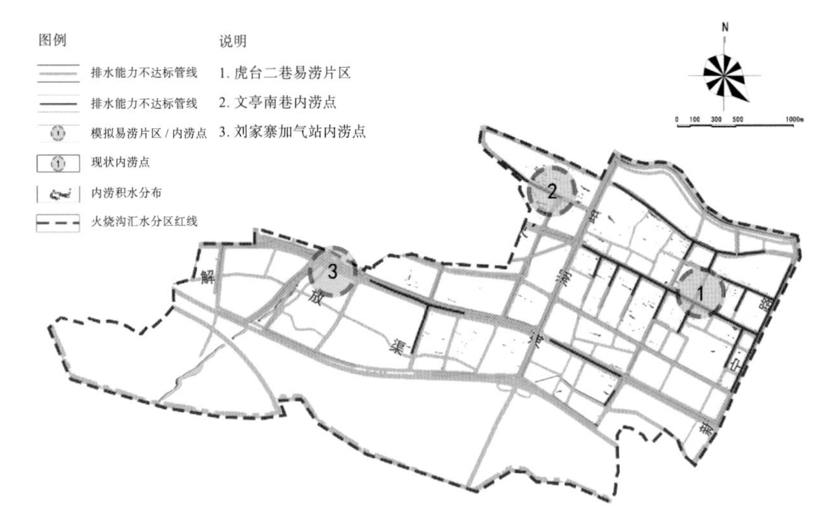

图 2-3-25　火烧沟箱涵汇水分区现状重要内涝积水区分布图

（11）无雨水资源利用且山体绿地灌溉成本高

火烧沟汇水分区大部分仍沿用传统开发建设模式（自来水供水体系），未形成城市雨水利用系统，无雨水资源的收集利用。火烧沟汇水分区山体沟道大部分已覆盖灌溉管网，但现状区域供水分区规模大，场地相对分散，现状灌溉采用渠水（解放渠）通过泵站加压供给水源，灌溉系统耗能大、成本高，且雨水收集回用措施较少，林木保水措施欠缺。

3　建设目标指标

根据试点区海绵城市建设总体目标要求，结合分区特征和现状问题，综合设置“治山·理水·润城”的片区海绵城市建设目标，如下表所示。

火烧沟汇水分区建设目标一览表　　表 2-3-5

目标分类		建设目标	数值
治山	水生态修复	山体林木覆盖率	≥ 85%
		山体水土流失治理比例	≥ 80%
	水资源涵养	年径流总量控制率 / 对应设计降雨量	98.6%/30.5mm
	水安全保障	山体冲沟防洪标准	30 年一遇
理水	水环境治理	合流制管网改造率	≥ 90%
		箱涵溢流频次	≤ 5 次
		箱涵溢流控制（以 NH_3-N 计）	70%
	水生态修复	火烧沟水土流失治理比例	≥ 90%
	水安全保障	火烧沟防洪标准	100 年一遇
润城	水生态修复	年径流总量控制率 / 对应设计降雨量	64.4%/6.9mm
	水环境治理	SS 综合削减率	≥ 41.5%
	水安全保障	雨水管渠设计重现期	2—5 年
	水安全保障	内涝防治设计重现期	50 年
	水资源利用	雨水资源利用率	1.3%

4 “治山”海绵建设方案

以“大海绵、大统筹、绿色开放”为总体理念，开展本汇水分区海绵建设“治山”方案构建。

（1）山体海绵功能分区

根据现场调研，在山体区域空间结构基础上，考虑山体项目完整性，将火烧沟汇水分区山体分为四大海绵建设功能分区，分别为山林海绵建设区、游憩绿地海绵建设区、火烧沟沟口建设治理区和特殊用地海绵建设区，同时将山体项目调整优化为 8 个项目，具体见图 2-3-26 和表 2-3-6。

图 2-3-26　火烧沟汇水分区山体区域海绵功能分区图

火烧沟汇水分区山体海绵功能分区各地块项目一览表　　表 2-3-6

序号	所属功能分区	地块项目	总面积（hm²）
1	特殊用地海绵建设区	西山公墓	9.72
2	特殊用地海绵建设区	仓储厂房	8.13
3	游憩绿地海绵建设区	西宁野生动物园	80.31
4	火烧沟沟口建设治理区	火烧沟沟口景观提升区	46.51
5	山林海绵建设区	湟水国家森林公园（3）	27.75
6	山林海绵建设区	西山（2）	24.55
7	山林海绵建设区	西山（3）	78.55
8	山林海绵建设区	凤凰山快速路	22.18
合计			297.70

（2）山体林地生态修复方案

山体林地生态修复主要分为低效林改造、林地补植、水平阶修复、冲沟边坡种植修复、现有林地抚育、游憩绿地海绵改造 6 种类型工程措施，确保山体林木覆盖率达到 85.0% 的目标要求（图 2-3-27）。

图 2-3-27　火烧沟汇水分区山体林地生态修复布置平面图

低效林改造：低效林改造主要是提高生态公益林的复层郁闭水平，增加林下植被盖度，诱导形成层次结构完整、功能多样的森林群落，减少水土流失，提高其涵养水源能力和功能特性，增强森林的主导功能。

主要对现状阴坡低效灌木林采取封育、抚育、调整等多种方式和带状改造、育林择伐、林冠下更新、群团状改造等综合改造措施，对阳坡郁闭度小、林分生长量低或树种不适合的低效林实施调整补植、择伐抚育、复壮等措施。

林地补植：林地补植主要是对局部裸地、生态敏感重要区域实施补植，提高林地覆盖率和生态效益。主要采用均匀补植（现有林木分布比较均匀的林地）、块状补植（现有林木呈群团状分布、林中空地及林窗较多的林地）、林冠下补植（耐荫树种）、竹节沟补植等方法进行补植（表 2-3-7）。

山体林地补植树种备选表　　表 2-3-7

类型	造林植物	经济作物	观赏植物
乔木	祁连圆柏、毛白杨、油松、青海云杉、白榆、青杨（雄株）、樟子松、新疆杨、小叶杨、旱柳、柽柳等	文冠果、山杏等	青海云杉、油松、祁连圆柏、青杆、白杆、紫果云杉、樟子松、圆柏、侧柏、国槐、白榆、白蜡、海棠、油松容器苗、樱桃、红叶李等
灌木	柠条、沙柳、狼牙刺、紫穗槐、花棒、竹柳、杞柳、丁香等	沙枣、花椒、金银花、塔青、沙棘、黑枸杞、树莓等	金叶莸、偃伏梾木、茶条槭、红叶小檗、金露梅、金叶榆、榆叶梅、绣线菊等
草本	当地适生自然地被	大黄、贝母、甘草、秦艽、黄芪、当归、甘松、麻黄、锁阳、款冬花等	鸢尾、马蔺、波斯菊、百合、郁金香、紫菀、垂盆草、点地梅等

水平阶修复：对水平阶受水土流失冲刷严重，侵蚀、塌陷现象较为严重的局部林地实施水平阶修复整理，主要通过放坡、固基、培埂和返坡等系统整地措施实施水平阶整理，增加内、外坡面和内部台面的草本覆盖，种植适生地被草本，提升水平阶整体的水土保持能力，涵养水源，保障常规雨水就地消纳。

边坡种植修复：针对火烧沟沟口和 8 条冲沟区域，由于地势坡度较大，边坡生态修复采取植被生态修复和工程修复相结合的方式，其中植被生态修复根据地质坡度的实际情况，做到宜林则林、宜草则草。

林地抚育与游憩绿地海绵改造；林地抚育区域主要指现状林地植被生长较好，生态涵养功能较强的林地。该类型林地仅需加强日常灌溉、间伐、病虫害防治及森林防火等常规养护技术，保证林地生态稳定、健康发展。对西宁野生动物园、火烧沟沟口景观提升区的园林化绿地实施生态改造，主要通过混交补植、增加林下、地被植物种类，丰富绿地绿量和植被覆盖度等方式，满足公园绿地植被覆盖率达到 70% 以上的要求。

（3）山体海绵化改造方案

结合“治山”建设目标，调研分析山体区域“山、水、林、草”等重点要素，协调分配各分区项目指标，确保年径流总量控制率达到 98% 的目标要求。

结合指标分解原则和场地调研资料，通过控制的海绵设施与场地开发相结合，将总目标分解至各地块项目，通过控制绿地下沉比例、透水铺装比例和硬化地块径流污染物控制比例，来实现指标分解过程。通过 SWMM 模型模拟，得出各分区地块项目的年径流总量控制率，具体见图 2-3-28 所示。

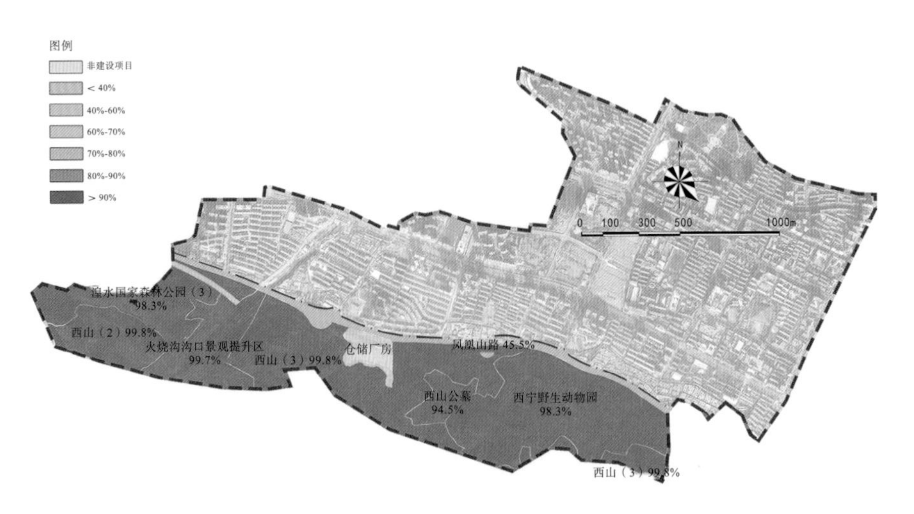

图 2-3-28　火烧沟汇水分区山体区域地块项目指标分解图

依据目标要求，针对山体沟道雨水径流路径，构建“源头削减、过程控制、系统治理”的系统化海绵改造建设路径，实施的工程措施包括低影响开发建设、水平阶及鱼鳞坑修复、生态边沟改造、冲沟修复、沟道生态驳岸和边坡改造等（图 2-3-29）。

图 2-3-29　火烧沟汇水分区山体沟道海绵改造措施布置平面图

源头削减：通过下沉式绿地、透水铺装、雨水花园和生态停车场等低影响开发设施建设，对山体坡面和重要景观节点内雨水径流进行减排，强化雨水滞留与就近浇灌利用。通过水平阶、鱼鳞坑修复，对山体林地雨水径流进行调蓄消纳，强化雨水涵养利用。

过程控制：通过植被浅沟、生态边沟、蓄水塘等设施的布置，有效控制山体的雨水径流传输通道，达到雨水净化与利用目的。生态边沟可作为灌溉用水的传输通道，降低灌溉用水的传输消耗，并增加卵石或河滩石铺面，对山体雨水径流过滤净化，同时也起到一定截洪沟作用；沿山路转弯点，选择最低点布置蓄水塘，其削峰、错峰的调节功能，有助于提高防洪标准，减少下游排水管道的排水压力。

系统治理：系统地通过对冲沟、边坡和驳岸等重点区域进行综合修复与治理，构建雨水多级净化与调蓄利用系统，减少水土流失，并能充分利用山体雨水资源。上游设置蓄水沟，调蓄沟头雨水，防止径流冲刷沟道；中下游设置跌水缓冲沟，滞蓄冲沟边坡径流、减缓沟道纵坡，减小冲沟径流流速，起到净化调蓄雨水的效果；末端结合调蓄塘，蓄存净化雨水，超标雨水再通过溢流管道进入市政管网系统。

（4）山体冲沟防护治理方案

系统开展山体沟道防洪、水土流失防治，重点实施山体冲沟治理工程，构建从上游到下游层层设防的冲沟排洪和水土保持的立体林网体系。防治策略主要通过上游设置沟埂式沟头防护，中下游设置跌水缓冲沟以达到减缓沟头扩张、减缓沟道纵坡、减小山洪流速、净化调蓄雨水径流的作用。末端结合调蓄塘、湿地、湖体等，蓄存净化雨水，超标雨水再通过溢流管道进入凤凰山路排洪管渠系统。提高防洪标准，减缓沟头扩张，减小山洪流速，减缓、预防地质灾害威胁，减少水土流失。

沟头防护：在冲沟上游处，通过对沟头以上的山坡修筑沟埂式沟头防护工程，工程措施主要包括蓄水沟和封沟埂，来减缓沟头前进、沟底下切、沟岸扩张，防止径流冲刷沟道。

跌水缓冲沟：在冲沟中下游处，通过对纵坡大的支毛沟布置跌水缓冲沟，用来稳定沟床，以节流固床护坡。在布设跌水的同时，在每节跌水处设置相应不同大小的干塘或滞蓄缓冲沟，通过沉淀、植物吸附等作用滞蓄净化径流，延缓汇流时间，减小山洪流速。在每段调蓄缓冲沟的衔接处布置相应的连接涵管，管径为DN500—1000mm，满足冲沟防洪排水要求。

末端调蓄塘：合理系统利用冲沟末端，在相应洼地处布置调蓄塘、湿塘等调蓄净化工程措施，衔接跌水缓冲沟，使得雨水径流能够平缓收集、蓄存，并通过调蓄塘的滞蓄净化处理，超标雨水通过溢流管道排放至凤凰山路排洪管渠，溢流管径为DN1000—1500mm，满足冲沟防洪排水要求。

（5）山体地质灾害治理方案

对于13处地质灾害危险性大区的防治，优先采取避让措施，拟建工程尽量远离各类地质灾害体，如需要在地质灾害体的危险区范围内布设工程，则应采取相应的工程治理措施。具体防治区域范围及措施分布见图2-3-30所示。

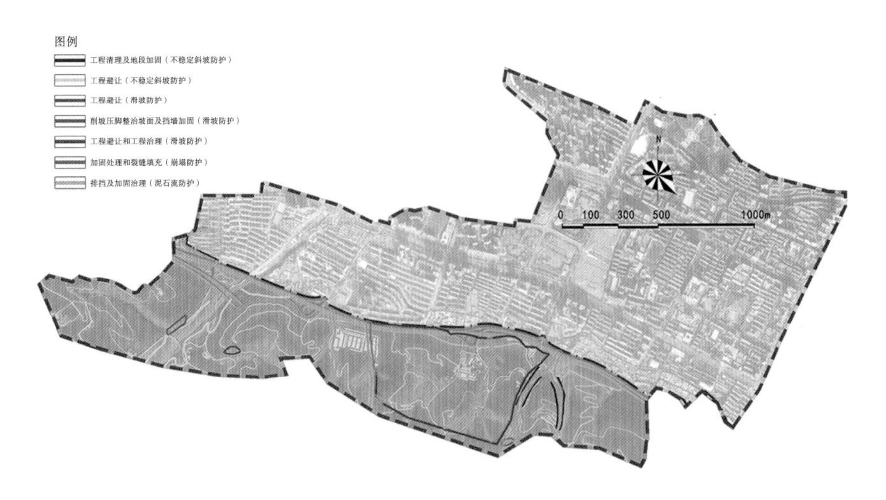

图 2-3-30 地质灾害防治区域范围及相应措施分布图

不稳定斜坡防治：发育的 4 处不稳定斜坡，相对高度较大，坡度较陡，首先采取避让的方法，将规划建设工程布设在危险区以外；确需在灾害体危险区范围内布设工程时，可对坡度较陡段进行工程削坡卸载，使之达到自然稳定的放坡状态。另外对局部失稳地段进行工程清理及加固，减轻其造成的危害。在坡脚修建挡土墙，以防止水流侵蚀坡脚，并禁止对潜在不稳定斜坡坡脚进行开挖。

滑坡防治：山体存在的 4 处滑坡，首先采取避让的方法，将规划建设工程布设在危险区以外；确需在灾害体危险区范围内布设工程时，需对滑坡进行工程治理，具体采用削坡压脚和整治坡面、抗滑桩、挡墙等措施进行工程治理，以免发生滑坡灾害，确保拟建工程设施安全。

崩塌防治：火烧沟沟口左侧存在 1 处崩塌，崩塌放量为 13m^3，相对高度较大，坡度较陡，节理裂隙发育，对其局部危险段进行清除后进行加固，并对其节理裂隙进行填充，防止进一步贯通；其余段采取避让的方法，将规划建设工程布设在危险区以外。其中，该危险段加固长度 170m，裂缝填充面积为 0.67 hm^2。

泥石流防治：山体存在的 4 处泥石流沟基本都位于火烧沟的东侧，对于泥石流沟，尽量避免在泥石流沟道内、沟口堆积扇上及沟道两岸塌滑范围内布设工程；对于沟道防洪管道之类的工程采取跨越的方式穿过泥石流沟，必要时采取拦挡和排导措施对泥石流沟进行工程治理，沟道两岸欠稳定处应采取护坡措施进行加固。

5 “润城”海绵建设方案

（1）源头低影响开发建设方案

结合“润城”建设目标，在对城区下垫面、管网等全面调研基础上，核实项目地块进行低影响开发改造的难度与可行性，运用 SWMM 典型水文模型构建片区项目地块海绵建设系统模型，开展规划指标的系统分解，将片区总指标任务落实到排水分区和项目地块，满足片区年径流控制率总指标达到70%、SS削减率达到45%的目标要求。

指标分解以源头设施控制指标为主，老城区以问题为导向，结合场地现场调研和现状资料，通过规划控制的海绵设施与场地开发相结合，将总目标分解至排水分区，再将排水分区指标分解至区内的每一类建设类型项目中，通过控制绿地下沉比例、透水铺装比例和硬化地块径流污染物控制比例，来实现指标分解过程。

通过模型模拟得出火烧沟汇水分区城区各建设项目的年径流总量控制率及SS削减率，具体见图2-3-31和图2-3-32所示。其中，排水分区9-3共9个建设项目，排水分区9-4无建设项目，排水分区9-5共13个建设项目，排水分区10共10个建设项目，排水分区11-1共45个建设项目。

图2-3-31　火烧沟汇水分区城区建设项目年径流总量控制率指标图

图2-3-32　火烧沟汇水分区城区建设项目SS削减率指标图

（2）低影响开发设施布置

建筑与小区、广场与绿地、道路海绵建设项目共改造和新建透水铺装面积 21.88hm^2，下凹绿地面积 17.48hm^2，雨水花园面积 7.63hm^2，道路生物滞留设施面积 1.21hm^2，植草沟 0.29hm^2，雨水蓄水设施 448m^3，总控制雨水容积 25334m^3。

（3）内涝积水点整治

根据内涝积水模拟结果及成因分析，在 50 年一遇降雨条件下对该汇水分区低影响开发建设后进行模拟分析，刘家寨加气站、虎台二巷与文亭南巷内涝区的积水情况得到一定程度的缓解。

虎台二巷内涝风险区：50 年一遇降雨条件下，该内涝风险区在低影响开发建设后产生 1.04 hm^2 积水范围，平均积水深度 0.19m，最大积水量为 2508m^3。与现状情景相比，内涝积水情况得到一定缓解。

文亭南巷易涝片区：50 年一遇降雨条件下，该内涝风险区低影响开发情景下产生 0.25 hm^2 积水范围，平均积水深度 0.20m，最大积水量为 692m^3。与现状情况相比，低影响开发情境下内涝积水情况得到一定缓解。

刘家寨加气站易涝片区：50 年一遇降雨条件下，该内涝积水点低影响开发情况下产生 0.17 hm^2 积水范围，平均积水深度 0.17m，最大积水量为 336m^3。与现状情况相比，低影响开发情境下内涝积水情况得到一定缓解。

为了解决虎台二巷内涝风险区相关问题，在片区地块项目布置低影响开发设施基础上，对排水管渠进行提标改造。具体改造措施：提标改造建研巷 DN400mm 排水管道 92m、DN500mm 排水管道 229m、冷湖路 DN500mm 雨水管道 167m、海晏路 DN400mm 雨水管道 405m、DN500mm 雨水管道 197m、DN600mm 雨水管道 359m、新宁路 DN800mm 雨水管道 304m，改造平面见图 2-3-33。

为解决文亭南巷内涝风险区相关问题，在片区地块项目布置低影响开发设施基础上，对排水管渠进行提标改造。具体治理措施：提标改造文亭南巷 DN400mm 雨水管道 375m、DN500mm 雨水管道 333m，具体改造平面见图 2-3-34。

为了解决刘家寨加气站内涝积水问题，采取修补、新建雨水设施的治理措施：规划新建昆仑大道 DN400mm 雨水管道 340m、DN600mm 雨水管道 40m，新建 DN1000mm × 1000mm 雨水检查井 5 座，新建雨水篦子 16 个，具体改造平面见图 2-3-35。

（4）雨水管渠提标改造

在低影响开发建设基础上，采用 1、2 和 5 年一遇重现期降雨条件对该片区管网的排水能力进行评估。对比现状排水能力情况，可以看出低影响开发情景下，1 年一遇重现期满管流管段减少了 79.44%，2 年一遇重现期满管流管段减少了

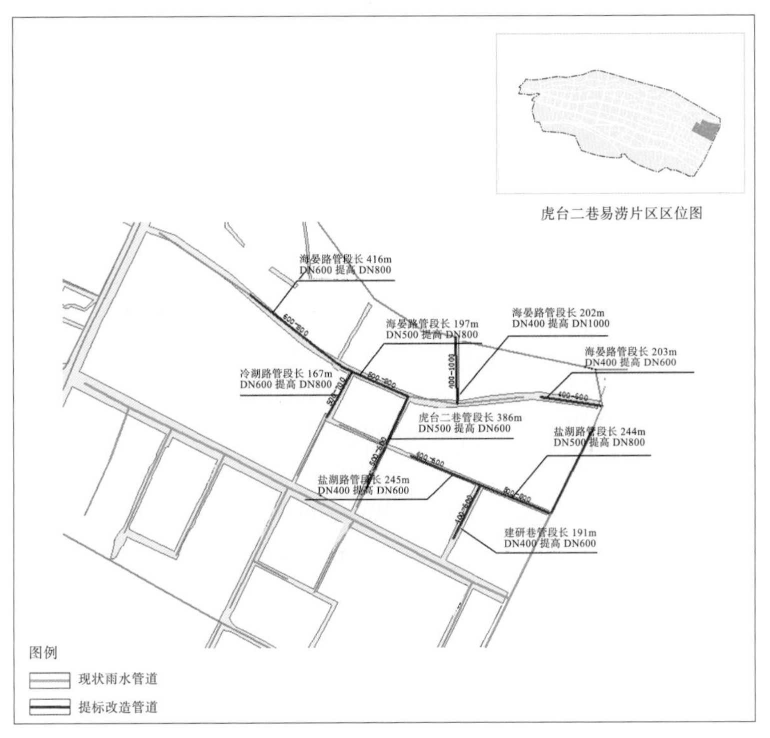

图 2-3-33　虎台二巷内涝风险区排水管渠提标改造布置图

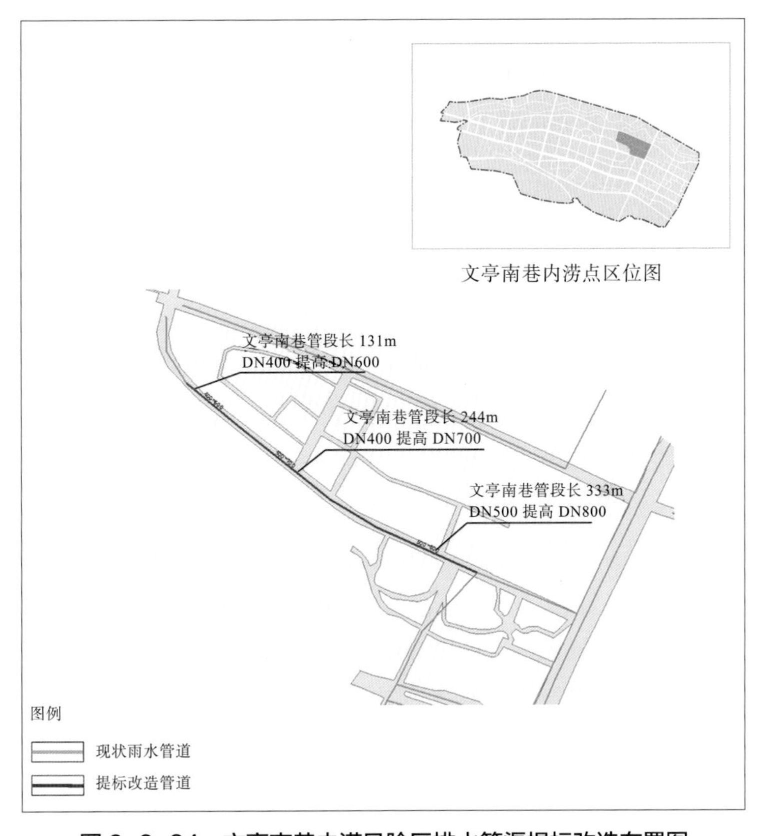

图 2-3-34　文亭南巷内涝风险区排水管渠提标改造布置图

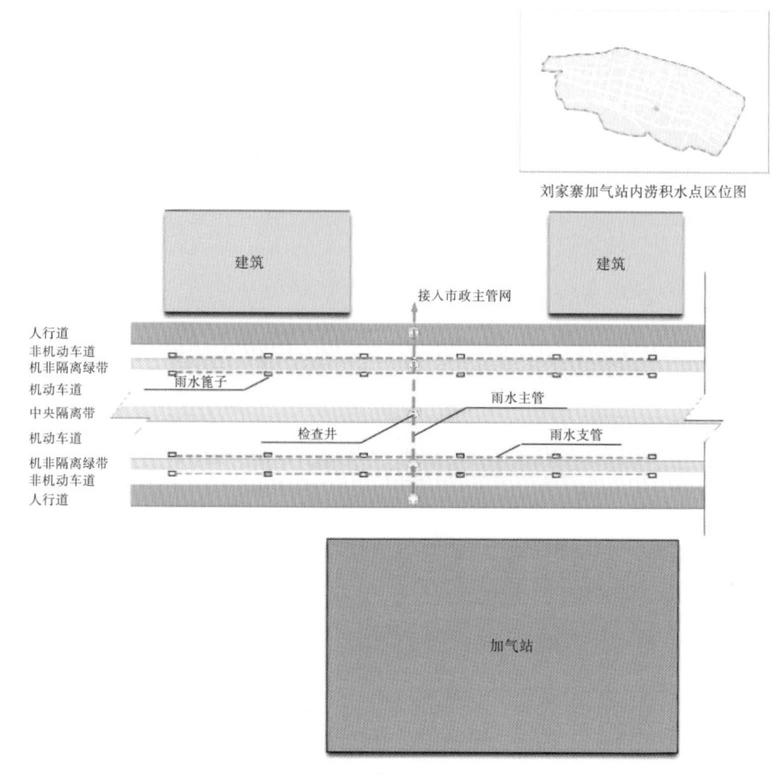

图 2-3-35　刘家寨加气站内涝积水点排水管渠提标改造布置图

53.56%，5 年一遇重现期满管流管段减少了 18.86%。由此可见，地块低影响开发的建设提升了排水管网的能力标准，但随着重现期增加，低影响开发措施削减效果逐渐降低。

结合分析结果，针对低影响开发和内涝点治理后排水能力不足 2 年一遇管网进行提标改造，提标改造管道长度 4.8km，管径在 DN600—1000mm，改造管渠具体分布见图 2-3-36 所示。

考虑到城市的正常运行，管网改造工程建设不仅投资金额较大，还涉及交通、空间限制等因素，方案建议对排水能力不足 2 年一遇的雨水管网，如尚未对排水防涝造成直接影响，可随着城市开发建设过程进行更替完善。

（5）内涝防治系统构建

根据模型分析结果，火烧沟箱涵片区超标雨水行泄通道为海湖路和冷湖路，长度分别为 765m 和 1165m。并结合行泄通道位置和排洪箱涵、河道水系分布，给出汇水区内涝防治系统的以下 2 种布置形式（图 2-3-37）：

① 布置衔接 1——火烧沟箱涵及周边滞蓄区的调蓄控制

根据布置的涝水行泄通道，结合火烧沟箱涵及景观绿带分布，规划将合理利用火烧沟沿线的绿带滞蓄区，遇超标暴雨时，承接道路行泄通道的超标雨水，通过火烧沟内河排入湟水河，减轻管网排水压力。

图 2-3-36 火烧沟箱涵汇水分区雨水管网提标改造管段分布图

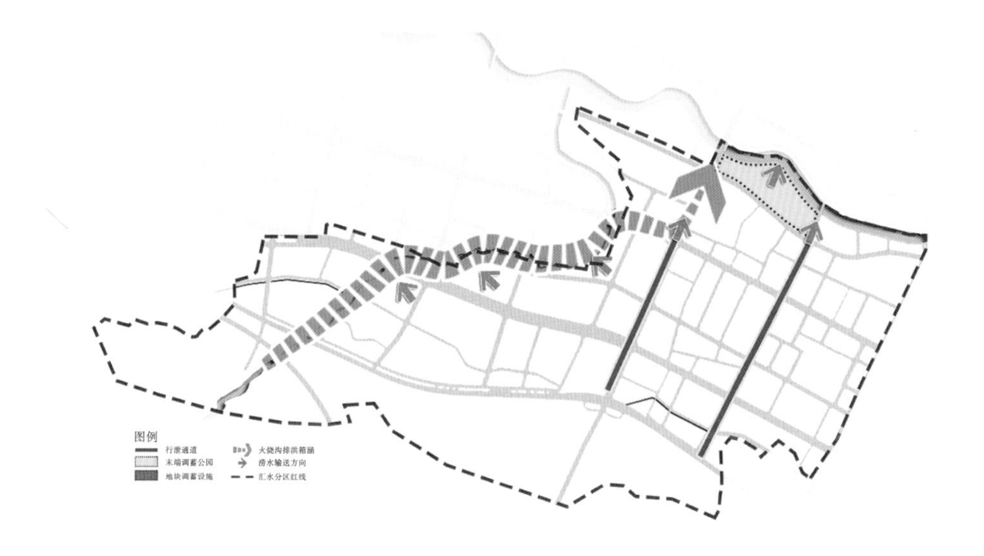

图 2-3-37 火烧沟汇水片区行泄通道与调蓄空间的布置衔接图

② 布置衔接 2——末端绿地公园及外部水系的调蓄控制

根据布置的涝水行泄通道，结合文化公园绿地和纳水河道分布，规划将合理利用文化公园的有效调蓄空间，在遇超标暴雨时，承接道路行泄通道的超标雨水，暂时滞留雨水，待降雨洪峰过后，再将滞留的雨水排掉，起到末端大型绿色调蓄、调节空间的作用。

（6）水资源利用方案

根据雨水资源化利用率不低于 1.3% 的指标要求，火烧沟箱涵汇水分区全年降雨总量为 223.99 万 m^3，则该片区全年雨水资源化利用量应不小于 2.91 万 m^3，考虑西宁主要降雨分布在每年 4 月至 10 月，因此在主要降雨季进行雨水的收集利用。

雨水调蓄池：结合源头低影响开发设施，选取 4 个规模较大的居住小区和公共设施项目设置雨水调蓄池，分散收集项目地块的雨水，调蓄容积总计 448m³，主要用于居住和公用设施用地的物业养护保洁、道路浇洒以及绿地灌溉。考虑设置调蓄池的地块项目的全年雨水收集量，以日降雨量≥项目对应设计降雨量时，雨水调蓄池以蓄满计算；5mm ≤日降雨量＜项目对应设计降雨量时，雨水调蓄池以降雨比例来计算蓄水量。经统计计算，全年该片区地块项目的雨水蓄水池收集利用量约为 4299m³（图 2-3-38）。

图 2-3-38　火烧沟箱涵汇水片区雨水调蓄池布置图

公园水系调蓄：火烧沟箱涵汇水分区具有水系调蓄功能的公园绿地为文化公园，公园的年径流总量控制率为 97%，公园雨水回用主要用于水系补水、绿地浇洒灌溉。文化公园水系通过调蓄公园自身径流，水系、旱溪和地下蓄水池规模分别为 4235 m²、2500m² 和 200 m²，最大可调蓄雨水量为 0.25 万 m³。文化公园经统计估算，全年该片区公园水系的雨水蓄水收集利用量约为 2.7 万 m³。

6 “理水”海绵建设方案

（1）合流制管渠改造

在源头低影响开发建设基础上，为进一步完善火烧沟汇水分区的排水体制问题，针对有条件的排水分区 9-5、11-1 存在的市政合流管渠和合流制小区管渠分类进行分流、截流改造，从系统上解决合流制截流量大的问题，削减雨水径流对末端箱涵的贡献量，缓解下游污水厂处理能力不足问题，保证高浓度污水通过市政污水管渠排入末端箱涵，最后进入下游污水处理厂，雨水径流在地块内调蓄净化、控制利用。

合流小区改造：结合上述改造策略，在对地块小区下垫面、地表坡度、排水管网等全面调研基础上，结合源头低影响开发项目，核实合流小区改造的难度与可行性，选出 50 个适宜改造的合流制小区进行分流改造，改造面积为 $128.66hm^2$。

根据合流小区实际场地情况（地表坡度平缓、道路铺装破损、排水管渠老化破损等），在海绵改造时，可保留合流管网改作为小区污水管网，对老化破损管渠进行修补，并结合低影响开发设施，新建小区雨水管网，实现地块雨污水管网分流改造。

根据合流小区场地实际情况（地表纵坡较大、竖向条件较为有利等），在海绵改造时，可保留合流管网改作为小区污水管网，并合理利用地表竖向条件，断接小区雨水汇流途径，通过植被浅沟、盖板明渠等地表汇流系统输送雨水径流，且地表汇流系统设计需满足雨水管渠 2 年一遇设计重现期要求，保证小区小雨不积水。

通过对现状市政合流管渠进行梳理分析，分区内主要存在 12 处现状雨污水合流管渠，主要集中在排水分区 10 和 11-1。具体改造措施：新建雨水管渠长度约 3.0km，管径 DN400—800mm；新建污水管渠长度约 300m，管径 DN400—600mm，具体见图 2-3-39 所示。

图 2-3-39　火烧沟箱涵汇水分区市政合流管网合流改造布置图

（2）水系内源提升方案

定期（每一至两年）对火烧沟汇水区内的火烧沟、解放渠进行清淤疏浚工作，清理水系水体底泥污染物，降低河道水体的内源污染负荷，避免其他治理措施实施后，底泥污染物向水体释放。

结合海绵建设要求，进一步降低人为因素对沟道水系和水渠水质环境的干扰。定期对解放渠、火烧沟水系中的生物残体及漂浮物进行清理；并要求对解放渠、火烧沟周边的居民生活垃圾点进行封闭化改造。

（3）火烧沟生态综合治理方案

火烧沟中游段生态基底脆弱，近年来无序的城市活动使其生态环境进一步退化，是海绵城市建设试点外围重要的环境影响源。方案以实现沟道“泥不下山”（水土流失治理比例不低于90%）、“水不出沟”（100年一遇防洪标准）、以防治自然灾害、恢复生态环境为目标，结合工程措施和非工程措施，对火烧沟的主沟、支沟、坡面提出系统化的生态修复方案，主要包括沟道防护治理工程、护岸工程、小型蓄排水工程和垃圾处理与再利用4部分。

沟道防护治理工程：主要包括沟头防护、谷坊、淤地坝和土方回填4部分，工程布置见下图所示。

①沟头防护

火烧沟沟头上部均来水较少，应采用沟埂式沟头防护工程，即沿沟边修筑一道或数道水平半圆环形沟埂，拦蓄上游坡面径流，防止径流排入沟道。沟埂式沟头防护工程应在沟头以上的山坡上修筑与沟边大致平行的若干道封沟埂，同时在距封沟埂上方1.0—1.5m处开挖与封沟埂大致平行的蓄水沟，拦截和蓄存从山坡汇集而来的地表径流（图2-3-40）。

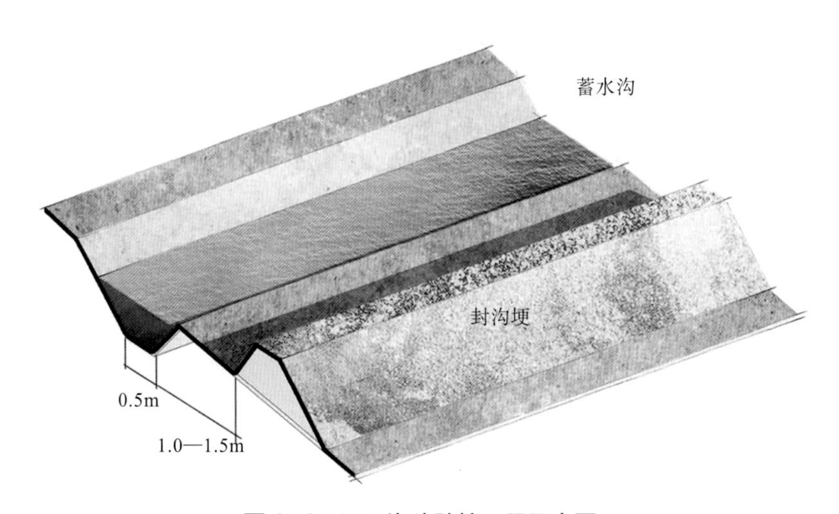

图2-3-40　沟头防护工程示意图

②谷坊

谷坊布置在干沟上游或纵坡大的支毛沟，用来稳定沟床，防止因沟床下切造成的岸坡崩塌和溯源侵蚀，以节流固床护坡。火烧沟的主沟沟道设置4座中谷坊，建设选用干砌石谷坊，支沟沟段的谷坊工程建设选用浆砌石谷坊（图2-3-41）。

③淤地坝

淤地坝指在沟道里为了拦泥、淤地所建的坝，主要作用在于拦泥淤地，随

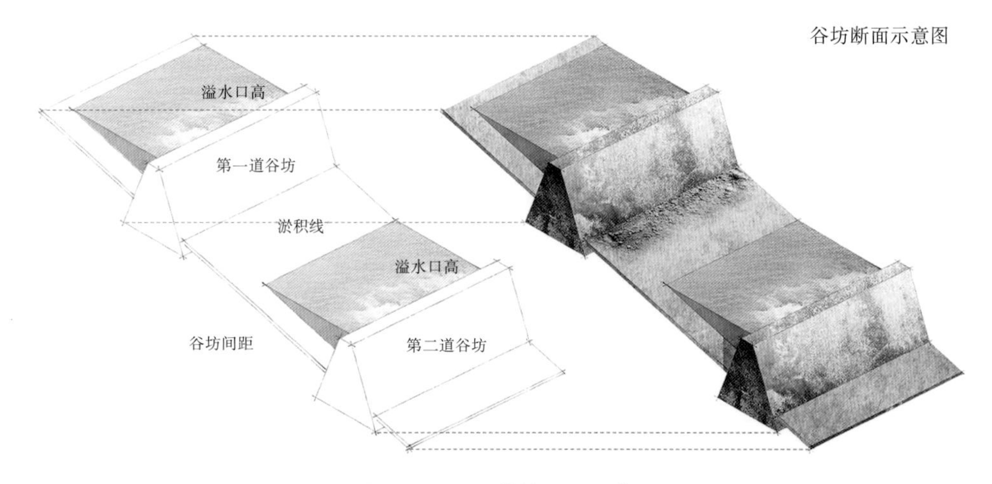

图 2-3-41 谷坊工程示意图

着坝内淤积面的逐年提高，坝体与坝地能较快地连成一个整体，可看作一个重力式挡泥（土）墙。火烧沟采用混凝土坝加生态土坝的做法，坝体上设置有溢洪道，按照百年一遇洪水线，当洪水位超过设计高度时，由溢洪道排出。在火烧沟主沟设置 1 座淤地坝，进行蓄洪、落淤，其中北侧淤地坝高 10m，中部淤地坝高 15m，南部淤地坝高 10m。中段坝体与两侧台地无高差，可在坝上设道通行，将火烧沟两侧用地进行串联（图 2-3-42）。

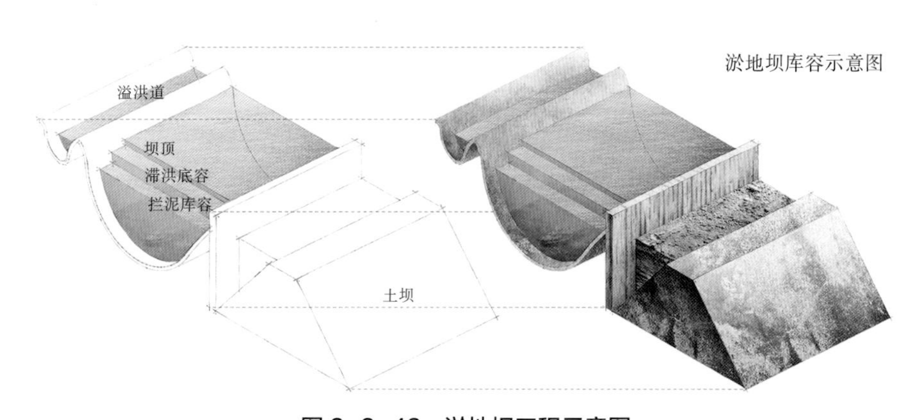

图 2-3-42 淤地坝工程示意图

④土方回填

火烧沟沟道两岸大部分坡面需要削坡，同时还有大量建筑渣土堆砌在坡面，这些土方可用于沟底回填，将现有沟底纵坡坡度变缓、沟底拓宽，减缓水流速度，实现填挖方平衡；同时对大掌湾和西岔门村支沟进行回填，保留部分水面形成景观水面。沟道护岸工程：主要包括削坡、坡面修复和防渗处理 3 部分，工程布置见图 2-3-43 所示。

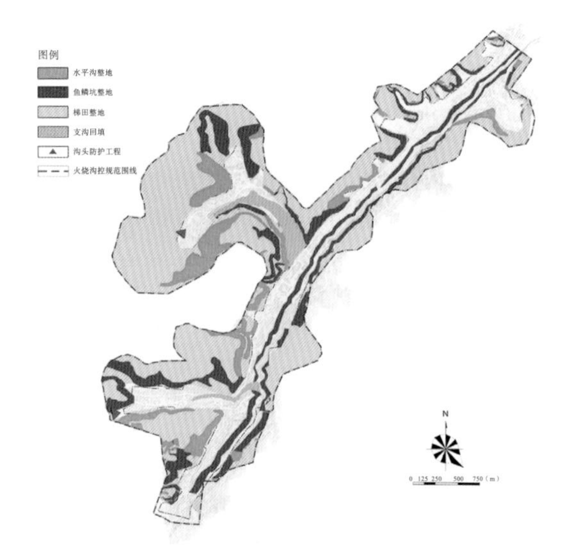

图 2-3-43　火烧沟沟道护岸工程措施布置图

⑤削坡

削坡主要用于防止中小规模的不稳定斜面和岩质斜坡崩塌，削坡可减缓坡度，减小滑坡体体积，从而减小下滑力；当高而陡的岩质斜坡受节理缝隙切割而较破碎，有可能崩塌坠石时，可剥除危岩，削缓坡顶部。火烧沟所在项目区存在多处潜在地质灾害地形，根据详勘情况进行削坡排除风险，主要采取台地式削坡方式，在沟口高差较小处可采用亲水缓坡方式（图 2-3-44）。

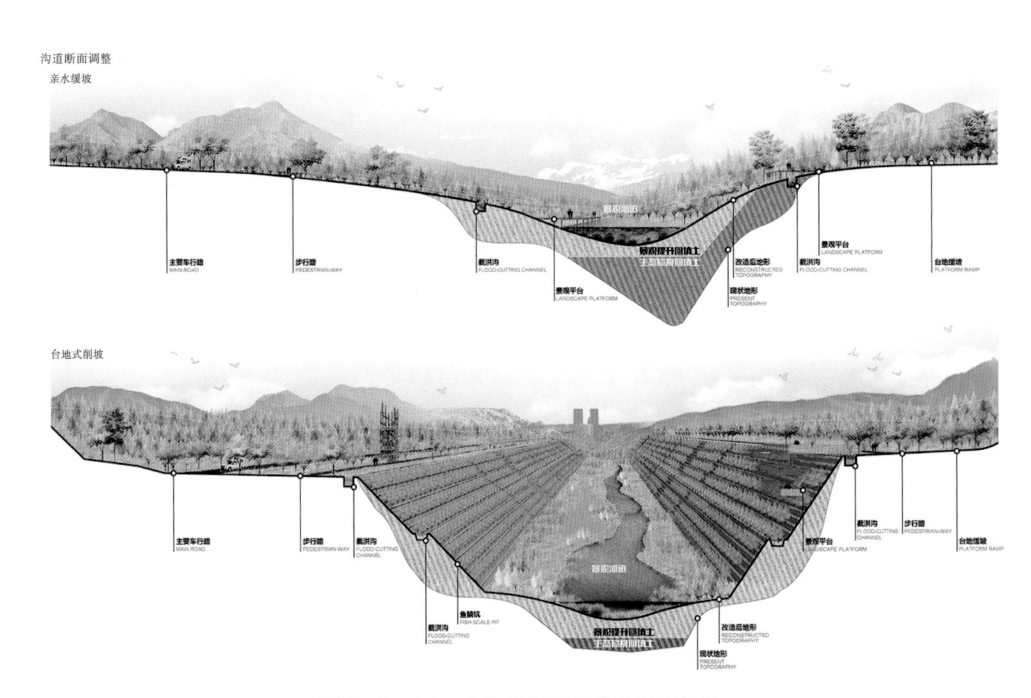

图 2-3-44　主沟削坡断面设计示意图

在火烧沟沟口相对高差较小的区段，应将沟道适当进行填埋、取平，改造为亲水缓坡，设置亲水步道和平台，满足游客的亲水需求；在两岸坡度小于30° 的区段，坡面较宽，不适合亲水，应以生态修复为主，丰富植被景观，形成植被缓坡。

对火烧沟主沟两岸坡度大于40° ，且人为活动较多的区域进行台地式削坡，削坡后坡度控制在34°—37° 之间，在每阶坡脚设置挡墙，降低水流速度，减少泥沙冲刷，有效防止水土流失。

⑥ 坡面修复

坡面修复以水土保持、自然生态恢复方式为主，在坡岸夯实土层的基础上，采用鱼鳞坑、水平沟、水平梯田等方式造林绿化，通过增加植被加固护坡并复绿，重点对火烧沟主沟两岸及紧邻沟道的两侧 50—300m 的山体进行造林修复。针对火烧沟沟道实际情况，宜根据地段坡度采用不同形式的整地措施，最大限度利用宜种土地，提高造林成活率。其中，25° 以下缓坡地段，采用梯田整地，梯田宽度 2—3m 为宜，长度依地形而定；25° —35° 之间的坡面，采用水平沟整地，水平沟的宽度为 1—2m，沿等高线修筑，为便于灌溉，须保持沟面水平；35° 以上宜挖成高标准的鱼鳞坑（图 2-3-45，图 2-3-46）。

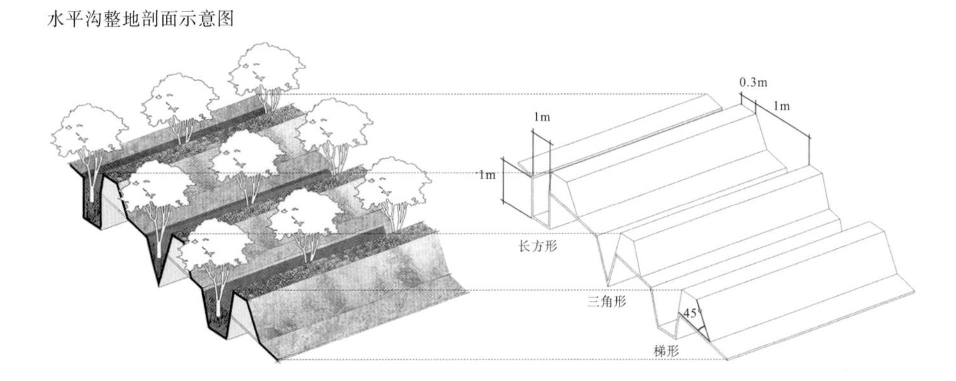

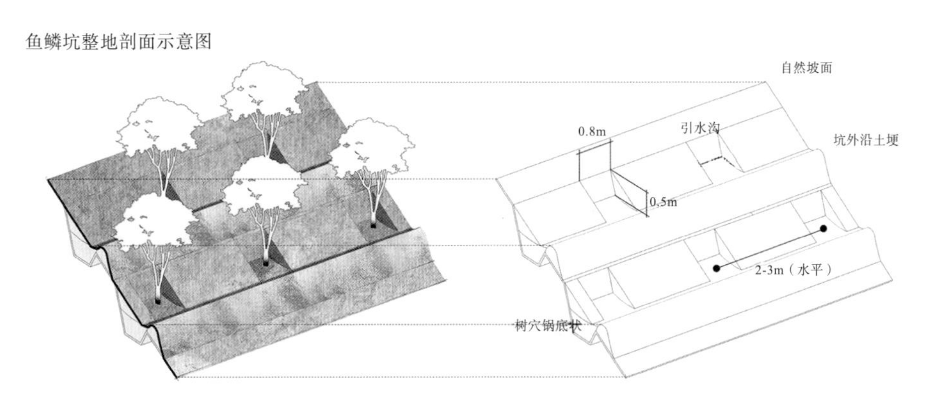

图 2-3-45　坡面整地、鱼鳞坑整地示意图（1）

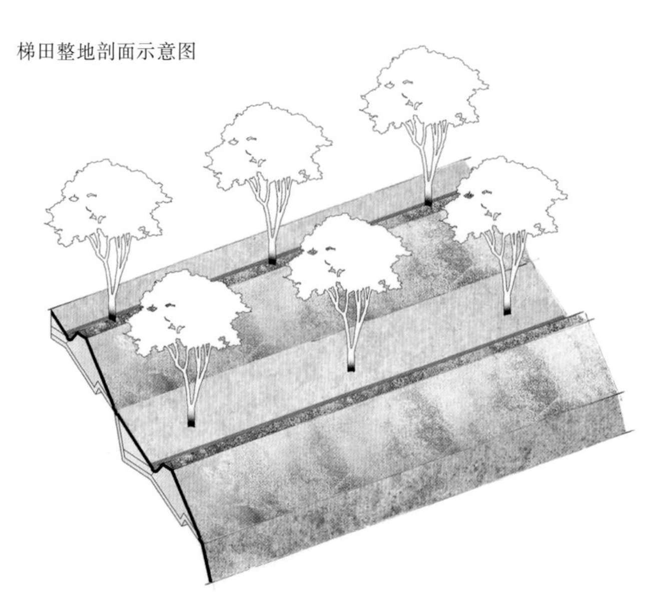

图 2-3-46　坡面整地、鱼鳞坑整地示意图（2）

结合西宁当地地形和气候条件进行树种的选择与配置，营造复层混交的植被群落。基调树种以油松、青海云杉、祁连圆柏、旱柳为主，穿插山杏、山桃、丁香、西北小檗等本地小乔木、灌木，搭配芨芨草、达乌里秦艽、肉果草、针茅草等地被植物。

⑦ 防渗处理

对火烧沟内水系进行防渗处理，一是减少外调补水量，节约水资源；二是为保障行洪时土质坡面的地质安全，防止出现滑坡、崩坍等地质灾害。亲水缓坡与植被缓坡处理的沟道，沟道和坡岸均可采用土工膜防渗措施。台地式和折线式削坡区段，由于坡度较陡，沟底可采用土工膜防渗，坡岸两侧采用挡墙进行防渗处理。

第3章
创新完善海绵城市建设实施保障机制

3.1 强顶层，抓协同，突破固有体制藩篱

3.1.1 顶层谋划，创新设置绿发委

西宁海绵城市建设在内涵和目标上，与省委省政府提出的“一优两高”发展理念、市委市政府“打造绿色发展样板城市，建设新时代幸福西宁”的建设目标高度一致。为协调推动城市绿色发展，西宁市委成立了绿色发展委员会，制定了一系列支撑绿色发展样板城市的指导性文件，深入践行绿色发展理念，形成了西宁市海绵城市建设机制的顶层设计，让海绵城市建设拥有强大的决策动力源泉。

市委、市政府先后出台《建设绿色发展样板城市的实施意见》（宁发 [2017]2 号）、《西宁市绿色发展指标体系》（宁统字 [2017]114 号）、《建设绿色发展样板城市的实施意见分工方案和 2017 年行动清单》（宁办发 [2017]8 号）等政策文件，提出了通过提升市政设施设计和建设标准，全面建设“海绵城市”等措施，转变城市建设方式，推进城市治理体系和治理能力现代化，并给出了具体的实施路径和方案，将海绵城市建设的顶层设计具体化、清晰化。

3.1.2 明晰权责，设立海绵领导小组

西宁市将海绵城市建设纳入全市规划建设综合发展的组织、管理、考核等全过程。建立有效的协调联动工作机制，成立市长为组长，副市长为副组长，市发展改革委员会、市财政局、市城乡建设局等各相关单位主要负责人为成员的领导小组，在市城乡建设局设立领导小组办公室，统筹开展海绵城市试点建设工作。并建立海绵工作联席会议制度，将海绵城市试点建设项目纳入西宁市重大项目调度会，统筹解决存在的问题。

海绵城市试点建设工作进入施工阶段后，海绵城市建设领导小组实行现场办公制度。领导小组不定期组织现场办公会，率成员单位巡查项目工地，进行现场办公，

监督工程进度、质量，及时协调解决问题。

同时，要求各相关职能部门明确负责海绵城市联络协调工作的兼职联络专员。搭建了“海绵办＋管理服务中心＋海绵联络员”的海绵城市建设管理有力架构，形成了职责明确、协调有序的工作格局，畅通了海绵办与各职能部门的沟通、协调、落实、执行的工作渠道，实现了海绵城市规划编制、建设项目行政审批、建设项目资金监管等各环节、全过程的高效运作。

3.1.3 建章立制，构建长效管理机制

在试点建设中，市委市政府高度重视，颁布了《西宁市建设绿色发展样板城市促进条例》，将实施全域化海绵城市建设纳入法制层面，保证在城市建设中落实海绵城市建设理念。同时市政府出台了《西宁海绵城市建设管理规定（暂行）》强化各级政府、职能部门的主体责任，要求发改、自然资源规划、城乡建设等相关部门，根据各自工作职责，在可研批复、项目立项、土地招拍挂、“一书两证”、初步设计批复、竣工验收等环节对海绵城市建设从指标要求、技术路线、施工监管等相关内容予以明确。

为落实“放、管、服”要求，推进工程审批制度改革，修订了《西宁海绵城市建设管理规定（暂行）》（宁政［2017］90号），结合西宁市工程建设项目审批管理系统，优化审批流程，对各相关单位职能做出调整，从“规建管”体系进一步规范了海绵城市建设管理体系，将海绵城市建设纳入批后监督管理，完善系统的监管机制。

海绵城市规划管控方面，制定《西宁市“一书两证”管理制度（试行）》，明确将落实海绵建设的规划管控要求、约束性指标及相关建设内容作为核发“一书两证”的规划设计审核意见。发布《规划条件管理制度》，明确了建设项目拟定规划条件需符合海绵城市建设理念，并满足《西宁市海绵城市专项规划》的要求，明确编制控制性详规、修建性详细规划不同阶段海绵城市建设的主要控制指标类型。

修订出台《西宁市海绵城市建设管理细则》（宁建［2019］221号），将海绵城市施工图审查由专家审查调整为设计负责，勘察设计监管部门、建设管理部门按照“两随机一公开”抽查机制，对海绵专项设计进行抽查，将海绵城市设计质量纳入设计信用评价体系，进一步落实海绵城市建设目标。同时，为规范海绵城市建设技术审查，以项目推进全面落实海绵城市建设指标，发布《关于加强海绵城市建设施工图审查的函》《西宁市海绵城市建设工程方案设计文件编制要求及审查要点（试行）》（宁建［2019］173号）等管控文件，从方案、初设、施工图不同深度的设计文件编制，让设计单位明确海绵城市设计要点、技术流线等内容。进一步明确图纸审查要点，让专家准确把握海绵图纸审查重点。将海绵城市指标要求、技术措施落实到设计文件，更好地指导项目落地实施。

在海绵城市建设项目监管过程中，发布《关于进一步加强建设项目海绵措施应

用监督管理工作的通知》(宁政办[2018]215号)、《西宁市城乡建设局关于加强建设项目海绵城市竣工验收管理工作的通知》(宁建[2019]68号),并编制完成《低影响开发雨水系统设计、施工及质量验收规范(试行)》DB63/T1608-2017等文件和标准,加强管控和标准体系建设,强化实施成效。

编制了《西宁市雨水排放管理规定》(宁建[2019]246号),从源头、过程到末端,系统化管理城市雨水,通过将雨水排放管理和市政建设管理机制相融合,建立雨水排放许可证发放等管控措施,提高创新能力,形成高效有力的工作机制。

试点过程中,针对海绵城市建设的探索性、前沿性特点,由市海绵办委托第三方技术支撑单位具体承担建设项目的海绵城市建设技术条件发放、海绵城市专项方案审查、海绵城市专项施工图审查、海绵城市专项验收备案等技术工作,其技术及审查成果作为规划、建设等部门在"一书两证""施工许可""竣工验收"等审批环节的审批依据。

3.2 转角色,搭平台,提升管理服务效率

3.2.1 设置管理服务中心

全市海绵城市建设领导小组办公室,统筹部门协调督导机制,从重大事项的决策、资金拨付、信息共享、经验交流与总结等全过程的联络机制,做好海绵城市建设全域推进工作。并在2017年,组建政府全额拨款事业单位海绵城市建设管理服务中心(核定事业编制14人),作为西宁海绵城市建设长效管理机构,发挥技术指导和服务作用。对全市域的海绵城市建设工作进行方案审核和现场督导,强化海绵城市专业队伍建设。

3.2.2 完善绩效考核制度

从规划、建设、竣工、运维管理等方面建立对地区和各相关单位落实海绵城市建设情况的考评体系,由海绵办组织专家及相关人员开展考核工作,2018、2019年海绵城市建设年度目标考核结果纳入市委、市政府绩效考核绿色发展指标体系。

以海绵城市建设成果为目标,出台了《西宁市海绵城市建设项目绩效考核评价办法》(宁规建[2017]466号),并结合《海绵城市建设评价标准》(GB/T51345-2018),通过开展对典型项目和片区绩效考核工作,修订了《西宁市海绵城市建设项目绩效考核暂行办法》并发布实施,绩效考核通过建设单位自查自评,海绵办请专家现场查验、资料评分,数据模型校验的方式,对海绵城市建设项目成效做出客观、有效、科学的评估。

3.3 拓渠道，强监管，夯实海绵资金后盾

3.3.1 多方配套，拓宽资金筹措渠道

海绵城市建设批复方案确定的总投资为45.37亿元，截至2019年11月底，实际完成总投资46.32亿元，完成比例为102%。试点期间共计投入配套资金31.32亿元；其中：省级配套资金4.88亿元，市级配套资金3.43亿元，区级配套资金6.14亿元，统筹资金16.87亿元。中央预算内专项资金和地方配套资金及时到位，保障项目及时推进。

3.3.2 规范监管，提高资金使用效率

严格规范海绵城市资金管理，按照海绵城市建设资金专款专用、注重效益、预算管理和绩效评价等使用和管理原则，出台了《西宁市海绵城市建设专项资金管理暂行办法》（宁财建字[2017]1345号），建立了资金拨付申请、审核、审议机制。资金使用通过海绵领导小组专题会议集体决策，规范了专项资金的审核与拨付的相关标准及程序，确保专项资金全部用于试点区内的海绵建设项目。聘请第三方审计机构对试点区内海绵城市试点建设项目开展全过程跟踪审计工作，重点对专项资金使用的真实性、合法性和规范性进行跟踪审计，做到审计范围全覆盖，对审计过程中反馈的问题，认真研究，深刻剖析，逐条整改。

3.4 强输血，重造血，弥补技术储备短板

3.4.1 重视引智，广邀国家资深专家巡诊把脉

为了做好试点，西宁市重视海绵城市建设理念的全面学习和引智工作，从政策制定到专项资金的管理使用，从顶层设计到施工现场，广泛征求和听取国内外资深专家的指导意见，确保海绵理念的深入贯彻，城市建设新方法的长效实施。

西宁市各级政府、部门和建设单位高度重视技术学习，从试点建设伊始即与国内知名高校、规划设计团队展开合作，为城市顶层设计指航引路，先后聘请清华大学、复旦大学、同济大学、北京林业大学等机构的高水平专家团队开展海绵基础技术和政策法规管理培训，提升了专业认知和城市建设水平，建立了绿色发展的有效途径，为学习城市发展的先进技术以及新理念新方法筑起了一个广阔的平台。各建设单位重视海绵项目设计的系统性和落地性，从专项规划到方案、初设、施工图等环节，从整体数字化管控平台的建立到细部监测数据的合理分析，都充分听取专家意见，并认真采纳吸收落实到设计文件中，更好地指导项目实施。

在引进来的同时，注重走出去学习。积极组织海绵建设相关管理、设计、建设和运营机构专业人员参加全国行业交流、学习；注重本地技术模式提炼总结，进行

学术展示和宣讲，持续改进，不断提升技术水平。西宁在依托外部技术团队支持的同时，注重本地专业技术人才（规划、设计、施工、监理）和机构（海绵办、设计院、施工企业）的培养和培育，目前本地技术团队已经摸索掌握了西宁海绵城市建设的理论，并且已实施完成了一批项目案例。通过专业人才和机构的培养，海绵城市建设由技术输血向技术造血转化，大幅提升了西宁海绵城市建设的内生动力。

3.4.2 强化宣贯，提升本土海绵城市技术水平

西宁市各级政府和部门将海绵城市、生态文明建设相关内容纳入了全市党政干部的培训课程；注重对管理干部、技术人员的海绵城市建设技术培训和标准宣贯，先后组织召开多次宣贯会和培训班，西宁市海绵城市建设管理服务中心组织专业力量深入四区三县开展技术培训；组织海绵城市进社区、进校园、进企业的系列宣传教育活动。通过系统全面的宣传培训，生态文明与绿色发展理念在全市党员干部、人民群众中已经深入人心。

2016 年试点区建设至今，西宁市一直致力于海绵城市建设理念的宣传，试点区建设之初即制定了《西宁市海绵城市宣传教育实施方案》，普及海绵理念，推广海绵技术，梳理海绵建设模式。通过政府工作简报、影像宣传、内参等形式定期向各级政府通报海绵项目的建设情况；同时，利用广播电台、电视台、网络等媒体加强对公众的宣传力度，让公众了解西宁市海绵城市建设进展；组织丰富多彩的海绵宣贯活动，如海绵城市志愿者进社区进校园，庆祝新中国成立七十周年暨“大美青海、海绵西宁”全民彩跑活动等，让海绵城市建设理念深入人心。发放海绵城市“群众满意度”调查问卷、建立西宁市海绵城市微信公众平台等方式听取民众意见和建议，加强城市建设公众参与度，提升居民的获得感和满意度。

3.5 抓契机，促转型，发展海绵社会产业

3.5.1 出台意见，鼓励产业发展

近年来，西宁市坚持以习近平新时代中国特色社会主义思想为指导，认真贯彻党的十九大和历次全会精神，全面落实中央城镇化工作会议、中央城市工作会议的会议精神，坚持新发展理念，深入推进“一优两高”战略实施，结合海绵试点建设，围绕建设绿色发展样板城市和新时代幸福西宁总目标，以新型城镇化建设为牵引，以促进绿色生产和绿色消费为目的，以海绵绿色建材生产和应用突出问题为导向，明确重点任务，实现建材产业和建筑业稳增长、调结构、转方式和可持续发展。制定了《关于促进海绵城市绿色建材产业发展的指导意见（试行）》，对本地海绵产业的培育和发展提出了一系列海绵产业培育政策与具体措施，鼓励创新规划设计方法、施工工法和技术产品，大力培育海绵产业。

3.5.2 加大科研，筑牢发展基础

为提高西宁市海绵城市建设科学性和技术适用性，促进海绵产业的健康发展，先后立项《西宁市海绵城市建设关键技术研究》《西宁暴雨强度公式修编及设计暴雨雨型分析报告》《西宁市海绵城市建设试点区蒸散发研究》等多项课题研究，累计支持专项经费 364.32 万元，为海绵城市产业发展提供了基础支撑。注重科技成果知识产权的保护，先后完成获得或申请一种自吸式节水明沟（ZL 201720912854.6）、一种适用于高寒湿陷性黄土地区的透水铺装结构（申请号：201921964454.5）、海绵城市建设专用路缘石（申请号：201930470880.2）、研墨灰 DC- 干硬性混凝土盲条板（申请号：201930082274.3）等专利 10 项。

第4章 海绵城市建设成效

通过三年海绵城市试点建设，西宁的海绵城市建设已初见成效，海绵惠民理念已深入人心。西宁海绵城市建设坚持以习近平生态文明思想为引领，牢固树立新发展理念和“四个扎扎实实”重大要求，认真落实省委省政府“一优两高”战略部署，紧紧围绕“打造绿色发展样板城市，建设新时代幸福西宁”总体目标，顺应人民对美好生活的向往，坚持“生态构建、系统治理、分区实施、全域推进”的城市转运体系，改善了西宁城市面貌和人居环境，保障了城市生态安全系统，促进了新时代西宁城市建设高质量发展理念的根本性转变。通过海绵城市试点建设，这座高原明珠城市完成了再一次的升华蝶变，初步实现了建设西北半干旱地区具有青藏高原区域特色海绵城市“治山·理水·润城”总体目标。海绵城市建设助力西宁在“打造现代高原美丽幸福大西宁”的征程中迈出了扎扎实实的一大步。

4.1 试点建设彰显海绵惠民理念成效

依据《第二批海绵城市试点绩效评价指标》，西宁市委、市政府组织全市各部门单位，通过海绵城市建设管理服务中心联动协调，对三年海绵城市试点建设工作进行了全面的梳理总结工作。从年径流总量控制率、水生态、水环境、水资源和水安全等方面对试点建设成效进行了科学详细的评估。西宁试点建设全面完成了《财政部 住房城乡建设部 水利部关于批复2016年中央财政支持海绵城市建设试点绩效目标的通知》（财建[2016]546号）中的各项绩效目标，共计10项目标（表4-1-1）。

海绵城市建设绩效目标完成情况　　表4-1-1

目标分类	建设目标	目标值	完成值	目标完成情况
年径流总量控制率/对应设计降雨量		88%/14.7mm	89.5%/15.7mm	完成
水生态	生态岸线恢复	≥40%	45.7%	完成

续表

目标分类	建设目标	目标值	完成值	目标完成情况
水生态	天然水域面积保持程度	100%	107.5%	完成
	地下水埋深变化	保持不变	保持稳定且有上升	完成
水环境	地表水体水质达标率	地表水水质达标率≥88%，试点区域内湟水河检测断面水质不低于《地表水水环境质量标准》Ⅳ类标准	地表水水质达标率为100%，试点区域内湟水河检测断面水质不低于《地表水水环境质量标准》Ⅳ类标准	完成
	初期污染控制（以悬浮物TSS计）	≥44%	52.6%	完成
水资源	雨水利用量可替代自来水比例	≥2%	2.3%	完成
水安全	防洪标准	湟水河：100年一遇；山体沟道30年一遇	湟水河：100年一遇；山体沟道30年一遇	完成
	防洪堤标准	100%	100%	完成
	内涝防治	50年一遇	50年一遇	完成

4.1.1 生态功能得到恢复，健康绿色环境显现

西宁海绵城市试点建设过程中，径流控制效果明显，河道水系生态驳岸较大增加，地下水水位保持稳定且有上升，城市水域面积保持程度有所提高，水生态系统功能显著提升，缓解了城区热岛效应，同时本地栖息生物种类增多，城市人居环境得到明显改善。

1 径流控制效果明显

通过试点区海绵城市建设，西宁完成建筑小区类项目153项、道路广场类项目17项、公园绿地类项目23项。经模拟分析结果显示，各排水分区年径流总量控制率介于32.5%—99.8%，试点区总体年径流总量控制率达到了89.5%，径流控制效果明显（图4-1-1）。

为评估海绵城市建设对雨水径流的控制效果，西宁市在各排水分区、源头海绵改造项目出水口设置流量计或液位计，评估实际径流控制效果和年径流总量控制率目标落实情况。评估结果显示，排水分区和源头减排项目较好地实现了分配的年径流总量控制率目标。以湟水花园海绵改造项目为例，年径流总量控制率评估的模拟值和监测值分别为82.5%和87.7%，达到79.2%的建设目标；通过2018—2019年实际监测的7场降雨验证，海绵化改造后的湟水花园小区雨水设施发挥了较好的控制作用（表4-1-2）。

2 生态岸线恢复显著

西宁市在海绵城市试点建设过程中，通过湟水河滨河湿地海绵提升、源头治沙、河道疏浚清淤，火烧沟生态修复，解放渠河渠水系连通、渠首源头海绵改造、生态化驳岸改造等三大水系的生态综合治理，河道生态功能显著提升，水环境质量明显改善（图4-1-2）。试点区水系总体生态驳岸长度约21.71km，生态驳岸率由2016年

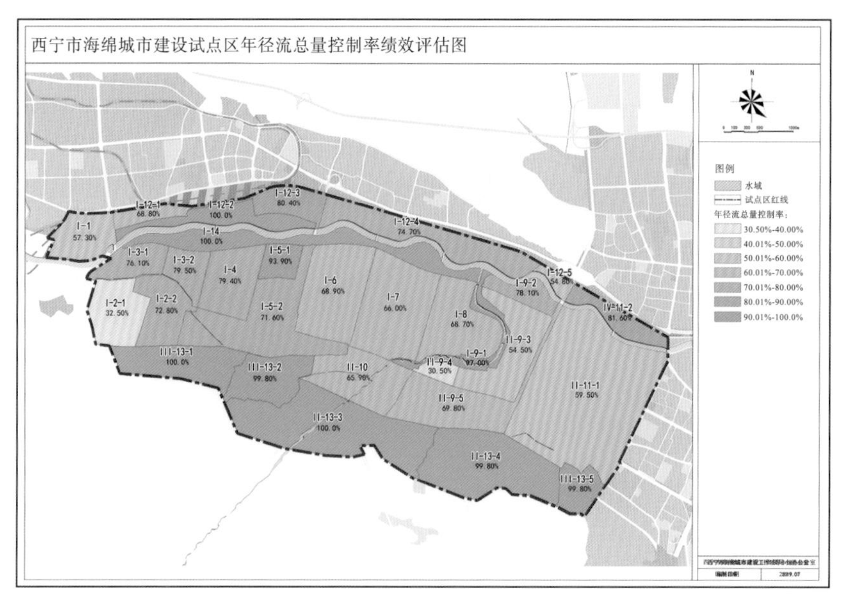

图 4-1-1 海绵城市建设试点区年径流总量控制率模拟结果

湟水花园小区 2018—2019 年 7 场降雨径流控制效果　　表 4-1-2

序号	日期	当日降雨（mm）	降雨总量（m^3）	径流外排量（m^3）	场次径流控制率（%）
1	2018/7/19	6.0	160.5	0	100.0
2	2018/8/3	15.0	401.2	18.0	95.5
3	2018/8/18	20.5	548.4	78.1	85.7
4	2019/5/3	9.5	253.6	0	100
5	2019/6/5	14.0	373.8	28.9	92.3
6	2019/6/15	25.5	680.8	125.0	81.6
7	2019/7/8	8.5	226.9	0	100

的 34% 提升至 45.75%（表 4-1-3）。

3　地下水埋深保持稳定

水文地质勘测打井监测点 2016—2019 年逐月地下水位监测数据显示，试点区监测点位地下水平均埋深由 7.74m 上升到 7.37m。由此说明，海绵城市建设以来，试点区域地下水水位保持稳定且有上升，实现了相应的控制目标（图 4-1-3）。

4　天然水域面积适度增加

海绵城市试点建设期间，西宁市对湟水河、解放渠水系进行了综合整治，拓宽其水域面积，面积增加 997m^2；对湟水河湿地公园水系进行了海绵化改造，扩大了水域面积，面积增加 68788m^2，野生动物园景观湖体水域面积增加 200m^2。海绵城市建设前水域面积为 95hm^2，水域面积比例为 4.40%；海绵改造后，试点区水域面积比例为 4.73%，形成了蓝绿交织的雨洪蓄滞体系（图 4-1-4，表 4-1-4）。

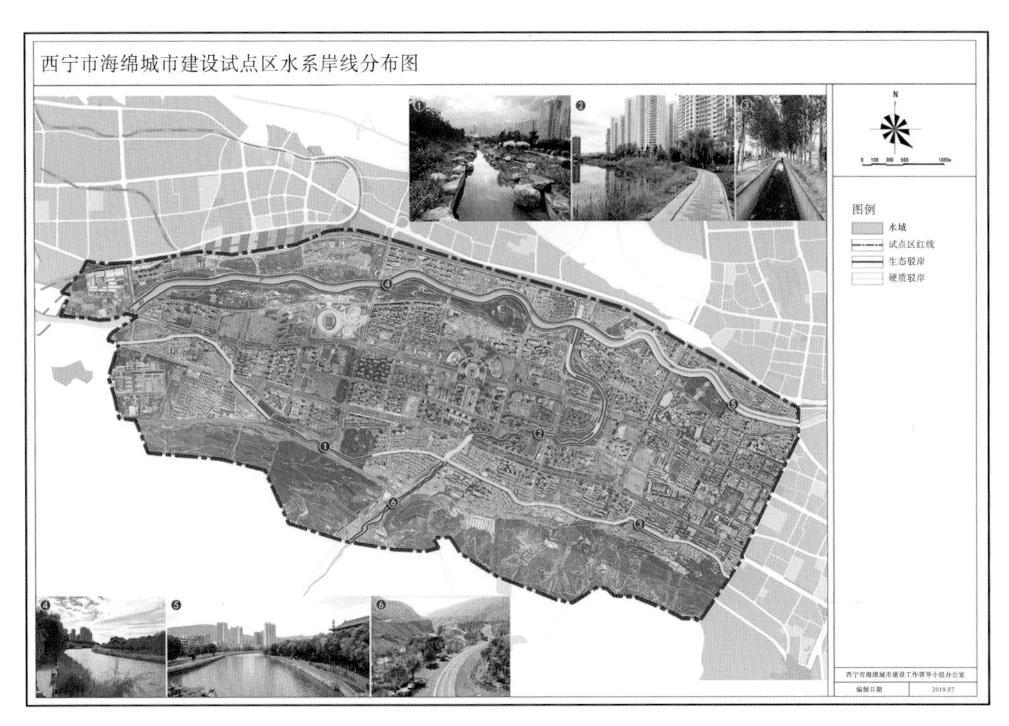

图 4-1-2 西宁市试点区遥感监测生态驳岸分布

西宁市试点区遥感监测生态岸线数据统计 表 4-1-3

水系名称	总长度（m）	生态岸线长度（m）	生态岸线比例（%）
湟水河	18530.3	13082.2	70.60
火烧沟	9670.8	8349.6	86.34
解放渠	19262.9	281	1.46
合计	47464	21712.8	45.75

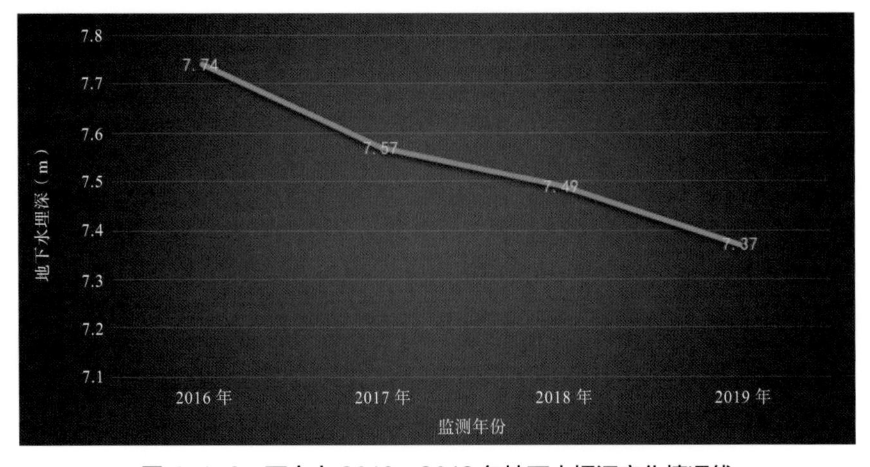

图 4-1-3 西宁市 2016—2019 年地下水埋深变化情况线

图 4-1-4　试点区海绵建设后遥感影像水域分布

试点海绵建设前、后水域面积情况　　表 4-1-4

水体名称	功能	水域面积 /m²		水域占试点区面积比（%）	
		建设前	建设后	建设前	建设后
湟水河	防洪河道	604877	604877	2.80	2.80
湟水河湿地公园水系	景观水系	196169	264957	0.91	1.23
火烧沟水系	景观水系	111749	111749	0.52	0.52
解放渠水系	人工水渠	17415	18412	0.08	0.09
文化公园水体	景观湖	5000	5000	0.02	0.02
湟水森林公园水体	景观湖	8000	8000	0.04	0.04
野生动物园水体	景观湖	6800	7000	0.03	0.03
合计		950010	1019995	4.40	4.73

4.1.2　河道水系改善良好，黑臭水体全面消除

2016 年西宁市湟水河试点区断面水质基本维持在地表水劣Ⅴ类标准，主要超标污染因子为氨氮、总氮，现状污染源多样。海绵城市试点建设以来，西宁基于现状污染负荷与水环境容量分析，科学构建“源头减量、过程控制和末端治理”系统控制体系，通过低影响开发、生态驳岸改造、污水管网建设、合流制管网改造、截流调蓄设施、湿地改造及河道清淤等措施，削减城市点、面源污染物，综合治理水环境，使湟水河（试点区段）、火烧沟和解放渠（试点区段）水质保持在Ⅳ类标准，全面消除黑臭水体。

1 水功能区水系水质达标

西宁市试点区域内湟水河位于水功能区划内的湟水西宁城西工业用水区，水质目标为地表水Ⅳ类标准，试点区范围内省控监测断面为西钢桥、新宁桥断面。

海绵城市试点建设实施以来，湟水河试点区内省控监测断面（西钢桥、新宁桥）水质呈明显好转趋势。根据环保部门水质监测数据显示，湟水河西钢桥断面2016—2017年水质为劣Ⅴ类，2018年水质为Ⅳ类，2019年1—10月为Ⅲ类；新宁桥断面2016—2017年水质为劣Ⅴ类，2018年水质为Ⅴ类，2019年1—10月为Ⅳ类，2016—2019年（1—10月）两个断面水质逐年改善，2019年湟水河试点区段水质达到地表水环境标准Ⅳ类标准，水质达标率为100%（图4-1-5）。

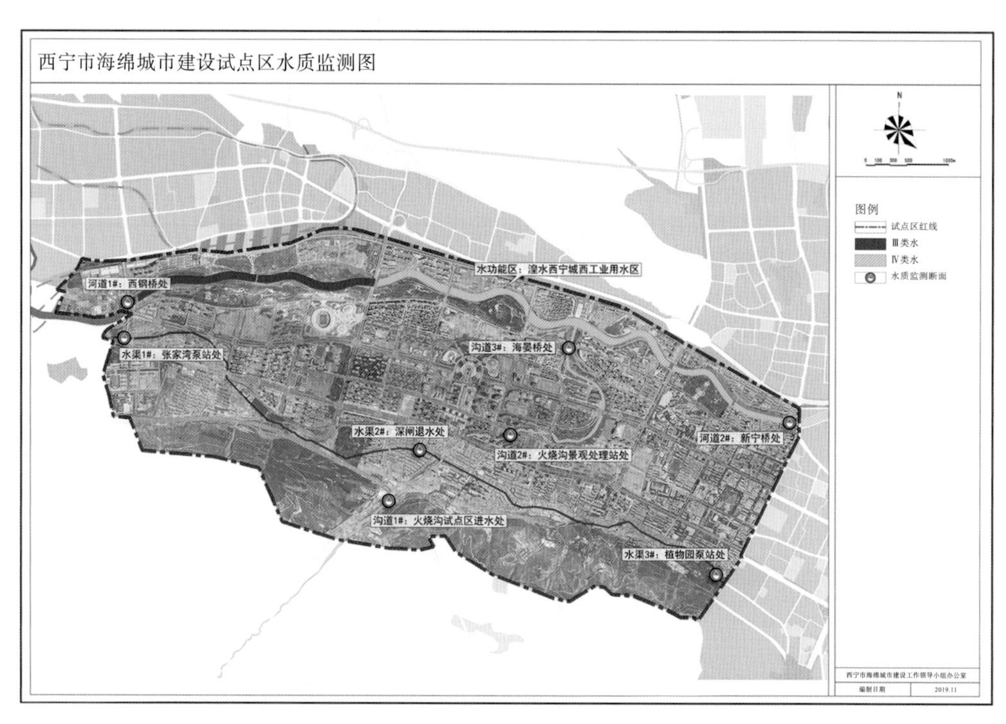

图4-1-5 西宁市试点区水功能区湟水河、火烧沟、解放渠断面位置分布

对比分析海绵城市建设前后的水质指标情况，湟水河两断面各指标均有不同程度下降。其中，西钢桥断面化学需氧量2019年均值比2016年均值下降了8.2%（图4-1-6），高锰酸盐指数年均值比2016年均值下降了14.2%（图4-1-7），氨氮2019年均值比2016年均值下降了61.4%（图4-1-8），总磷2019年均值比2016年均值下降了65.3%（图4-1-9）；新宁桥断面化学需氧量2019年均值比2016年均值下降了9.8%，高锰酸盐指数年均值比2016年均值下降了5.9%（表4-1-5），氨氮2019年均值比2016年均值下降了56.0%，总磷2019年均值比2016年均值下降了60.5%（表4-1-6）。

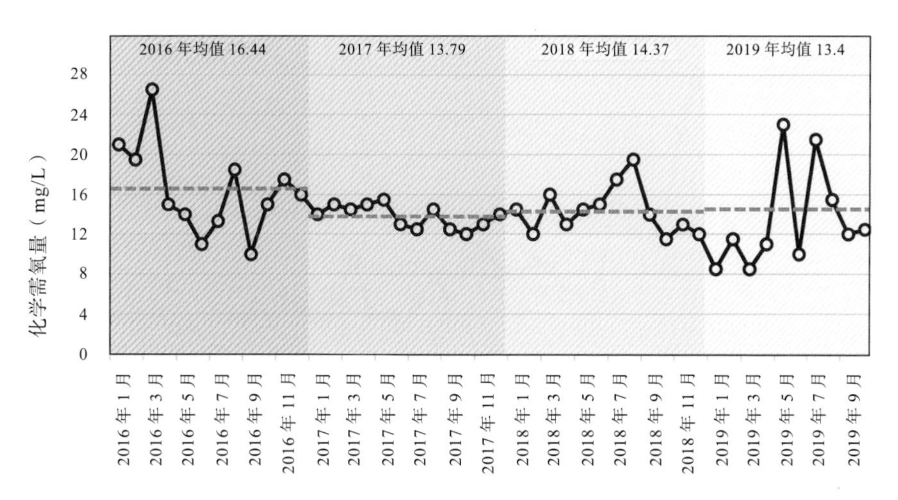

图4-1-6 湟水河2016—2019年化学需氧量逐月变化趋势图（西钢桥与新宁桥断面均值）

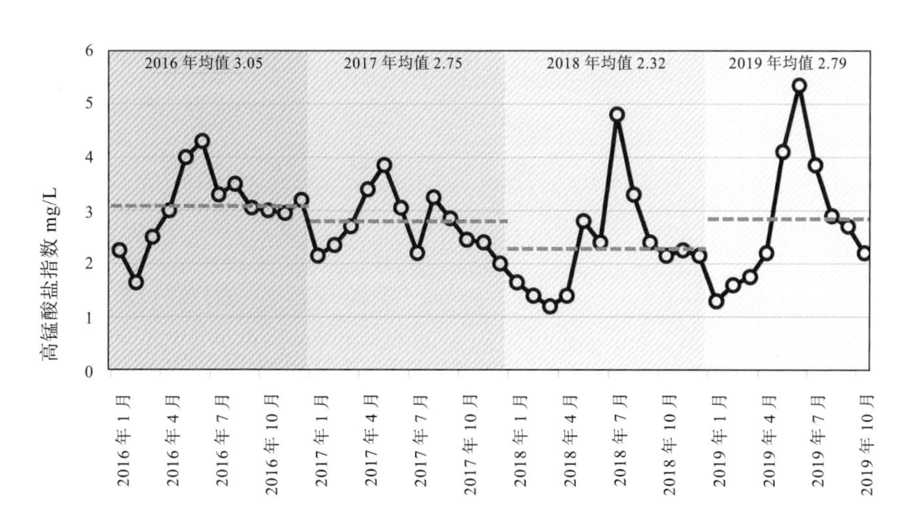

图4-1-7 湟水河2016—2019年高锰酸盐指数逐月变化趋势图（西钢桥与新宁桥断面均值）

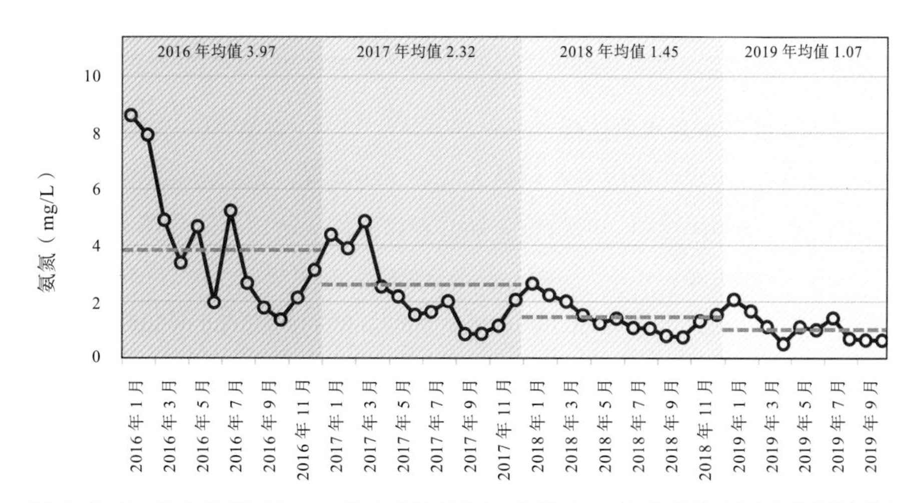

图4-1-8 湟水河2016—2019年氨氮逐月变化趋势图（西钢桥与新宁桥断面均值）

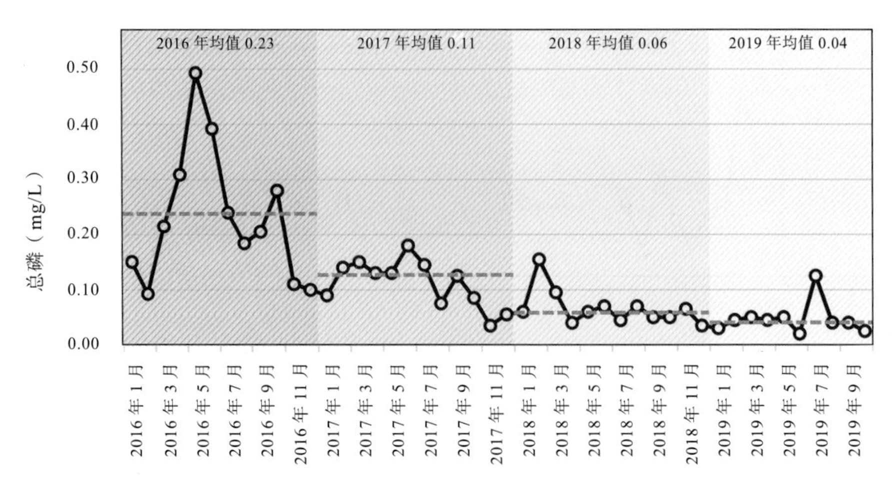

图 4-1-9　湟水河 2016—2019 年总磷逐月变化趋势图（西钢桥与新宁桥断面均值）

西宁湟水河西钢桥断面海绵城市建设前后水质比较表　　表 4-1-5

西钢桥断面		高锰酸盐指数（mg/L）	化学需氧量（mg/L）	氨氮（mg/L）	总磷（mg/L）
海绵城市建设后	平均值	2.35	13.45	1.17	0.051
	评价结果	Ⅱ类	Ⅲ类	Ⅳ类	Ⅱ类
海绵城市建设前	平均值	2.74	14.65	3.03	0.147
	评价结果	Ⅱ类	Ⅲ类	劣Ⅴ类	Ⅲ类

西宁湟水河断面海绵城市建设前后水质比较表　　表 4-1-6

新宁桥断面		高锰酸盐指数（mg/L）	化学需氧量（mg/L）	氨氮（mg/L）	总磷（mg/L）
海绵城市建设后	平均值	2.73	14.41	1.39	0.064
	评价结果	Ⅱ类	Ⅲ类	Ⅳ类	Ⅱ类
海绵城市建设前	平均值	2.90	15.97	3.16	0.162
	评价结果	Ⅱ类	Ⅲ类	劣Ⅴ类	Ⅲ类

2　非水功能区水系水质达标

西宁市试点区非水功能区水系包括火烧沟、解放渠，火烧沟监测断面为试点区进水口、景观处理站出水口、海晏桥 3 处，解放渠监测断面为张家湾泵站、深沟退水站、植物园泵站 3 处。

海绵城市试点建设实施以来，试点区火烧沟、解放渠地表水环境质量呈明显改善趋势。根据 2016—2019 年第三方检测单位的水质监测数据显示，火烧沟各断面 2016 年 7—11 月（海绵城市建设前）水质为Ⅳ类，2018 年 5 月—2019 年 11 月（海绵城市建设后）水质为Ⅳ类，无黑臭现象；解放渠各断面 2016 年 8—9 月（海绵城市建设前）水质为Ⅳ类，2018 年 5 月—2019 年 8 月（海绵城市建设后）水质为Ⅲ类，无黑臭现象。非功能区水系 2018—2019 年水质综合达标率为火烧沟 90%，解放渠 100%（表 4-1-7，表 4-1-8，表 4-1-9）。

试点区解放渠张家湾泵站断面建设前后水质比较 表 4-1-7

张家湾泵站		溶解氧（mg/L）	pH（无量纲）	高锰酸盐指数（mg/L）	生化需氧量（mg/L）	化学需氧量（mg/L）	氨氮（mg/L）	总磷（mg/L）
海绵城市建设后	平均值	7.47	7.77	3.70	2.60	15.85	0.76	0.102
	评价结果	Ⅱ类	达标	Ⅱ类	Ⅰ类	Ⅲ类	Ⅲ类	Ⅲ类
海绵城市建设前	平均值	6.65	8.30	3.20	3.50	40.00	1.715	0.1695
	评价结果	Ⅱ类	达标	Ⅲ类	Ⅲ类	Ⅴ类	Ⅴ类	Ⅲ类

试点区解放渠深沟退水处断面建设前后水质比较 表 4-1-8

深沟退水处		溶解氧（mg/L）	pH（无量纲）	高锰酸盐指数（mg/L）	生化需氧量（mg/L）	化学需氧量（mg/L）	氨氮（mg/L）	总磷（mg/L）
海绵城市建设后	平均值	7.54	7.86	4.41	2.57	16.88	0.72	0.132
	评价结果	Ⅰ类	达标	Ⅲ类	Ⅰ类	Ⅲ类	Ⅲ类	Ⅲ类
海绵城市建设前	平均值	6.25	8.55	4.20	3.50	22.00	1.33	0.273
	评价结果	Ⅱ类	达标	Ⅲ类	Ⅲ类	Ⅳ类	Ⅳ类	Ⅳ类

试点区解放渠植物园泵站断面建设前后水质比较 表 4-1-9

植物园泵站		溶解氧（mg/L）	pH（无量纲）	高锰酸盐指数（mg/L）	生化需氧量（mg/L）	化学需氧量（mg/L）	氨氮（mg/L）	总磷（mg/L）
海绵城市建设后	平均值	7.06	7.81	3.49	2.39	16.12	0.79	0.107
	评价结果	Ⅱ类	达标	Ⅱ类	Ⅰ类	Ⅲ类	Ⅲ类	Ⅲ类
海绵城市建设前	平均值	5.5	8.20	4.65	4.00	20.00	1.43	0.1905
	评价结果	Ⅲ类	达标	Ⅲ类	Ⅲ类	Ⅲ类	Ⅳ类	Ⅲ类

3 黑臭水体全面消除

西宁市通过区域内沟道截污纳管、环境基础设施完善和涉水企业治污设施建设水平的提升，湟水干流范围内的水环境污染问题基本得到遏制和解决，至 2017 年底全面完成 26 处黑臭水体治理工作，西宁市河流水系水质明显改善。经生态环保部对已完成整治的 26 个黑臭水体的整治成效的评估，核实全市无新发现黑臭水体，26 个黑臭水体已消除或基本消除（图 4-1-10）。

4 溢流污染得到有效控制

西宁市火烧沟箱涵汇水分区排水系统为合流制排水系统，城区污水通过湟水河沿线截污箱涵输送至下游污水处理厂；暴雨时，进入海湖桥处的排水箱涵径流量超出管网输送能力和溢流堰高度时发生溢流。海绵城市试点建设过程中，通过源头海绵设施建设、上游火烧沟综合治理、雨污分流管网改造，溢流污染问题得到了有效

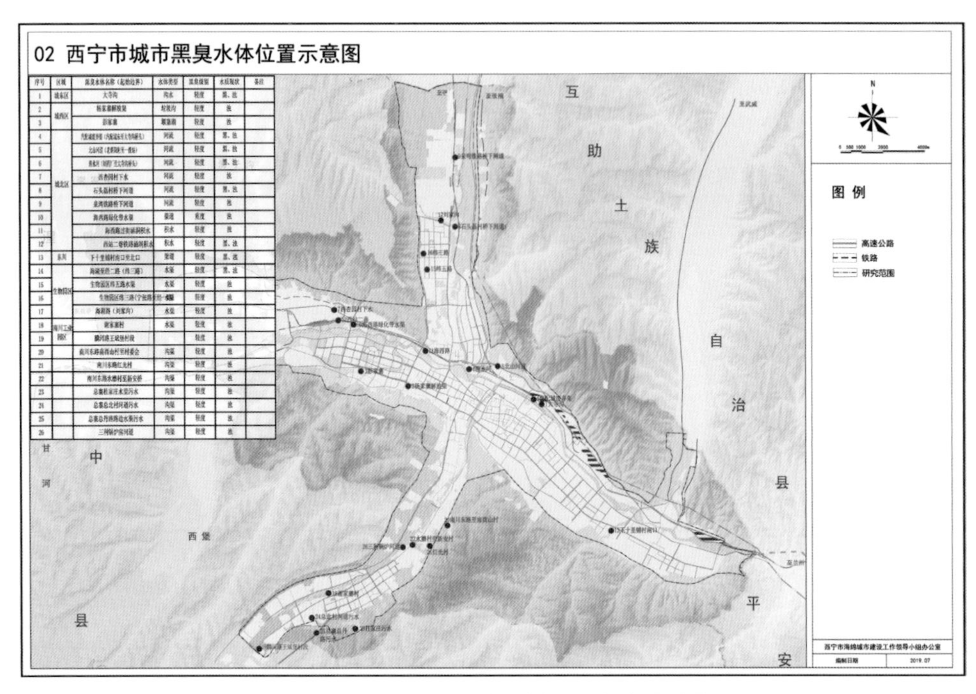

图 4-1-10 西宁市中心城区黑臭水体分布

控制。模拟结果显示，海绵城市试点建设完成后，出末端箱涵的溢流频次为 4 次，对 NH_4-N 污染负荷的削减率为 70.55%，满足目标要求（图 4-1-11）。

利用 2018—2019 两年实测 5 分钟间隔降雨进行模型模拟验证，火烧沟汇水分区海绵设施建设后，2018 年末端箱涵的溢流频次为 4 次，总溢流量为 96000m^3，2019 年末端箱涵的溢流频次为 5 次，总溢流量为 66000m^3，满足溢流次数不超过 5 次的指标要求（图 4-1-12）。

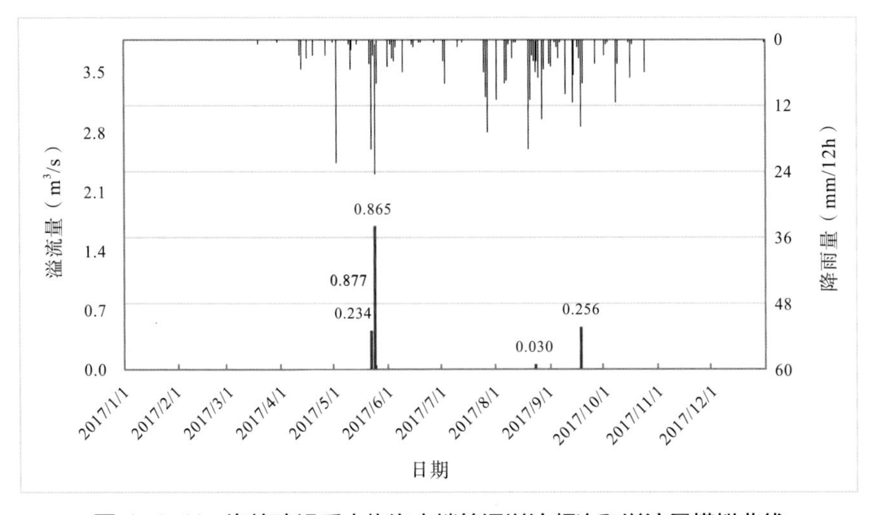

图 4-1-11 海绵建设后火烧沟末端箱涵溢流频次和溢流量模拟曲线

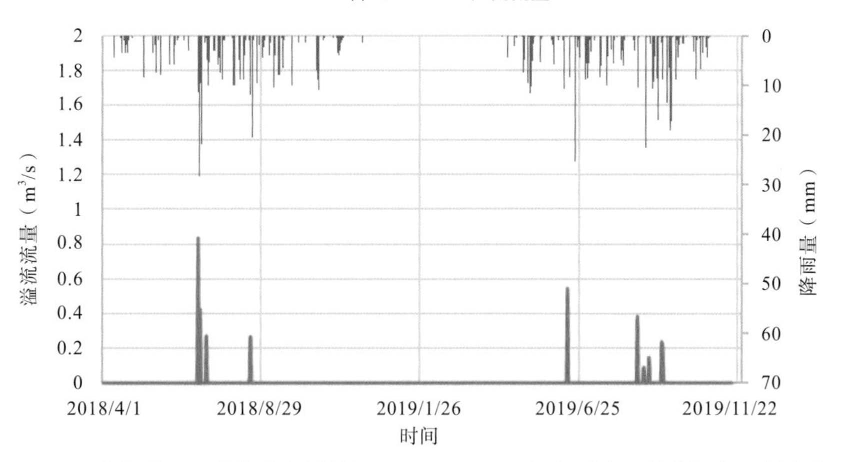

图 4-1-12　海绵建设后火烧沟末端箱涵 2018—2019 年实测降雨溢流频次和溢流流量曲线

5　径流污染削减达标

海绵城市试点建设以来，西宁市完成建筑小区类、道路广场类、公园绿地类等源头减排项目 193 项。经模拟及监测结果表明，海绵城市试点建设完成后，城市径流污染负荷削减率（以 SS 计）达到了 52.6%，满足试点区建设 44% 的 SS 削减率目标（图 4-1-13）。

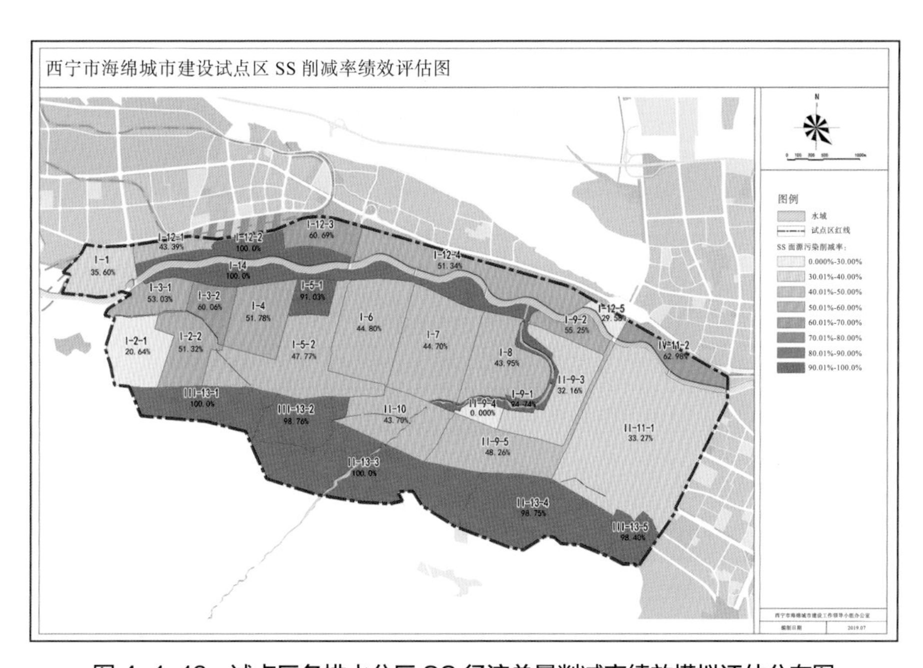

图 4-1-13　试点区各排水分区 SS 径流总量削减率绩效模拟评估分布图

4.1.3　优化水资源供给方式，推行非常规水资源利用

西宁市属大陆性高原半干旱气候，显著气候特征为干旱、少雨，城市人均水资

源占有量低，资源型与水质型缺水现象并存；雨水资源、中水资源利用率低，造成资源的浪费。海绵城市试点建设以来，西宁市通过水资源供需平衡分析，全面评估城市可用水资源总量及供水缺口，在城市供水工程规划基础上，合理分配雨水资源利用和再生水回用指标，建立雨水综合利用系统与再生水循环利用系统，推行非常规水资源的利用，可替代城市自来水用于市政杂用水、生态景观补水、工业生产用水等方面，促进区域水资源的良性循环（图 4-1-14）。

1 雨水资源利用

西宁雨水利用潜力集中在 4—10 月，在海绵城市试点建设期间，积极开展了雨水资源调蓄利用工程，针对试点区规模较大的居住小区和公建项目，设置 26 处雨水调蓄池项目、4 处雨水桶项目、7 处大型公园绿地调蓄水系开展雨水收集回用，2019 年全年收集利用雨水约 56.79 万 m^3，用于绿化灌溉用水、景观水体补水、市政杂用水，替代试点区自来水用水量比例为 2.3%（表 4-1-10）。

图 4-1-14 雨水桶、蓄水池、取水水鹤

试点区雨水资源收集利用统计 表 4-1-10

类型	项目数量	最大调蓄容积（m^3）	年均收集利用雨水量（万 m^3）
雨水蓄水池	26	7327.4	6.49
雨水桶	4	79.5	0.11
公园绿地水体	7	71838.7	50.19
合计	37	79245.6	56.79

2 污水再生利用

西宁海绵城市建设过程中，不断加大对非常规水资源利用的重视程度。中心城区已建六座污水处理厂，已运行回用的中水厂 2 座，再生水厂 1 座，总回用量约 5.8 万 m^3/d，主要用于湿地水系生态补水、道路浇洒和绿地灌溉、工业用水。试点区第四中水厂中水回用总量为 2.0 万 m^3/d，占第四污水处理厂（处理规模 3 万 m^3/d）的

67%，用于公共绿地灌溉和湿地生态补水，一定程度上缓解了“用水供需紧张、水源配置单一”的局面。

4.1.4 城市安全功能提升，内涝积水问题消除

由于西宁局部竖向建设不合理、低标准的排水系统建设、部分管网淤堵严重等问题，导致城区局部产生内涝积水，对市民及城市安全造成较大影响。西宁坚持“源头减排、管渠提标、系统治理”的建设思路，通过源头海绵设施、排水管网改造、分散公园调蓄、超标行泄通道布置、应急抽排等措施，实现“小雨不积水、大雨不内涝”，消除了内涝积水问题（表 4-1-11）。

1 模拟评估城市内涝治理效果

海绵城市试点建设完成后，2 年一遇降雨情景下，试点区排水管道无溢流，实现“小雨不积水”；50 年一遇降雨情景下，7 处内涝积水点局部积水深度均未超过 15cm，积水量明显减少，实现“大雨不内涝”（图 4-1-15，图 4-1-16）。

图 4-1-15 50 年一遇试点区建设前内涝风险评估结果

图 4-1-16 50 年一遇试点区建设后内涝风险评估结果

50 年一遇试点区建设前后内涝积水治理效果对比统计 表 4-1-11

积水深度（m）	建设前积水面积（m^2）	建设后积水面积（m^2）
0—0.15	405108	49307
0.15—0.27	21080	4196
0.27—0.3	1190	811
0.3—0.5	11054	2518

2 数据监测城市内涝治理效果

为掌握各内涝积水点的治理情况，西宁市在各内涝积水点处安装了激光液位计，对降雨过程中各内涝点实时积水情况进行全程监控。以往年试点区内涝问题最为严重的海晏路（西宁市检察院）为例，2018—2019 年汛期内涝积水点地面积水水位监测数据始终未超出 0.15m 的一般积水警戒线，内涝基本消除，道路排水通畅，路面基本无积水，交通秩序井然（图 4-1-17，图 4-1-18，图 4-1-19）。

图 4-1-17 海晏路和刘家寨加气站内涝积水点海绵改造前后对比

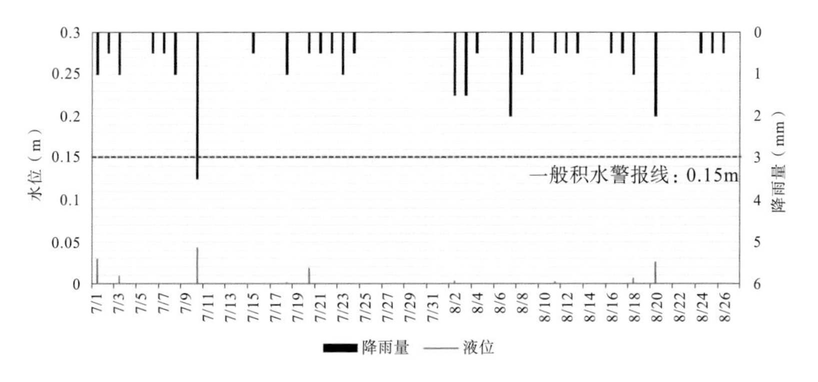

图4-1-18　海晏路内涝积水点2018年汛期地面积水水位监测数据

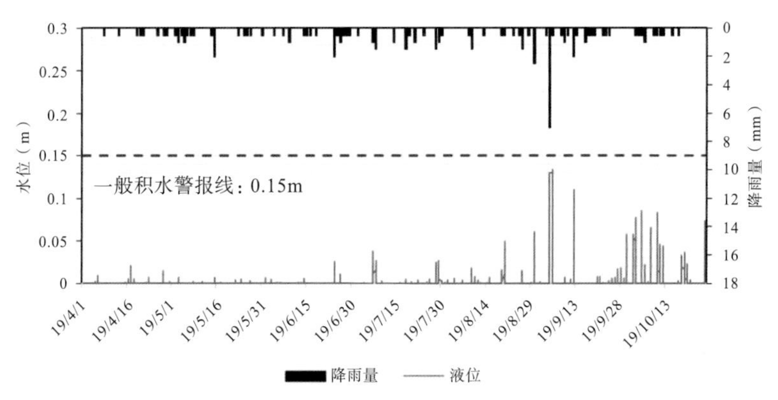

图4-1-19　海晏路内涝积水点2019年汛期地面积水水位监测数据

4.2　海绵建设促进生态品质显著提升

4.2.1　建设生态绿城，营建安全靓丽的绿色屏障

海绵城市试点建设前，西宁市就大力开展城市生态建设，启动了西宁市南北两山绿色生态屏障项目，先后投入38.58亿元完成北山美丽园和西川湿地公园的建设，完成总面积达134.5km²。西宁市成为第二批海绵试点城市后，市委、市政府对西宁市的城市建设提出更高的标准和要求，在城市生态格局上，打造西宁市城市群生态核心——城市绿芯森林公园，总面积达217km²；至2018年，提前两年完成了南北山绿化27万亩绿化任务，总面积达51.57万亩，结合多年的造林成果，打造面积158.7km²的西宁环城国家生态公园项目。结合海绵城市项目推进，建设西山野生动物园植物园观赏区、南山旅游风景区、东部旅游风景区、北山美丽园风景区及青藏高原现代林业科技示范园风景区，打造环城国家生态公园，形成了“一园多区”的

外围生态屏障。城市森林覆盖率由 2016 年末的 32% 提高到 34.5%，提高了 2.5 个百分点；通过治山、造林、水土保持系列工程，南北两山森林绿化覆盖率由 1989 年的 7.2% 提升至 2018 年的 79%。通过海绵试点，试点区内山体林木覆盖率进一步提升到 85%，实现山体水土流失治理全覆盖，城市安全指数进一步提升（图 4-2-1）。

图 4-2-1 西山、野生动物园

4.2.2 打造高原水城，构建健康活力水生态系统

西宁通过水系连通、水土保持清洁型小流域建设等系统工程，着力建设高原水城，构建健康活力的水生态系统。实施主城区解放渠、中庄渠、礼让渠等多条渠道的渠首连通与控沙提质，火烧沟、苦水沟、大寺沟、大西沟等多条沟道的生态修复与景观提升；开展海湖湿地公园、湟水河湿地公园、宁湖湿地公园、北川河湿地公园等多个湿地公园的景观服务完善和游憩活力提升，湟水河、北川河、南川河、沙塘川河等多条河道的清淤疏浚和活水提质（图 4-2-2）。

图 4-2-2 火烧沟、湟水河

针对西宁市河流源短流急的特点，积极探索形成“沟道治理、绿地建设、土地整理、功能培育”的城市型河道综合治理模式。以“三河六岸”为轴心，实施了湟水河城区段水利功能提升改造工程、北川河生态治理工程、南川河生态治理及湟水国家湿地公园等一批工程，将湿地、护岸、湖泊、河滩、水景观等有机融入水生态

环境建设，湟水河河道治理自然化、水体自净化、绿地建设生态化的河道治理成效已初步显现。海绵城市建设试点开展以来，助力西宁荣膺水生态文明城市，初步形成蓝绿交织的雨洪蓄滞体系，城市沟谷型景观和开放生态型绿廊已然显现。

4.2.3 营造宜居城市，营造多样普惠城市开放空间

西宁按照“街头增绿、道路扩绿、片区建园”的思路，推动城市绿色海绵体建设（图 4-2-3）。实施海湖新区景观及绿化品质提升工程，完善城市绿地系统网络；通过湟水河高架桥滨河游园、城市主要道路节点景观提升改造等工程实施，新增城市绿地 17.1hm^2，绿地率由 2016 年的 35.96% 提升至 36.76%。对文化公园、虎台遗址公园等一批现有公园绿地实施海绵改造和景观提升，提升绿地生态保障能力和景观风貌（图 4-2-4）；对近期待出让地块实施简易绿化，增加临时绿地 34.32hm^2，提升城区绿化覆盖率，增强雨水调蓄能力。通过海绵城市建设，试点区逐步形成了“点上出精品、线上成绿廊，片上成景观”的绿色宜居城市环境。

图 4-2-3　街角绿地、花海

图 4-2-4　湟水河湿地公园、文化公园

通过山体、公园、湿地、城市绿地等多样化海绵系统的建设，地表植被增加，水涵养能力提升，土壤水分升高，从而使得各月蒸散发逐年增加，空气湿度增加，大气质量明显改善，缓解了城区热岛效应，同时本地栖息生物种类增多，城市人居

环境得到显著提升。海绵城市建设试点开展以来，助力西宁荣膺水生态文明城市，“山青、水绿、景美”的城市水系统治理画卷在河湟谷地徐徐展开（图 4-2-5）。

图 4-2-5　湟水河滨水带、火烧沟湿地

4.3　海绵建设实施提高群众幸福感

全面实施“幸福西宁·花园城市”绿化美化彩化项目（图 4-3-1）。继续开展城区园林绿化提质提速行动，持续提升城市景观绿化品质。通过海绵城市试点，打造一批高品质海绵小区，不断解决小区绿化少、道路坑洼破损、雨天容易积水等问题；大力推动城市湖泊、湿地、公园绿地、公共空间建设，为居民日常起居、休闲漫步、运动健身等提供便捷优美的环境，让城市变得更加宜居，“高原绿”“西宁蓝”“河湖清”成了西宁人可感可触的生态红利。

以新建增绿、整治扩绿、建设精品为切入点，努力增加园林绿地面积和提升绿地景观。实施了胜利路、建国路、五四大街、海湖大道等 13 条主要大街及中心广场景观提升改造工程，完成了建成道路沿线 75.8km 绿道绿化景观提升，人民公园、京韵青风、海棠公园二期等公园绿地的景观改造提升。截至目前，建成区绿化覆盖率和人均公园绿地面积指标分别达到 40.5% 和 12.5m^2。建成地下综合管廊 37km，建成凤凰山路等 101 个项目，人均道路面积提高至 12.3m^2，交通拥堵指数下降 41.6%。对重要交通干线、城乡接合部、景区周边等重点区域的建筑垃圾、白色污染等环境脏乱差问题进行整治，整治区域环境净化美化和秩序化水平显著提升。

以营造幸福生活宜居环境为着力点，推动城市绿色海绵体建设。通过破硬增绿，精心打造街头小品、口袋公园成为城市的靓丽名片；协调道路退界用地，实施景观统一管控，布设绿道、步行道，打造绿色廊道，扩大道路绿地面积统一街道景观；改造升级公园绿地，打造十五分钟幸福生活圈，新增及改造广场、公园绿地 13 处，城市居民休闲游憩空间大幅增加，在试点区内形成“点上出精品，线上成绿廊，成片成景观”的绿色宜居环境，让人民群众深入感受到生态绿色的良好环境带来的幸福升级。

图 4-3-1　幸福西宁 · 花园城市

4.4　海绵开发模式加速城市建设转型

西宁海绵城市促进城市发展从碎片化建设走向系统化治理，拉开城市格局，打造和谐人居环境。努力构建“一芯、二屏、三廊道”城市新型生态格局，谋划启动“大西宁”规划建设，开展空间规划“多规合一”试点。在持续优化城市生态本底的基础上，重点突出城市绿化空间，大幅提升夏都颜值，以“花园城市”作为西宁自然环境的底色、高质量发展的底色和人民高品质生活的底色。放弃 170 多亿元的年工业产值，西宁在 436hm^2 工业用地上建设首个西北地区国际园林博览园，成为西宁一道永久性的绿色隔离屏障；建设总面积 2.17 万 hm^2 的西堡生态森林公园，构建西宁“生态山水城市”骨架；实施火烧沟、苦水沟等“城市双修”示范项目（图 4-4-1，图 4-4-2，图 4-4-3）。

图 4-4-1　西川新城先绿后城的新型发展理念（1）

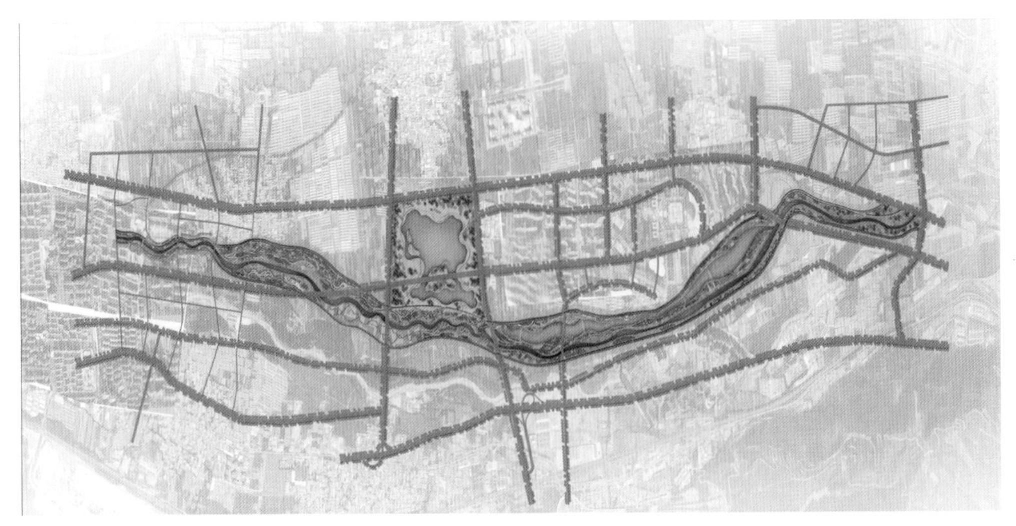

图 4-4-2　西川新城先绿后城的新型发展理念（2）

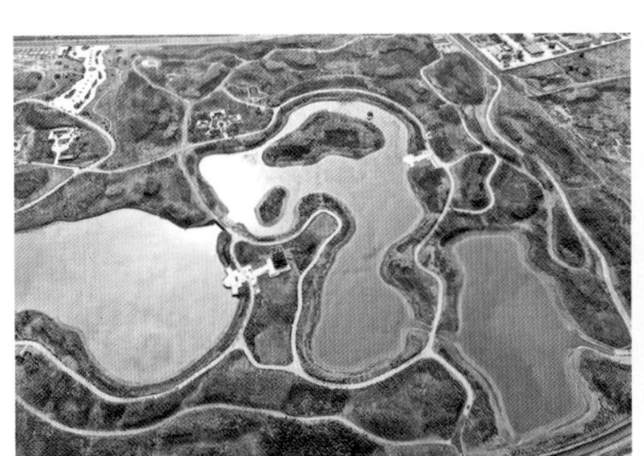

图 4-4-3　西宁园博园、苦水沟

4.5　海绵材料产业带动绿色经济提升

西宁市通过海绵城市建设试点，促进了绿色产业经济政策不断完善，打通设计、施工、产品、材料和运营维护之间的上下游产业衔接链条，促进本地一系列海绵产业得以快速起步。通过持续推进相关海绵建设产业发展，孵化了适合高原地区的产品企业 7 家，经营范围包括建筑材料、新型绿色建材、装饰材料、沥青混凝土、水泥稳定土生产、再生资源回收利用、雨水综合利用系统的设计、销售、安装、施工；园林市政工程产品等，注册资本总计达到 3.4 亿元。结合西宁市气候、土壤等特点，引进高端建材生产设备，经过两年多的探索、试验，培育了以西宁城市建筑科技有限责任公司为代表的海绵建材企业，其所生产的建材使用面积已达 40 万 m^2，有力带动了本地绿色产业的发展，为在全域内推广海绵城市建设创造了条件。相关产业的发展促进了区域绿色经济提升（图 4-5-1）。

图 4-5-1　西宁城市建筑科技有限责任公司建材厂

第5章 适用于西北半干旱地区的海绵城市建设经验

5.1 探索“山—水—城”一体共治的海绵建设模式

海绵城市建设是一项多目标融合的系统性工程，在综合考虑城市本底自然特征因素基础上，以解决水问题为抓手，通过保护和提升山体沟道、湿地水系等重点绿色斑块的雨洪调控生态功能，加强水系廊道互联互通，优化城市空间内各类绿地空间，提升城市灰绿基础设施网络结构，加大雨水和中水的控制和利用，使流域内的水文过程尽可能接近城市开发建设前的状态，改善城市生态环境质量，美化人居环境，保障市民安全。

“山—水—城”是西北地区川道河谷型城市形态的共性元素，是解决城市水问题的关键点。海绵城市建设应突破独立封闭城市单元建设模式的局限，从流域整体出发，突出“山体、水系、城市”三类空间一体共治思路，以“治山・理水・润城”的系统治理路径，综合解决西北地区典型城市所面临的城市矛盾和关键问题，推动城市的绿色可持续发展。

5.1.1 “山—水—城”一体共治的海绵技术策略

西宁海绵城市建设将“山—水—城”所在的流域视为整体，辨析流域水文过程特征，将水生态、水资源、水环境和水安全问题与“山—水—城”城市空间有机嵌合，整合优化工程措施，集成“治山・理水・润城”系统模式，保证多目标的可达性。

水生态层面，在狭长封闭的川道河谷空间中，识别与保护山体绿色斑块、湿地水系和城市绿地空间，形成互联互通、蓝绿交织的空间廊道，构建小流域气候；合理调配山体水土保持、水系湿地调蓄和城市绿地径流控制能力，使流域水文过程尽可能接近城市开发前的状态。

水环境层面，解析“城市、水系”空间的污染原因，“润城”模式实施面源控制、截污纳管和污水厂扩容提质策略，“理水”模式实施水系内源治理、生态修复、开源活水和湿地净化策略，形成“源头减排、过程控制、系统治理”的水环境整治体系，改善流域水系水质状况。

水资源层面，根据流域水文过程特征，合理调配山体水源涵养、水系湿地调蓄利用和城市雨水径流控制利用能力，实现流域雨水收集利用，回补地下水，缓解水资源恶化趋势。

水安全层面，梳理流域内山体沟道防洪、城市排涝、河道防洪系统，利用模型预测分析，针对雨洪风险叠加区，提升城市行泄通道和调蓄空间的防护能力，优化水系弹性空间的承载能力，加强城市应急避险管理，综合保障流域水安全（图 5-1-1）。

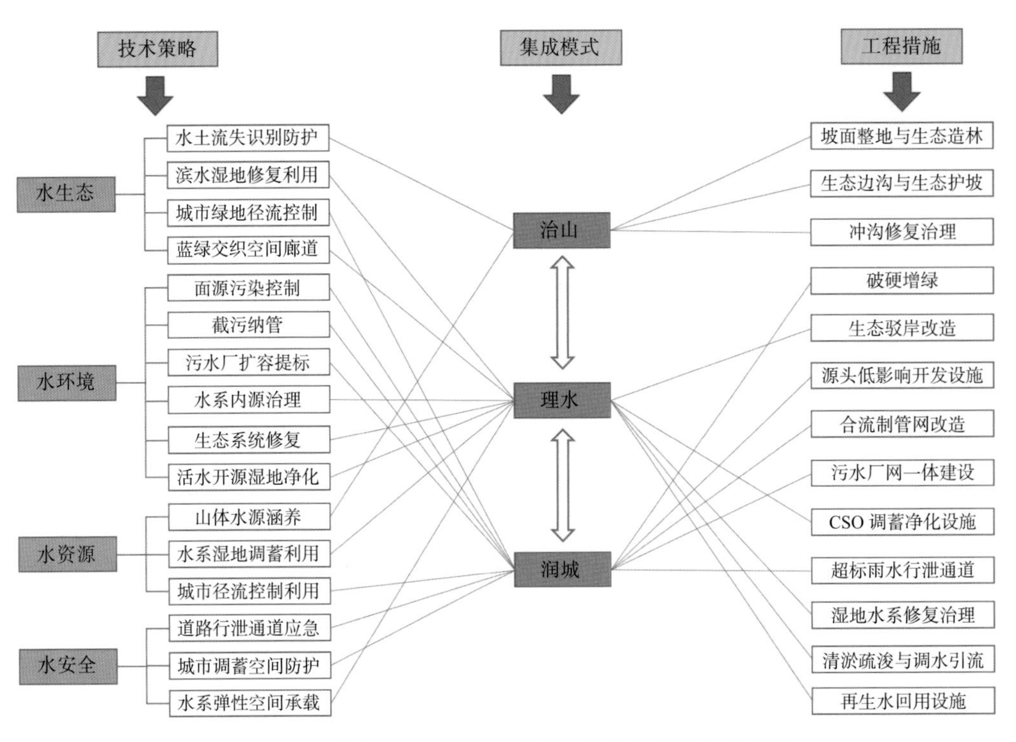

图 5-1-1 “山—水—城”一体共治的海绵建设技术策略

5.1.2 “山—水—城”一体共治的海绵指标体系

以问题为导向，立足于城市建设需求，在常规海绵城市建设目标基础上，结合西宁自身特色，搭建“山—水—城”一体共治的目标指标体系（表 5-1-1）。

基于“山—水—城”一体共治的海绵城市建设指标体系　　表 5-1-1

目标分类		主要建设指标
治山	涵养水源	山体植被覆盖率（新增）
		山体年径流总量控制率 / 对应设计降雨量

续表

目标分类		主要建设指标
治山	保持水土	水土流失治理比例（新增）
		山洪沟道防洪标准（新增）
理水	清水入湟	河道检测断面水质
		河道防洪设计重现期
	蓝绿交织	水系生态岸线比例
润城	小雨润城	城区年径流总量控制率 / 对应设计降雨量
		SS 综合削减率
	用排相宜	雨水管渠设计重现期
		内涝防治设计重现期
		雨水利用量替代城市自来水比例（优化）
		污水再生利用率（新增）

5.1.3 “治山·理水·润城”海绵建设集成模式

针对城市典型的河谷地形特点，突出“山—水—城”一体共治思路，将“治山·理水·润城”特色实践与“源头削减、过程控制、系统治理”系统思维相结合，加强山林、湿地等大海绵体建设，构建城市大排水系统；优化地块与街道绿色基础设施，打造城市小排水系统；大小海绵有机结合，系统化打造西北半干旱地区独具特色的海绵城市。

1 “治山”模式

针对山体空间生态涵养不强、水土流失问题，围绕中心城区外围山体，构建“源头修复与削减、过程引导与控制、系统综合治理”的建设实施路径。源头通过生态营林、坡面整地技术，对林木植被进行生态修复，强化源头水土保持；在重要节点布置低影响开发设施，强化雨水滞留与就近浇灌利用。过程上实施生态边沟改造，统筹协调边沟排水与灌溉功能，对灌溉用水和雨水径流进行有序引导和控制。区域对山体冲沟通过沟头防护、边坡修复和多级调蓄净化系统进行全过程修复治理，达到沟道防洪与地质灾害防护双标准，系统构筑城市外围生态安全屏障（图 5-1-2）。

“治山”模式主要采用两大类型措施：坡面整地造林、冲沟治理。

（1）坡面整地造林模式

根据坡度、坡向、土壤厚度等立地条件确定山体整地造林模式。边坡整地采用以下四种方式：8°—15° 坡度采用反坡梯田整地（图 5-1-3）、15°—25° 采用水平阶整地、25° 以上坡度较陡或地形破碎地块采用鱼鳞坑整地、各种坡度及土壤类型状况均可采用块状整地。整地径流拦蓄标准按照 10 年一遇 1 小时暴雨设计，达到 45mm 降雨强度下山地产流和泥沙全部拦蓄的要求。苗木种植以春季、秋季植苗造林为主，树种选择以乡土树种为主。积极营造混交林，加强乔灌株混交，结合观赏

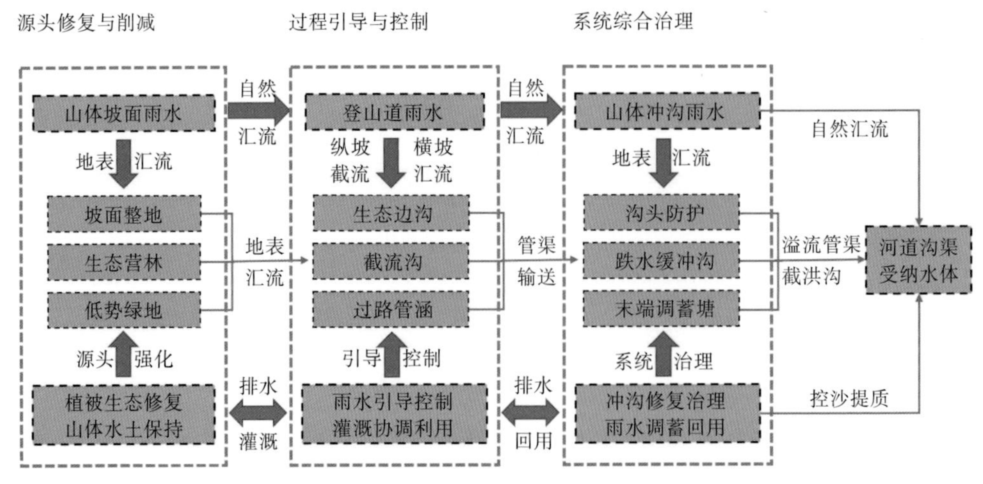

图 5-1-2 海绵城市建设“治山”模式

植物、经济作物提升林地附加值和景观丰富度。

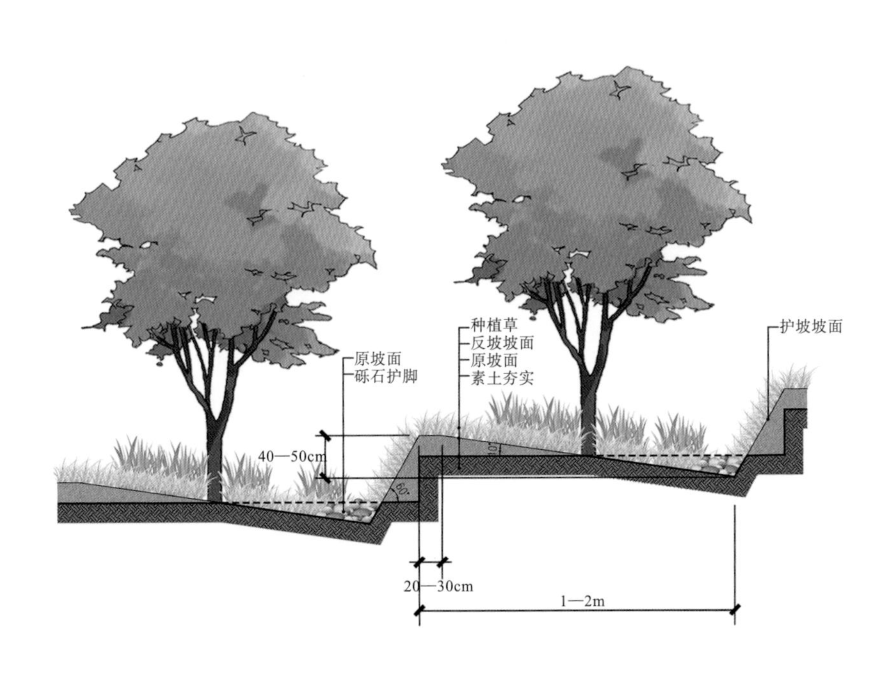

图 5-1-3 反坡水平阶整地做法

（2）冲沟治理模式

山体冲沟治理构建了由上至下层层设防的冲沟排洪和水土流失防治工程体系（图 5-1-4）。上游设置沟埂式沟头防护工程，防止沟道溯源侵蚀；中游至下游设置跌水、干塘或蓄水缓冲沟，减缓沟道纵坡，降低山洪流速。末端设置调蓄塘，蓄存净化雨水并回用于林地灌溉、道路浇洒。超标雨水（50mm 以上降雨强度）通过溢流管渠排至下游受纳水体。

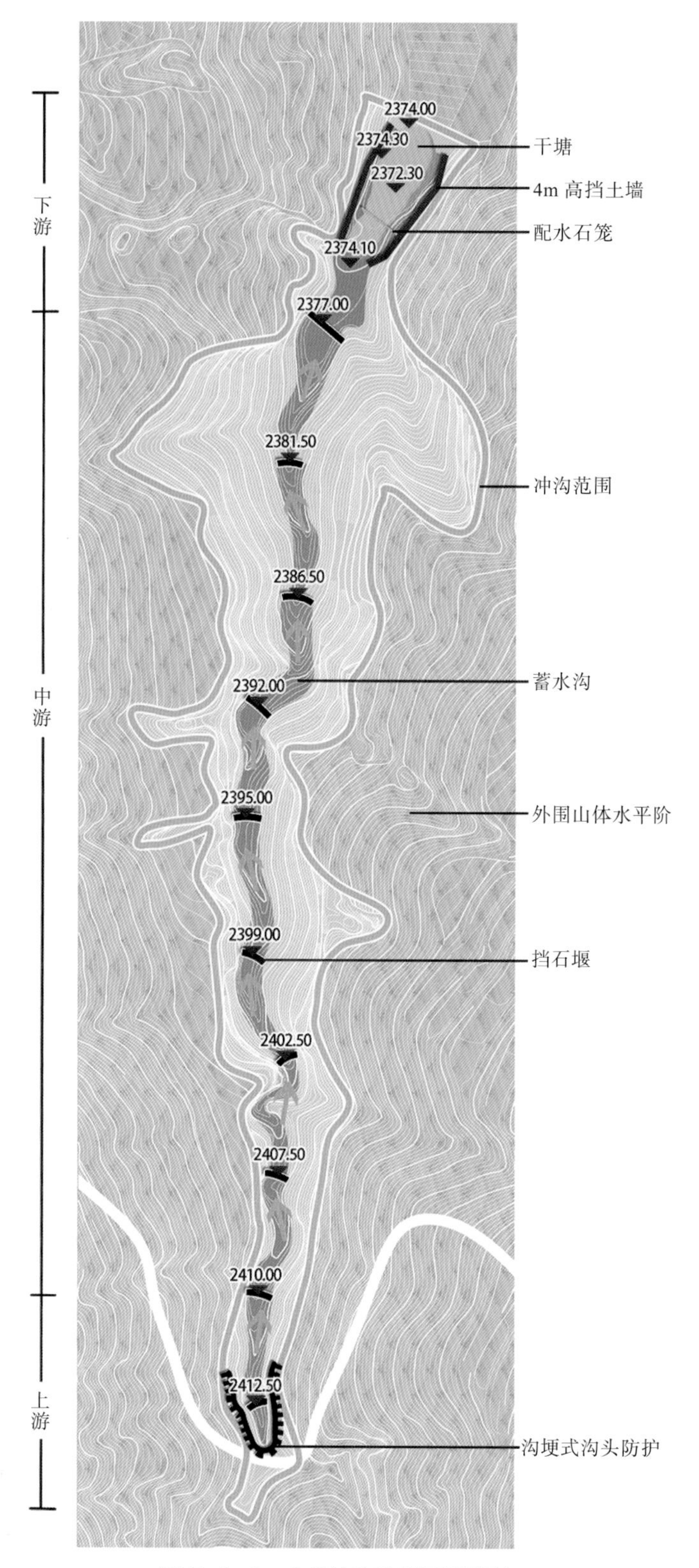

图 5-1-4　山体冲沟治理工程做法

2 “理水”模式

针对水体空间网络破碎化、水环境污染突出等问题，从流域视角，加强水系空间保护，构建“连通成网、控沙提质”的水系综合治理技术体系。连通成网层面，统筹布置河道沟渠的调水引流、清淤疏浚、涵闸修复与改造、生态护坡、水生态系统营建等工程，改善水系的水动力条件，提高水体自净能力。控沙提质层面，修复滨水绿地、湿地，落实四水共治方针，通过雨水调蓄利用、中水补水提质、河水沉淀控沙、污水截流净化等措施，恢复蓝绿交织的水系空间形态（图 5-1-5）。

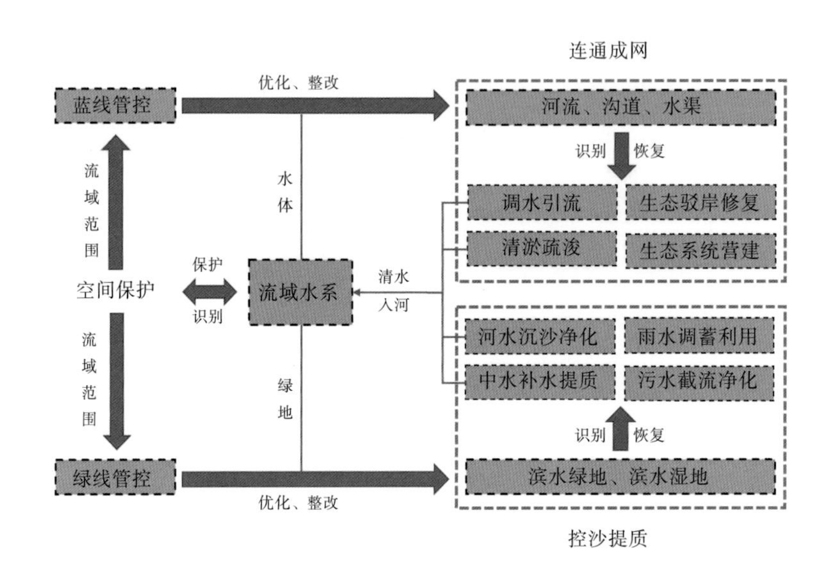

图 5-1-5 海绵城市建设“理水”模式

“理水”模式主要采用两大类型技术模式：连通成网、控沙提质。

（1）连通成网模式

系统梳理水系功能定位，实施“保护水系动脉、打通水系静脉、连通水系渠网”的三级水脉构建。统筹布置调水引流、清淤疏浚、涵闸修复及改造、生态护坡护岸、水生态系统保护与修复等工程，改善和提高河流水动力条件（图 5-1-6）。

（2）控沙提质模式

根据汇水特征、控源条件和系统治理路径，形成一条“串珠式河湖清”水系治理模式。首先恢复滨水湿地，与河道有机连通的“网状”水系格局，再针对滨水湿地来水水源条件制定系统治理措施。河水和中水通过前置塘（沉沙池）预处理和人工潜流湿地强化处理后引入表流湿地；市政雨水管道排口客水通过源头雨污分流改造和排口截流调蓄净化后引入表流湿地；地表径流通过生态草沟导流传输至雨水花园，滞留净化后溢流至表流湿地；湿地水系保持一定水力停留和跌水曝气，经物理、化学和生物作用控制水中泥沙、去除污染物，回补河道（图 5-1-7）。

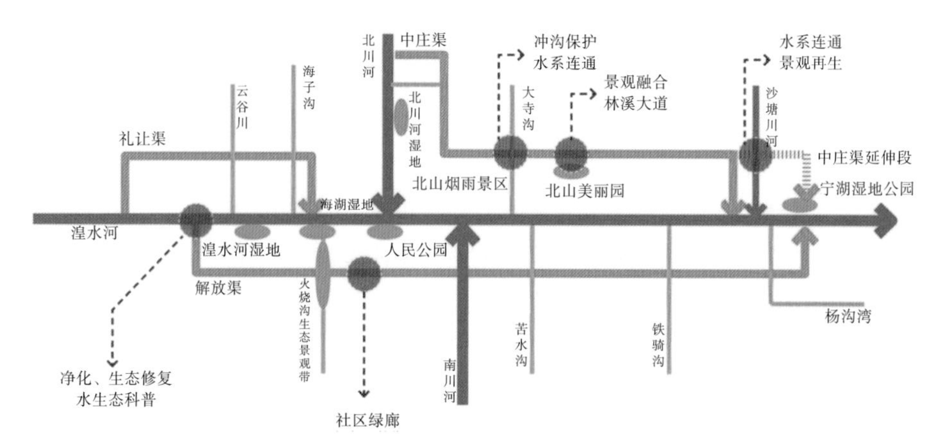

图 5-1-6 河湖库水生态廊道连通模式

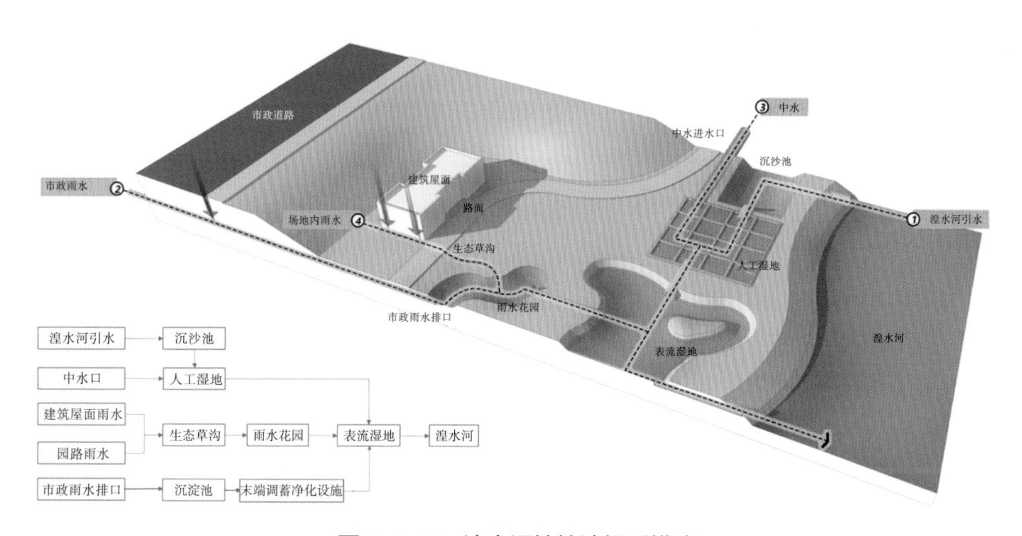

图 5-1-7 滨水湿地控沙提质模式

3 “润城”模式

“润城”模式通过源头海绵系统构建、中途雨污分流管网改造、水资源循环利用系统构建，实现“小雨润城、用排相宜”目标。在源头地块上，基于气候特征，顺应缓坡竖向优势，采用“增绿、截流、引导、多用”的技术方法，优化城市绿地空间，通过绿色基础设施科学组织地表汇流，采用雨水走地表、污水走地下方式完善雨污水收集系统，形成逐级汇流的地表雨水控制系统和集雨循环用水系统；过程道路上，衔接地块排口，消除雨污混错接管网，采用合流管作为污水管、新建雨水管推进市政雨污分流改造；末端排口通过截流净化管控出流水质，综合提升涉水基础设施，改善市民生活环境。

“润城”模式主要采用三大类型技术模式：源头减排控制、老旧小区海绵改造、非常规水利用（图 5-1-8）。

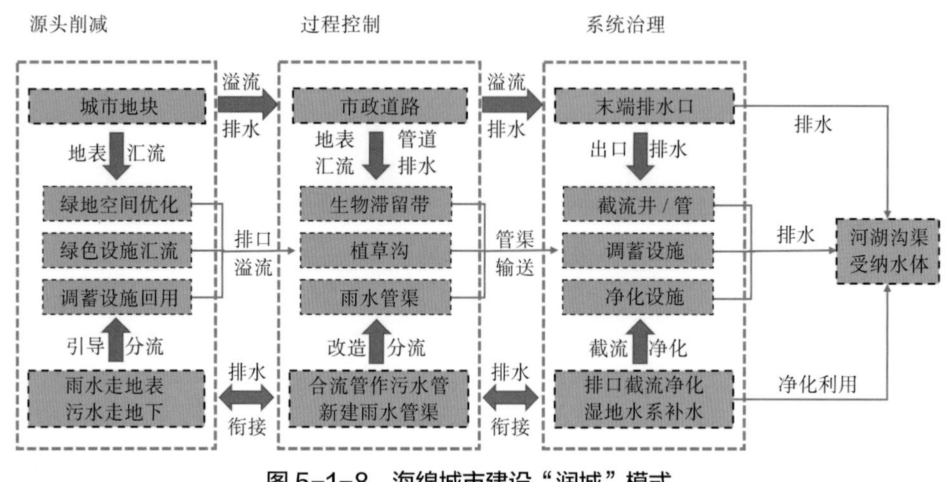

图 5-1-8 海绵城市建设“润城”模式

（1）源头减排控制

建立“源头截流、过程引导、末端蓄存、系统增绿”的源头减排系统，实施经济有效的地块建设指标控制：7—16mm 中小降雨控制（对应年径流总量控制率 65%—90%），实现雨水径流控制（图 5-1-9）。

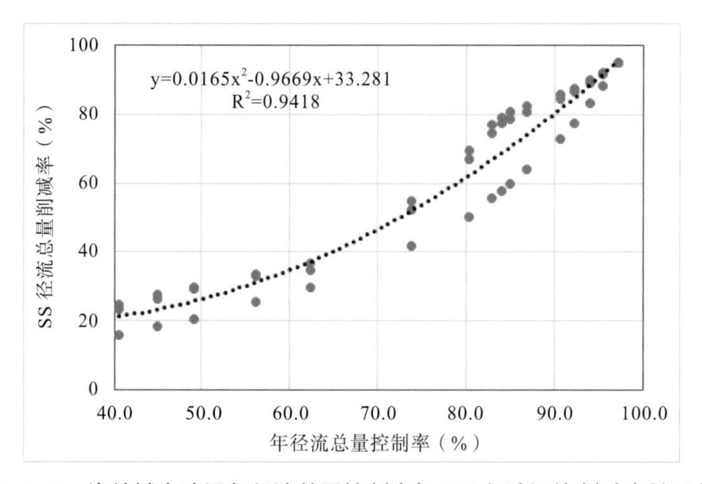

图 5-1-9 海绵城市建设年径流总量控制率与 SS 径流污染削减率关系曲线

（2）老旧小区海绵改造

根据地块竖向条件、空间结构和排水体制，创新老旧小区海绵改造模式。首先系统考虑小区破损路面状况，利用道路铺装修复工程调整竖向标高，以截流沟、导流槽形式，将屋面断接的雨水和路面雨水引至附近的雨水花园、下沉绿地，发挥雨水滞蓄功能，控制源头的中小降雨径流；利用带状绿地与竖向设计结合，打通带状绿地，布设植草沟代替雨水管网引导转输雨水径流，排水能力满足 2 年一遇设计降雨标准，有效节约管网投资；叠加分区汇流情况，将市政大竖向与小区小竖向相协调，小区末端合理布设绿地调蓄空间，最终以溢流方式排至市政管渠，整体消除暴雨期间发生内涝的风险。通过对地表径流的合理组织引导，形成雨水走地表、污水走地下方式的排水系统，实现老旧小区雨污分流（图 5-1-10）。

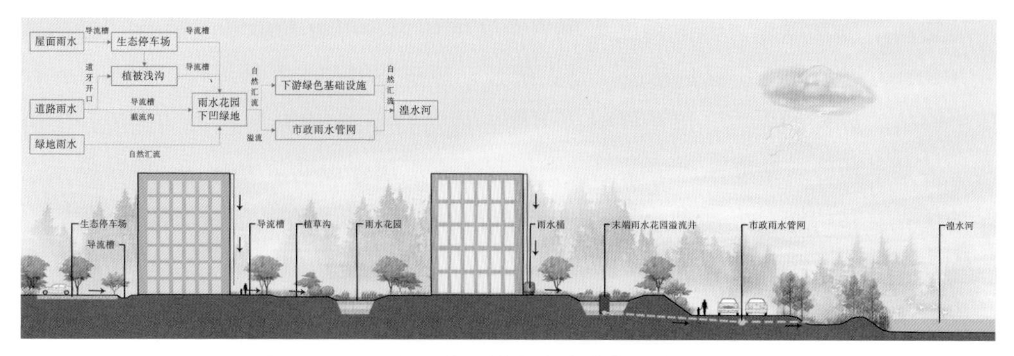

图 5-1-10　老旧小区地海绵改造表雨水径流组织

（3）非常规水利用

通过水资源供需平衡分析，合理分配雨水利用和再生水回用指标，通过建立雨水利用系统与再生水循环利用系统，利用调蓄塘、低影响开发设施、蓄水池、滨水湿地等滞蓄设施，用于市政杂用水、生态景观补水等，促进区域水资源的良性循环（图 5-1-11）。

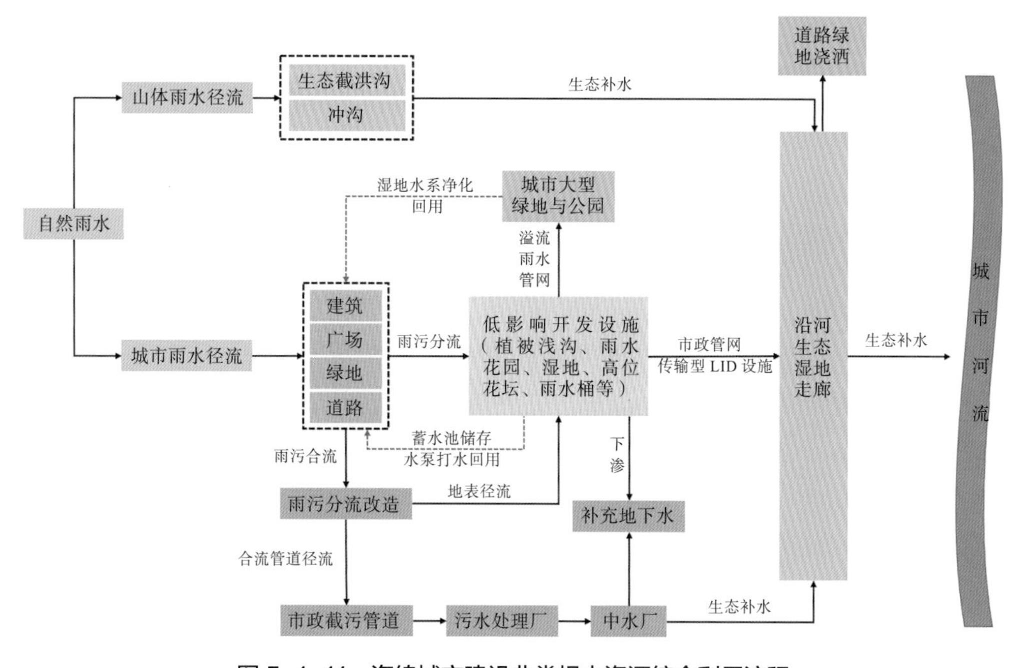

图 5-1-11　海绵城市建设非常规水资源综合利用流程

5.2 实施两大特色创新，明确海绵城市建设的发展导向和建设指南

5.2.1 加强体制创新，引领海绵绿色发展观

党的十八大以来，国家高度重视生态文明建设，习近平总书记指出：“绿色发展方式是发展观的一场深刻革命。要正确处理经济发展和生态环境保护的关系，像保护眼睛一样保护生态环境，像对待生命一样对待生态环境。”过去的传统开发给西宁带来了种种后遗症。西宁深刻领会加强生态文明建设的重大意义，将坚持生态保护优先、坚持绿色发展理念作为城市建设发展的根本原则。通过海绵城市试点，西宁收获绿色发展体制创新经验。

1 积累现代城市治理体系经验

在海绵城市建设中，由政府主导的传统建设方式转变为“EPC+ 绩效考核”模式，变革为花钱买服务，变执行为监管、变执行为考核、变执行为服务。

在西宁海绵试点工作过程中，考虑海绵建设实施便捷性，统筹汇水分区内各排水分区，以管控片区进行项目打包，按照“EPC+ 绩效考核”的方式，分区推进海绵建设，以第 1 排水分区第四污水处理厂“厂网一体化”模式推进 PPP 实施。探索出了“EPC+ 绩效考核”总承包海绵建设模式，统筹地上与地下、实施与监测，保障海绵建设目标达效（图 5-2-1）。

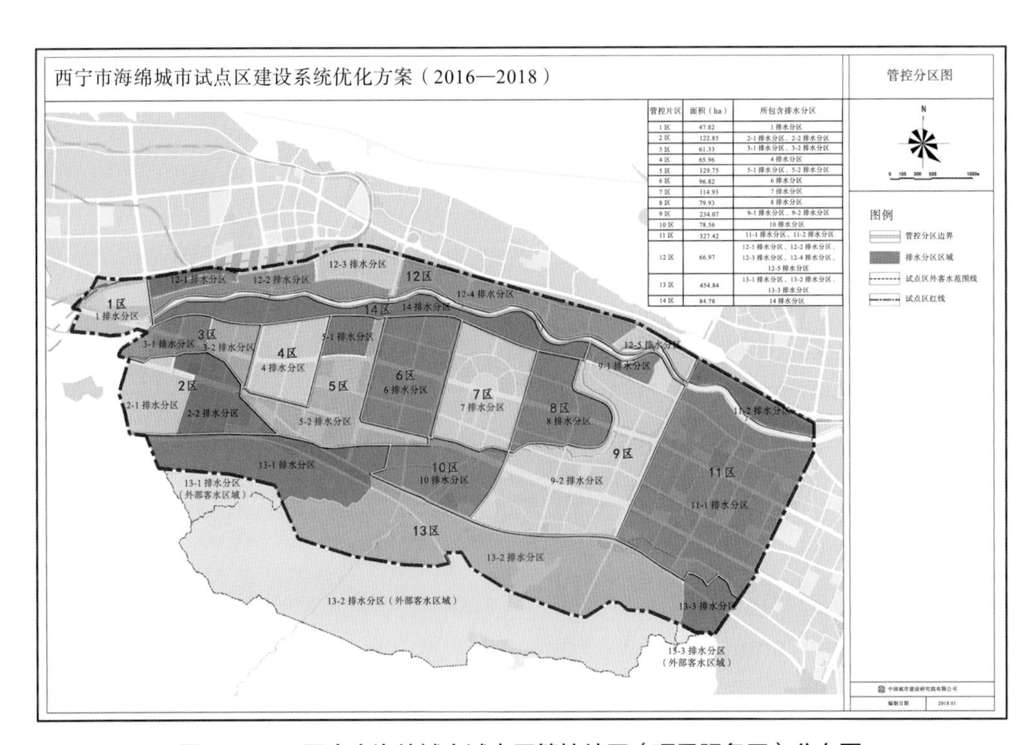

管控片区	面积（ha）	所包含排水分区
1 区	47.82	1 排水分区
2 区	122.85	2-1 排水分区、2-2 排水分区
3 区	61.33	3-1 排水分区、3-2 排水分区
4 区	65.96	4 排水分区
5 区	129.75	5-1 排水分区、5-2 排水分区
6 区	96.82	6 排水分区
7 区	114.93	7 排水分区
8 区	79.93	8 排水分区
9 区	234.07	9-1 排水分区、9-2 排水分区
10 区	78.56	10 排水分区
11 区	327.42	11-1 排水分区、11-2 排水分区
12 区	66.97	12-1 排水分区、12-2 排水分区、12-3 排水分区、12-4 排水分区、12-5 排水分区
13 区	454.84	13-1 排水分区、13-2 排水分区、13-3 排水分区
14 区	84.78	14 排水分区

图 5-2-1 西宁市海绵城市试点区管控片区（项目服务区）分布图

2 政府部门统筹协作的经验

以行政审批体制改革为核心，彻底转变以前对待项目分段评估、分段审批、分段监管、分段验收的状况，彻底优化政府审批流程，整合监管体制，提高项目管控效率。

为协调推动城市绿色发展，西宁市委成立了绿色发展委员会，制定了一系列支撑绿色发展样板城市的指导性文件，深入践行绿色发展理念。建立了海绵工作联席会议制度，将重要的海绵城市试点建设项目纳入西宁市重大项目调度会，统筹解决存在的问题；成立海绵城市建设管理服务中心，作为海绵城市建设长效管理机构；对全市域的海绵城市建设工作进行技术服务和现场督导，负责行业管理；同时，依托海绵办与海绵建设管理中心，建立了协调机制，从重大事项的决策、资金拨付、信息共享、经验交流与总结等全过程联络机制，做好海绵城市建设全域推进工作（图 5-2-2）。

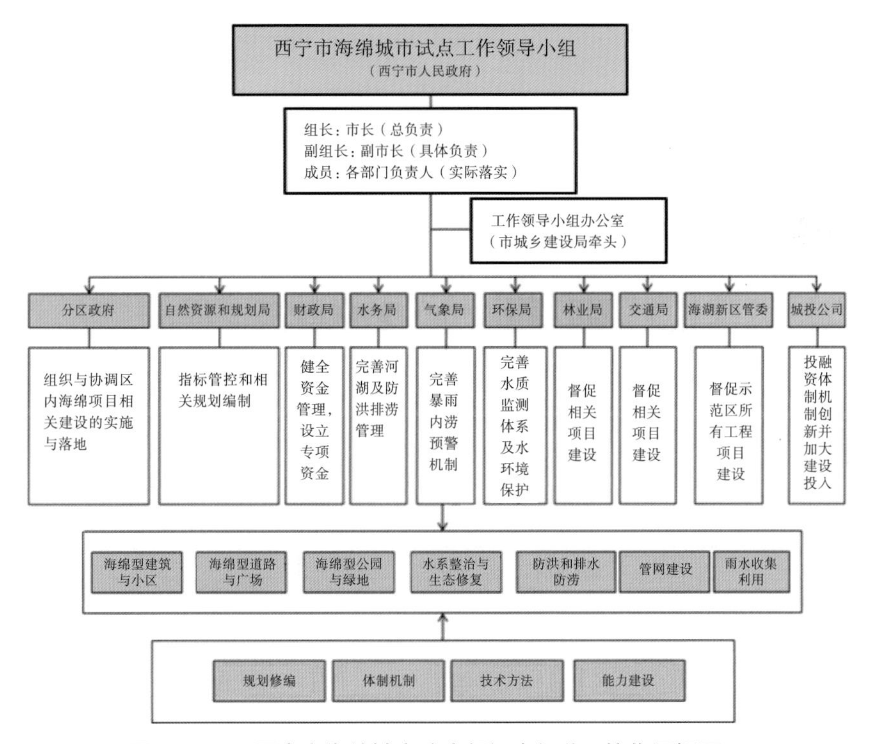

图 5-2-2　西宁市海绵城市政府部门责任分工协作逻辑图

3 宣传引领海绵建设一体化推进经验

通过宣传培训，不断提升海绵城市建设工作管理者的领导力、技术工作者的核心驱动力、广大百姓群众的推动力，夯实中小学生的后备力，共同推进海绵城市建设的一体化进程（图 5-2-3）。

西宁海绵城市试点建设通过“引进来”“走出去”，提供一个广阔的海绵平台，进行学术展示和宣讲，提升自身技术水平；通过开展进社区、进校园、进企业宣传教育活动，普及海绵理念，推广海绵技术，促进生态文明与绿色发展理念在全市党员干部、人民群众中深入人心（图 5-2-4）。

图 5-2-3　西宁市海绵城市“引进来”“走出去”学术展示和宣讲图

图 5-2-4　西宁市海绵城市进社区、进校园、进企业宣传教育活动图

4　发动群众、团结群众的基层工作经验

海绵城市建设过程不可避免地会对百姓日常生产、生活有短暂干扰，需要极大的理解和支持。通过各种方式形成全社会理解、支持、服务、建设海绵的良好氛围，把海绵城市建设作为密切党群、干群关系的平台和纽带。

5.2.2　重视技术创新，构建海绵系统建设观

海绵城市建设是一项复杂的系统工程，与单一工程项目相比，在目标设定、方案设计、工程实施、建设管理等方面都具有高度的复杂性。为充分发挥海绵城市建

图 5-2-5　西宁市试点区虎台小区海绵改造座谈会现场交流图

设综合效益，必须树立系统建设观，系统化推进海绵城市建设工作（图 5-2-5）。

1　海绵建设技术路径创新

针对西北地区典型的河谷地形特点，提出西宁市海绵城市建设将“治山・理水・润城”特色实践与“源头削减、过程控制、系统治理”系统思维相结合，将山体、水系等大海绵体，放在海绵城市建设首位，从山体的植树造林、水土保持、冲沟治理到城市地块的低影响开发建设、再生水回用、内涝点整治、排水管网完善，再到水系水质净化、渠道连通及生态驳岸建设，层层落实，创新实现西北半干旱河谷型城市海绵建设路径（图 5-2-6，图 5-2-7）。

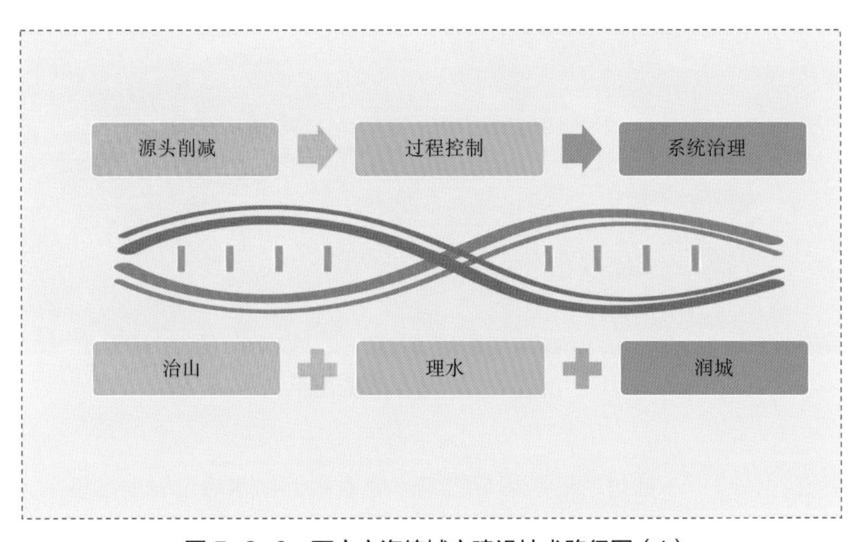

图 5-2-6　西宁市海绵城市建设技术路径图（1）

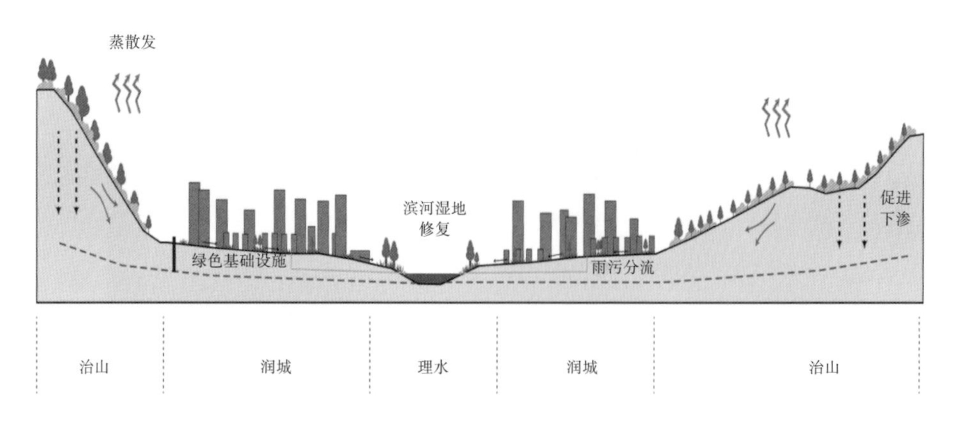

图 5-2-7 西宁市海绵城市建设技术路径图（2）

2 海绵建设技术方法创新

结合本地特殊的地理气候及生态条件，通过海绵试点建设经验积累，总结了“渗先蓄后、净滞结合、多用少排”的本地做法，并形成了“固土、截流、引导、增绿、多用”的本地化海绵技术方法。

“固土”——通过整地固土，营造微地形，拦蓄山地山坡面降雨径流和泥沙，达到蓄水保墒，防止水土流失（图 5-2-8）。

图 5-2-8 水平阶整地图

“截流、引导”——通过“截流、引导”措施，将有限的雨水通过绿地渗透至土壤中，就地自然灌溉回用（图 5-2-9）。

图 5-2-9　雨水截流引导图

“增绿”——通过增加绿地，降低场地径流系数，恢复绿色生态，改善人居环境；涵养水资源，减少绿地浇灌次数，增加绿色经济效益（图 5-2-10）。

图 5-2-10　生物滞留设施雨水设施图

“多用”——通过增加绿色基础设施或雨水调蓄设施，将集中的降水曲线，延伸为相对平缓的用水曲线，形成以集雨利用为核心的雨水循环利用系统（图 5-2-11）。

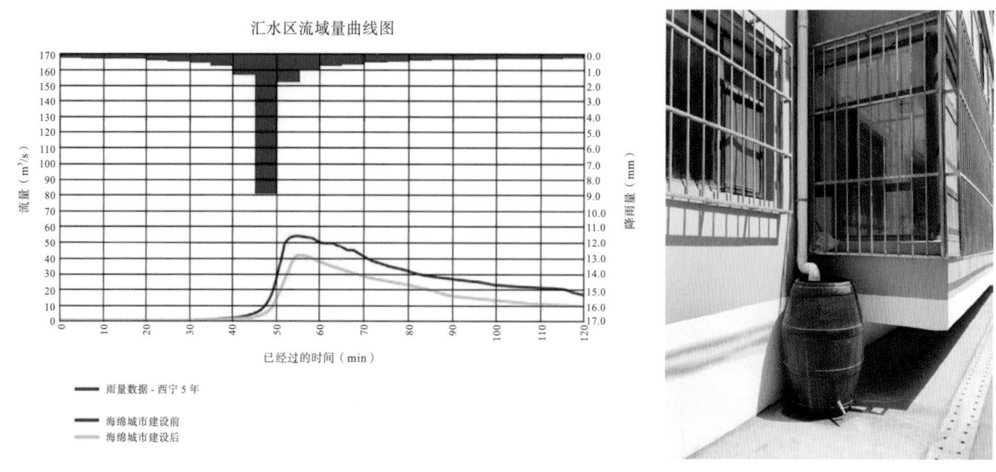

图 5-2-11　雨水调蓄设施图

3　海绵与管廊结合实施创新

针对西宁市内涝积水问题，创新海绵城市建设模式，将雨污水仓的理念纳入全市域地下综合管廊建设之中，将雨水引导至雨水仓，利用地下空间资源，系统构建大型海绵调蓄空间，提高城市综合承载能力，有效解决宁大路、八一路、朝阳路等城市主要道路易涝点问题，成为国内海绵城市建设中将雨水收纳与管廊建设融合的首创案例。

4　海绵设施关键技术参数创新

海绵城市建设试点过程中，针对半干旱地区降雨小、频次低，高海拔冬季寒冷的气候条件以及场地土壤湿陷性等建设条件制约因素，逐步总结和提炼了湿陷性黄土制约海绵设施做法、高海拔寒冷气候透水铺装防冻胀做法、适应多风沙气候的透水铺装材料和做法等一系列本土化的海绵设施技术参数，为西北半干旱地区和高原寒冷城市的海绵城市建设提供了良好的技术借鉴。

（1）山地水土保持建设参数

针对西北地区山体沟道特征，总结了西北地区山地海绵化整地类型、整地规格参数、整地方式拦蓄径流和泥沙能力的相关技术参数，形成了《西宁市山地海绵化整地技术要求（试行）》。

（2）湿陷性黄土防渗做法参数

针对湿陷性黄土分布的场地特点，西宁海绵城市设计导则和图集中明确，海绵城市建设中对湿陷性黄土路基除了采用防止地表水下渗的措施，还需采取冲击碾压法、强夯法、挤密法、预浸法、化学加固法等方法因地制宜进行路基处理。建筑与小区海绵建设中，明确建筑物 5m 之内的下沉式绿地等生物滞留设施需铺设防渗土工膜，并形成了“防水土工布＋砾石层＋导流盲管”的设施底层做法。

（3）雨水花园结构层参数

通过不同雨水花园结构蓄水、蒸发实测对比筛选，提炼出适用于西宁地区雨水花园“200厚Φ30—40碎石排水层，200厚锯末层，450厚种植土层”优选结构做法。总结形成湿陷性黄土地区适用透水铺装结构选型。从上至下依次为“透水路面层＋透水层＋隔水垫层＋基层”的半透水结构，是西宁地区适用的透水铺装优选做法，其中关键结构隔水垫层优选8%—12%的水泥土，压实度≥90%。

（4）透水混凝土性能参数

混凝土的抗冻性能是影响混凝土使用寿命的主要因素。因此，透水混凝土在高寒地区的使用受到一定程度的限制。西宁海绵试点过程中，利用粉煤灰具有的形态效应和微集料效应，可以有效改善透水混凝土的工作性能，提高透水混凝土的致密度，从而改善透水混凝土的力学性能、渗透性能和抗冻性能的特点，形成了高原高寒地区透水混凝土的改良技术，对比提出了粉煤灰15%的优选掺量配比。针对高海拔寒冷气候透水铺装防冻胀做法参数，透水混凝土形成了粉煤灰15%的优选掺量配比等做法。

5.3 构建五项支撑保障，促进海绵城市建设工作高质量发展

5.3.1 加强组织保障，建立海绵建设全面协调机制

立足新时代、新使命，市委市政府认真践行新发展理念，深入贯彻青海省委省政府关于“算好绿色账、走好绿色路、打好绿色牌，建设美丽西宁、服务全省人民”的要求，紧抓“生态优先”与“发展率先”两个关键，牢固树立绿色发展的价值取向，围绕“一优两高”战略部署，进一步明确“打造绿色发展样板城市，建设新时代幸福西宁”的发展目标，不断加强海绵城市建设的组织机制建设，形成强有力的组织保障体系及准确到位的协调机制。海绵试点期内，西宁市整合了全市各方力量，充分调度和利用了各项资源，助力保障海绵城市试点建设工作的顺利推进。

1 设置绿发委，建立有效协调联动工作机制

深入践行绿色发展理念，西宁市委成立了绿色发展委员会，统筹拟订全市绿色发展战略、总体规划、年度计划并组织实施，指导和督促相关部门及各县（区）推进绿色发展工作，承担全市绿色发展目标任务考核工作。绿发委的成立有效推动了海绵城市建设与城市绿色发展的统筹协同，形成了市级层面的整体联动机制。

2 成立市海绵领导小组，高位推动海绵建设工作

成立市长为组长，副市长为副组长，各相关单位主要负责人为成员的领导小组，在市城乡建设局设立领导小组办公室，统筹开展海绵城市试点建设工作。建立海绵工作联席会议制度，将重要的海绵试点建设项目纳入市重大项目调度会。

3　成立海绵管理服务中心，建立海绵长效管理体制

西宁成功入选第二批试点城市后，市委、市政府高度重视，经研究后批复成立西宁市海绵城市建设管理服务中心，为全额事业单位，主要职责是统筹协调全市海绵城市建设，完善相关法规政策和技术标准制定，总结海绵城市试点建设经验，培养人才，推广技术，引导全市海绵城市建设。通过三年试点建设，海绵中心作为长效管理机构，充分发挥行业管理部门的作用，在全域内推进海绵城市建设。

5.3.2　完善标准编制，形成海绵建设全程技术保障

西宁市海绵城市试点建设期间，一直注重地方海绵标准规范的编制工作，为提高海绵项目规划设计水平，先后编制完成《西宁市海绵城市建设设计导则（试行）》DBJT 26—53、《西宁市海绵城市建设设计导则——低影响开发雨水设施图集（试行）》、《西宁市道路建设工程指导意见》、《西宁山地海绵化整地技术要求（试行）》和《青海省湿陷性黄土地区透水铺装施工技术规范》2019-ZD-105 等相关技术指导文件；为指导海绵城市建设项目施工及验收，编制完成《低影响开发雨水系统设计、施工及质量验收规范（试行）》DB63/T 1608—2017；为规范西宁地区低影响设施养护方法，保障相关设施的正常运营，编制《西宁市低影响开发雨水设施运营维护手册》，在海绵城市规划、设计、施工、验收、绩效考核、运行维护等各个环节进行全方位的标准管控，并结合试点建设过程中工程实践开展《低影响开发雨水系统设计、施工及质量验收规范》DB63/T 1608—2017、《西宁市低影响开发雨水设施运营维护手册》修编工作，根据试点建设中后期海绵城市设施运行监测数据及湿陷性黄土特征条件下设施结构的创新型探索，编制了《西宁市海绵城市建设标准图集》（青 2019S101）。

结合海绵建设过程的不断推进，其标准规范的编制成果也在持续更新完善。为海绵城市建设形成全程技术保障，切实解决了海绵城市建设过程中无规划设计引导、无图集参考、竣工验收无标准可依、交付使用后无人管理的问题。

5.3.3　加强科研创新，夯实海绵建设科学发展基础

为提高西宁海绵城市建设科学性和技术适用性，西宁市联合高校和科研院所开展了大量基础研究，形成了地方特色的科研支撑体系。

1　开展场地多要素基础研究，提升规划方案合理性

结合海绵试点工作，修编了西宁 1998 年版的暴雨公式，提升雨水基础设施工程设计的合理性，进行海绵设施本地适用植物选型专题研究、试点区土壤本底测试研究、海绵城市试点区蒸散发等场地多要素的基础研究，相关成果提升了海绵规划设计方案的合理性。

2　开展本地海绵设施应用技术研究，增强设施针对性

西宁市结合西北地区地势特点，开展西宁山地海绵化整地技术研究、湿陷性黄

土地区透水铺装施工技术研究、湿陷性黄土降雨入渗现场模拟试验研究、雨水花园基质层选择实验研究、城市道路海绵设施应用关键技术研究，相关研究结论优化了西宁海绵设施参数，促进海绵城市建设技术本土化。

3　开展本地海绵设施植物选型研究，优化海绵设施植物配植

已有野生物种引种和繁育、露地耐阴地被植物资源调查与应用、观赏草的引种及景观应用和推广，以及乡土观赏植物驯化、繁育和示范栽培技术研究基础上，结合西宁海绵城市建设设施结构特点，进行植物选型研究，最终形成适用于本地的《西宁市海绵城市建设植物应用导则》，支撑西宁市海绵城市建设。

4　开展试点区系统监测，支撑海绵建设量化分析

按照海绵城市绩效考核要点要求，西宁开展了海绵设施、地块排口、市政雨水总排口流量和 SS 的监测，为试点区雨水径流量控制、初雨 SS 削减提供定量化数据；开展径流污染特征专题研究，为本地下垫面污染源、水体断面水质情况提供定量化数据；通过对试点区水文过程专题研究，探索西宁海绵建设过程蒸发、入渗、蓄存和径流过程变化，为海绵效益评估提供数据支撑。

5.3.4　实施共同缔造，打造海绵城市建设共建共享模式

结合城市老旧基础设施提升，落实"海绵 +"理念，全力打造海绵城市建设共建共享模式。海绵试点建设期间，把群众需求放在第一位，试点区海绵建设中针对老旧小区雨污合流、路面破损、公共设置配套不够、居住环境不佳等问题，结合海绵改造提供"一站式"解决方案，改造老旧小区 80 余个；改善既有公共设施，建设多种形式的绿色生态停车场，缓解停车难的压力；实施破硬增绿工程，提升城市绿化水平，美化和改善居民的居住环境，获得 10 万余百姓点赞。项目建成后，达到"小雨不积水，大雨不内涝，热岛有缓解"的海绵建设目标，实现"景美路平，设施完善"的海绵民生目标，让群众切身享受海绵城市建设带来的变化，逐步提高了居民尊重自然、呵护生态的意识，使得海绵城市理念深入人心，西宁市海绵城市文化、海绵城市精神得以升华。

5.3.5　培育海绵产业，大力推动城市传统产业战略转型

随着城市快速发展，西宁城镇化率已达 72.1%，保护和拓展现有的生态基础，着力转变城镇发展理念，更好地服务和支撑全省生态文明建设，生态保护优先，已成为新时代城市高质量发展和新型城镇建设的着力点。海绵城市试点过程中，不断拓展海绵产业涵盖领域，促进城市产业战略转型。

（1）制定海绵产业培育政策

准确把握绿色发展从静态保护升级为动态保护的趋势，探索经济生态化和生态经济化路径，以海绵城市产业培育加快形成绿色发展新动力，在绿色低碳循环的道

路上推动产业转型升级，实现对生态环境最根本、最有效、最持久的保护。制定了《关于促进海绵城市绿色建材产业发展的指导意见（试行）》（宁建2019[89]号），对本地海绵产业的培育和发展提出了一系列海绵产业培育政策与具体措施，鼓励创新规划设计方法、施工工法和技术产品，大力培育海绵建材产业。

（2）优化调整产业发展模式

坚持扩大投资拉动，通过海绵产业发展调整优化投资，特别是公共投资结构，更多投向涉及公众普遍利益和长远利益的公共产品领域，增强绿色发展的全面性、协调性、可持续性。强力推进供给侧结构性改革，围绕“三去一降一补”重点任务，狠抓“1+N”改革方案落地见效。将海绵相关产业作为培育新兴产业、现代服务业等一个经济增长点，打造高新技术产业、特色优势产业集群的规模集聚效益。先后孵化了适合高原地区的产品企业7家，注册资本总计达到3.4亿元。

5.4 弘扬一种尕布龙精神，促进海绵城市在高原明珠扎根开花

习近平总书记特别指出青海最大的价值在生态、最大的责任在生态、最大的潜力也在生态，对青海发展提出了“四个扎扎实实”“建设富裕文明和谐美丽新青海”重大要求。西宁地处黄土高原和青藏高原的接合部，在全省生态建设中承担着引领和示范责任，建设海绵城市是践行生态文明建设先行先试的重要支撑。

自古以来，西宁各族人民在河湟谷地兴修水利、屯田灌溉、密植林木、营城理水屯田的探索延续千年，造就了独具高原特色的河湟文化。改革开放以来，我们始终坚持城市建设与生态治理同步，持续发力改善人居环境，主城周边植树造林30万亩，治理水土流失2300km^2，全市森林覆盖率达32%，建成区绿化覆盖率达40.5%，人均公园绿地面积12.5m^2，建设水窖1.12万处，水库29座，生态文明建设的脚步一刻也未停歇。“惜水爱绿”已成为西宁社会的共识和人民群众的自觉行动，涌现出以尕布龙为代表的一批用毕生精力来建设大美青海、保护大美青海人，为海绵城市建设提供了良好基础和开展工作的沃土。

贯彻创新协调绿色开放共享的发展理念，打造山清水秀的生态空间，宜居适度的生活空间，把好山好水好风光融入城市，建设人与自然和谐共处的“幸福西宁”是西宁海绵城市建设的初心。把山水林田湖草作为城市生命体的有机组成部分，建设自然积存、自然渗透、自然净化的海绵城市，是建设新时代绿色发展样板城市和幸福西宁的重要使命。弘扬尕布龙精神，不忘西宁发展的初心和使命，一波接着一波干，一处接着一处推，用“钉钉子精神”和“工匠精神”，去培养海绵城市的青海本色和百姓底色，以扎扎实实的工作让海绵城市在高原明珠扎根开花。

第6章

典型案例

6.1 “治山”案例

6.1.1 西宁市园林植物园海绵化改造及景观提升项目

西宁市园林植物园作为城市山体公园，本次海绵化改造及景观提升项目属系统治理工程，旨在将植物园建设成为具有高原特色的旅游文化休闲型生态山林绿地，以保护高原森林为基础，兼顾植物园生态景观和森林游赏需求，突出山体公园的大海绵体建设（图 6-1-1）。

图 6-1-1　西宁市植物园总平面图

1 现状基本情况

（1）区位

项目位于西宁海绵城市试点区东南角，坐落于西山脚下，西接西山林场，北靠解放渠，东南两侧均与大南山生态山林相连，处于大南山与北部城市建成区的过渡地带，占地面积 66.67hm^2（图 6-1-2）。

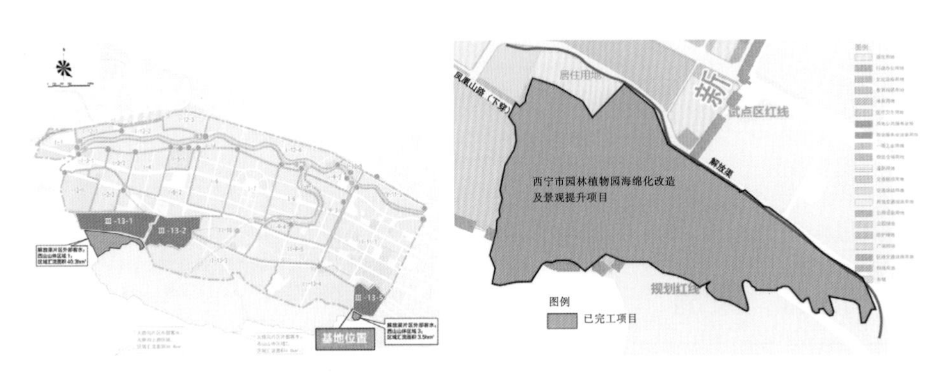

图 6-1-2 植物园区位图

（2）用地与交通

园区用地均为城市公园绿地，北侧为老城居住区，东、西、南三侧均为山林。东西向十二号路紧邻园区北侧，南北向新宁路与十二号路相接，直通植物园主入口，东侧次入口主要连通观光塔“浦宁之珠”，园区内部有顺应地形的 4m 宽登山道，西侧可通往西山及动物园。公园生态环境优势明显，游客量大，交通可达性良好。

（3）场地自然条件

①气候

属高原大陆性半干旱气候，年均降雨量为 410mm，年均蒸发量为 1212mm，年均气温 6.0℃，年均风速 1.65m/s，植物生长期在 190—220 天，年日照时数在 2431—2667h。降水主要集中在 5—9 月，占全年降水量的 60%—80%；20mm 以下的日降雨频次约 93.9%，年均暴雨日数 1.4d，历史最大日降水量 62.2mm。

②地形竖向

整体地势西南高、东北低，地形高差大，最高海拔 2497m、最低海拔 2291m；可分为山上和山下两部分，山下部分相对较平坦，坡度 1°—15°，山上则多为台地式陡坎，坡度大多超过 16°，局部冲沟两侧可达 50° 以上；坡向以北坡、东北坡、西北坡为主，植物生长条件良好。场地内存在 4 条较发育的冲沟，尤其西部的两条坡降高差均大于 100m，最大的冲沟跨度达 45m（图 6-1-3）。

③土壤地质

表层植被土，层厚 0.7—0.8m，基层自重湿陷性黄土，层厚 8.7—12.7m，土质均以粉土为主。用地范围内存在自重湿陷性黄土，湿陷等级Ⅱ - Ⅳ级，发育程度中等，

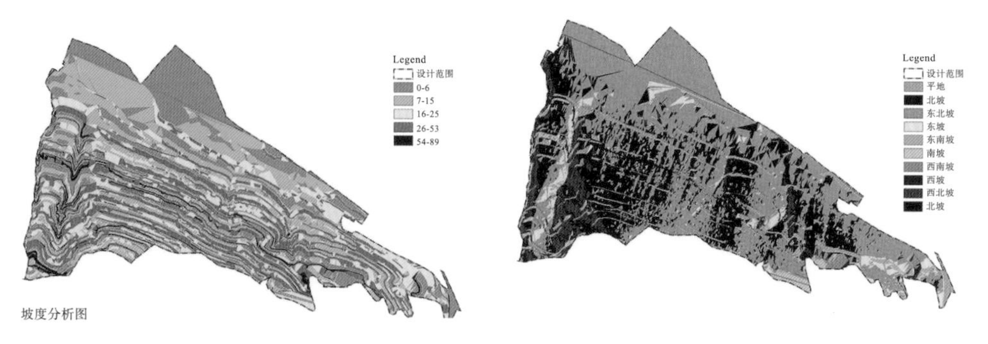

图 6-1-3　坡度与坡向分析图

危害程度中等。地下水位埋深较深，约 10—20m。

（4）场地建设

园区内植物绿荫成林，山上为林区，山下为 6 个植物专类园；园区道路为水泥路面，分为主路和游览支路；园区建筑体量较小，集中位于入口服务区，东侧山地建设有多功能电视观光塔“浦宁之珠”。下垫面统计：对植物园场地地形图分析，结合现场踏勘，园区主要为绿地，约占 84.32%，其余为建筑屋面 1.23%，铺装道路 9.20%，水体 0.15%，裸土 5.10%；综合雨量径流系数为 0.30。较高的绿化率为海绵化改造提供良好的本底条件（图 6-1-4）。

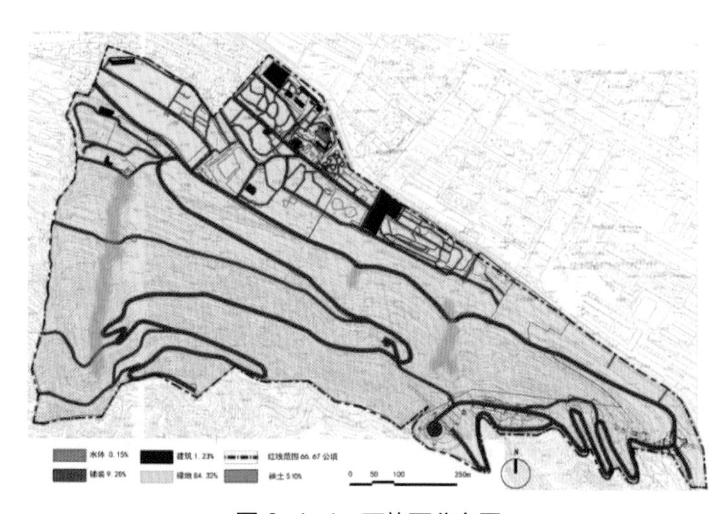

图 6-1-4　下垫面分布图

（5）灌溉和排水设施

园区入口处建有泵站，从解放渠抽水至山顶水池，由水池重力供水至灌溉渠系或管网，大部分林地范围已覆盖，主要以漫灌和人工浇灌等粗放式用水方式为主。场地雨水以散排为主，局部设置排水管渠系统，主要包括排灌渠、冲沟和排水管网，雨水最终排至解放渠。入口服务区采用分流制排水系统，生活污水均排至市政污水管网。

总体上，项目已形成一定的生态基底和景观效果；进行海绵化改造的条件较好，目标易于实现。

2 问题与需求分析

（1）海绵问题

①水生态问题

山体生态脆弱，水土流失严重：园区内山体局部林地配置布局不合理，生态效益发挥不足。经现场踏勘，园区植被存在林相单一、植被衰退、局部土壤裸露，部分山林水平阶年久失修，林地水土保持、水源涵养能力降低。经计算，园区内年均土壤侵蚀量约1667t/a，水土流失较为严重。

②水资源问题

水源涵养能力差，水资源浪费：西宁市水资源相对匮乏，园区内年均绿地浇灌用水量约21万m^3，用水量较大，灌溉用水取自解放渠，增大地表水资源开发利用率，缺乏雨水资源收集利用。园区内大部分林地已覆盖灌溉渠系或管网，主要以漫灌和人工浇灌等粗放式用水方式为主，水资源集约式利用方式不足。

③水安全问题

存在山体冲沟安全隐患及山洪威胁：山体汇流面积较大，30年一遇设计雨水量约为1.9m^3/s，流量较大。现状4条山体冲沟纵比降较大，滞蓄水能力差，暴雨时易造成沟槽冲刷和水土流失；山体缺少完善的排水管渠、截洪沟和雨洪行泄通道，易对山下建筑和人员安全造成潜在威胁。

（2）海绵+景观问题

山体林相单一，地被长势不佳，缺乏植物景观特色；公园缺少休憩游览设施。

3 设计目标

根据上位规划“治山”的海绵城市建设方案，对公园所在的排水分区进行指标分解，形成水生态修复、水资源涵养和水安全保障的建设指标体系（表6-1-1）。

建设指标体系表　　表6-1-1

目标分类		建设指标	数值
治山	水生态修复	山体林木覆盖率	≥85%
		山体水土流失治理比例	≥80%
	水资源涵养	年径流总量控制率/对应设计降雨量	98.0%/27.2mm
	水安全保障	山体冲沟防洪标准	30年一遇

4 海绵设计

本方案将水生态、水资源、水安全方面多项技术策略集成为“治山”的实施策略，在此基础上实施设计各项工程措施；在工程措施满足技术目标的前提下，对水生态、水资源、水安全目标进行复核，对多项措施进行合并、精简、优化，最终确保工程项目满足多目标达标（图 6-1-5）。

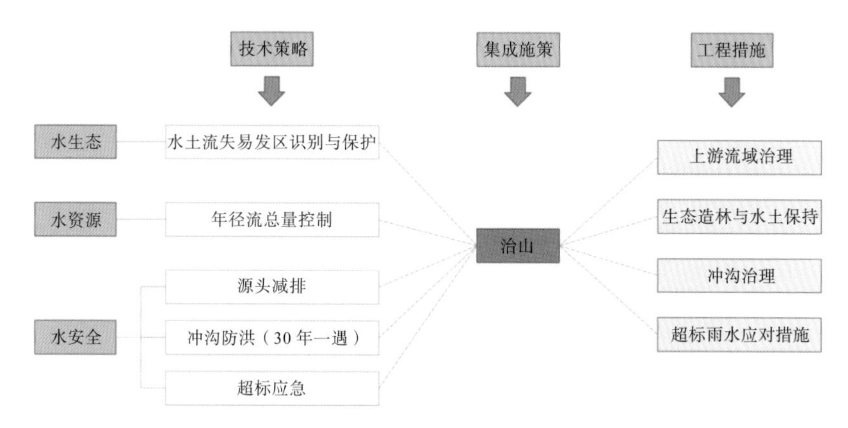

图 6-1-5　海绵城市建设实施路线图

（1）总体设计方案

①生态绿地营建方案

针对西宁植物园植被现状，在提升改造中强化植物景观主题，方案通过疏林草地、密林、沟谷、台地和温室 5 类植物景观提升改造，合理配置乔、灌、草，提高园区内林木覆盖率（图 6-1-6）。

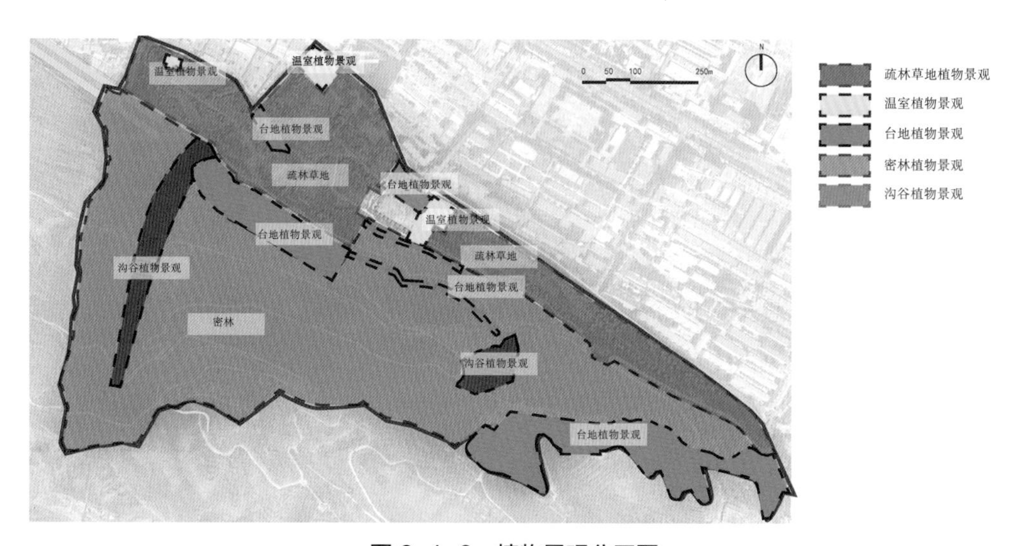

图 6-1-6　植物景观分区图

②海绵化改造方案

通过“源头削减、过程控制、系统治理”的系统化海绵改造建设路径，打造综合型海绵绿地，重点提升绿地水土保持和雨水蓄渗净化的生态功能。源头通过修复改造鱼鳞坑、水平阶的整地方式以及修复低势绿地、生态边坡、透水铺装，强化对坡面雨水径流的就地拦蓄利用与生态回补，实现雨水调蓄与水土流失治理；过程通过改造生态边沟、截流沟和过路管涵实现坡面径流的转输和过滤净化；系统通过治理冲沟，设置多级跌水缓冲塘，实现雨水调蓄和山体冲沟防洪（图 6-1-7）。

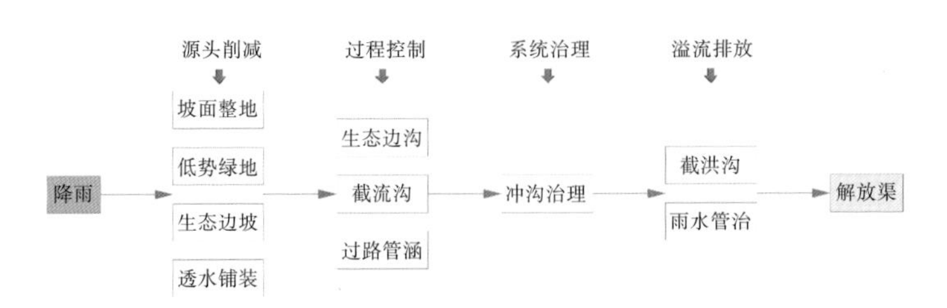

图 6-1-7　海绵化改造技术流程图

③雨水利用与节水灌溉方案

通过上述海绵化改造方案，实现坡面雨水生态回补和绿地灌溉。同时，在山下较平坦的疏林草地区域，设置自动喷灌系统，进行节水灌溉，有效利用水资源。

④山体冲沟治理方案

针对园区内 4 条现状冲沟，采取工程措施与植物措施相结合的防治策略。工程措施主要通过设置多级跌水缓冲塘，以达到减缓沟头扩张、减缓沟道纵坡、降低山洪流速、防止水土流失和净化调蓄雨水径流的目的，末端超标雨水溢流排放。植物措施可分为两类：一类为防火隔离带，通过减少乔木种植、形成火灾中断区，位于植物园与外围西山林场交界处的冲沟；一类为沟谷植被景观带，形成特色景观节点。同时，完善雨水管渠系统，将超标雨水排至解放渠。

（2）分区详细设计

①汇水区划分

基于园区地形高程和排水设施布置情况等因素，针对雨水径流路径，植物园划分为 6 个汇水区（图 6-1-8）。

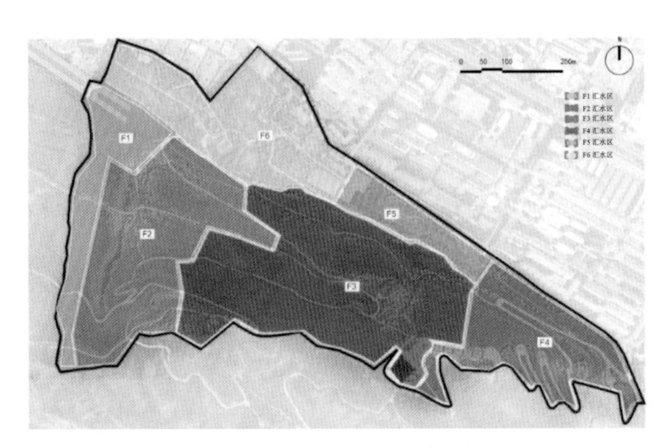

图 6-1-8　子汇水分区划分图

②海绵设施选择

采用的海绵设施包含坡面整地（水平阶和鱼鳞坑）、生态边坡、低势绿地、透水铺装、生态边沟、过路管涵、截流沟、冲沟治理（石笼和调蓄塘）、截洪沟、雨水管10类。

坡面整地（水平阶和鱼鳞坑）：对山体坡面整地后进行植被修复，作为分散的源头控制措施，实现对雨水径流的就地拦蓄利用与生态回补。

生态边坡：对边坡进行覆绿或挡墙维护，减缓水势，防止冲刷。

低势绿地：现状建筑周边和山体坡脚处的平缓地带，绿地标高略低于周边园路，形成低势绿地，可对建筑屋面及周边园路雨水进行消纳。

透水铺装：停车场采用植草砖，园路采用透水砖，减少雨水径流。

生态边沟：在缓坡登山道一侧设置生态边沟，截流并转输上部坡面径流。

过路管涵：根据地形坡度在生态边沟低点处设置过路管涵排水至下部坡面，进一步截流和调蓄。

截流沟："浦宁之珠"广场设置截流沟，收集雨水排至下部坡面进行截流和调蓄。陡坡登山道设置截流沟（间隔约50m），截流道路雨水排至下部坡面进行截流调蓄。

冲沟治理（石笼和调蓄塘）：在冲沟发育地带砌筑石笼谷坊，形成多级调蓄塘，并结合植物种植，达到减缓流速、防止冲刷、跌水消能的目的。

截洪沟：山脚处设置截洪沟，对建筑和人员安全进行保护。

雨水管：超标雨水经雨水管排至解放渠。

③雨水系统技术流程图（图6-1-9）

④径流组织与设施布局（图6-1-10至图6-1-12）

⑤达标校核

山体林木覆盖率≥85%。项目水平阶整地、鱼鳞坑整地和低势绿地的改造规模分别为44.07hm^2、2.32hm^2、11.78hm^2，实现园区内林木覆盖率达87%。

山体水土流失治理比例≥80%。按照《西宁市山地海绵化整地技术要求》不同整地方式拦蓄径流泥沙能力分析，得出各子汇水区山体整地控制的土壤侵蚀量（表6-1-2）。

坡面径流土壤侵蚀控制量计算表 表6-1-2

子汇水区	F1	F2	F3	F4	F5	F6	合计
单个鱼鳞坑控制地块上部汇流坡面土壤侵蚀量（m^3）	0.0303	0.0303	0.0303	0.0303	0.0303	0.0303	
鱼鳞坑数量（个）	906	2094	0	0	0	0	
单个水平阶控制地块上部汇流坡面土壤侵蚀量（m^3）	0.008	0.008	0.008	0.008	0.008	0.008	
水平阶总延m（m）	14722	34018	56986	20619	8541	22747	
山体泥沙密度（kg/m^3）	1600	1600	1600	1600	1600	1600	
整体坡面径流土壤侵蚀控制量（t/a）	232	537	729	264	109	291	2163

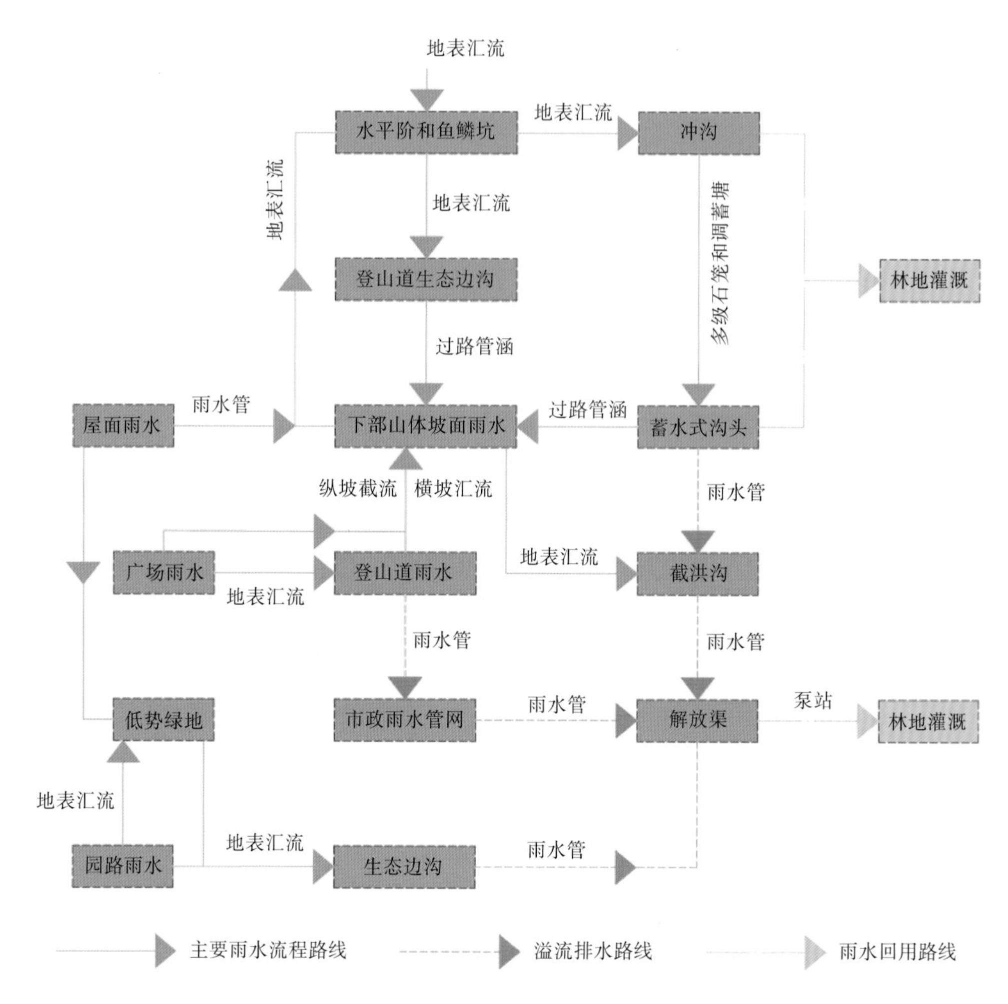

图 6-1-9　雨水系统技术流程图

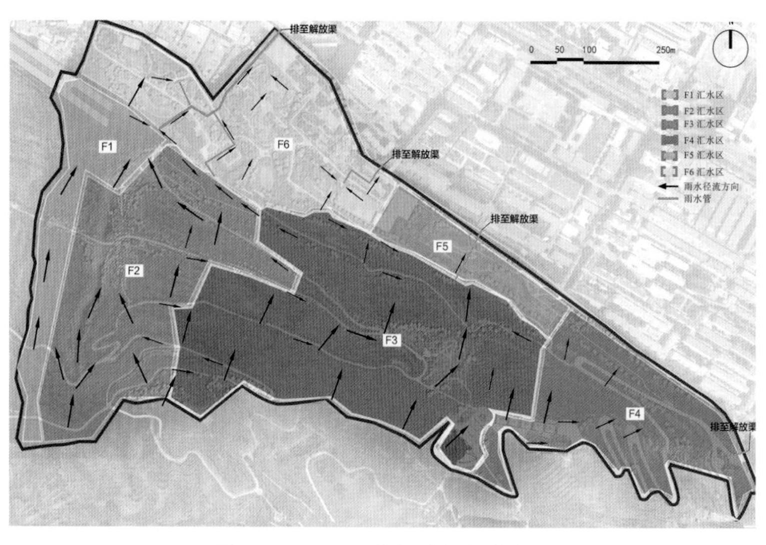

图 6-1-10　雨水径流组织路径图

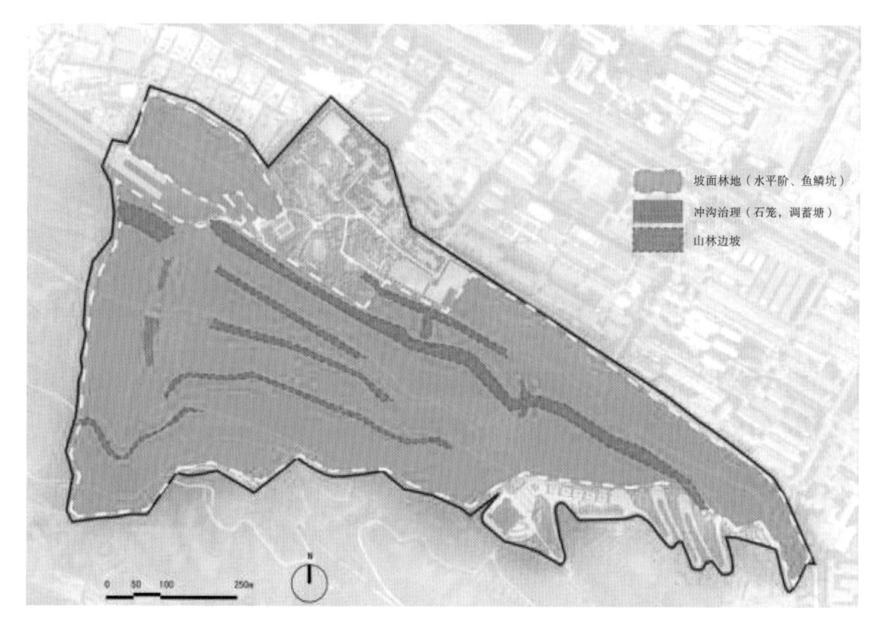

6-1-11 海绵设施布局图（一）

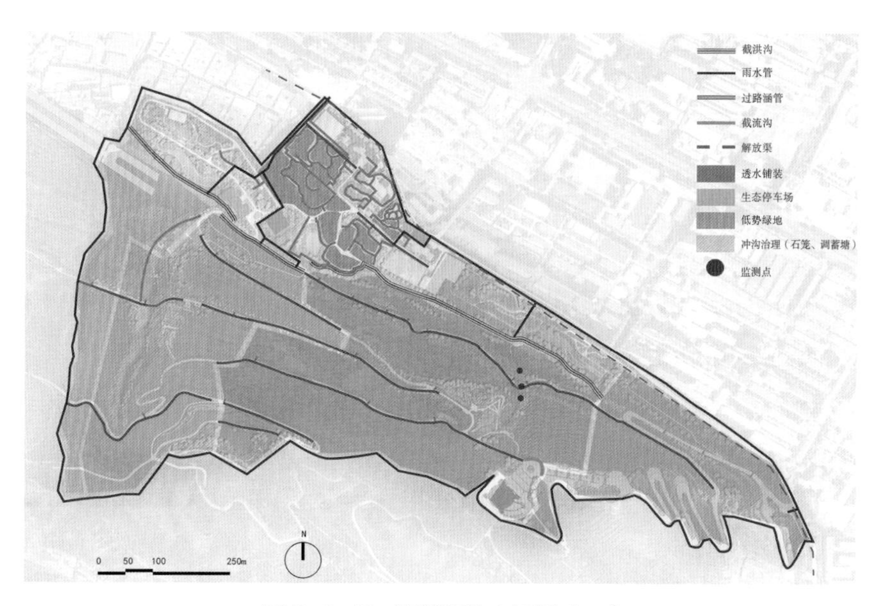

图 6-1-12 海绵设施布局图（二）

经核算，项目坡面径流土壤侵蚀控制量为 2163t，按照《西宁市南北山土壤侵蚀风险评价研究》，项目山体年均侵蚀模数取 2500t/（km^2 · a），得出公园年均土壤侵蚀量为 1667t，项目水土流失治理达标率计算：η=2163/1667 > 1，故 η 为 100%。

年径流总量控制率 / 对应设计降雨量≥ 98.0%/27.2mm。按照《西宁市山地海绵化整地技术要求》中不同整地方式拦蓄径流能力分析，得出各子汇水区山体整地控制的径流量（表 6-1-3）。

海绵化整地坡面径流控制量计算表　　表 6-1-3

子汇水区	F1	F2	F3	F4	F5	F6	合计
单个鱼鳞坑控制地块上部汇流坡面径流量（m^3）	0.116	0.116	0.116	0.116	0.116	0.116	
鱼鳞坑数量（个）	906	2094	0	0	0	0	
单个水平阶控制地块上部汇流坡面径流量（m^3）	0.034	0.034	0.034	0.034	0.034	0.034	
水平阶总延 m（m）	14722	34018	56986	20619	8541	22747	
整体坡面径流量（t/a）	606	1400	1938	701	290	773	5708

经核算，项目海绵化改造调蓄容积 5708m^3，项目汇水面积 666700m^2，综合雨量径流系数 0.28，按照《海绵城市建设技术指南——低影响开发雨水系统构建》中容积法计算公式，反推所达到的设计降雨量为 31.7mm，可得项目年径流总量控制率为 98.9%。各项指标均达到上位规划海绵城市建设指标要求。

5　项目建设成效

生态效益：充分发挥山体公园“海绵”效应，实现水生态修复、水资源涵养和水安全保障与景观提升的综合目标。

社会效益：充分发挥城市公园休闲娱乐、观光游览、科普交流功能，对城市生态文明建设、市民生活环境改善具有促进意义。

经济效益：利用山地公园的生态和景观资源，发展高原生态旅游，带动经济增长。

6.2 “理水”案例

6.2.1　湟水河湿地公园海绵化改造及景观提升项目

1　项目基本情况

西宁市湟水河湿地公园位于西宁中心城区西部海湖新区，东起文博路西侧湿地水域，西至湟水桥，北邻海西路和湟水北路，南到海晏路，东西长约 5.0km，南北宽约 0.65km，总用地面积 148.62hm^2（其中湟水河南岸海绵化改造面积为 95.1hm^2，北岸海绵化改造面积为 53.52hm^2），规划区内湟水河流经长度约 5.3km。项目属于西宁市海绵建设试点区湟水河汇水分区，I-14 排水分区。对湟水河的历史滨水区的湿地地区进行改建，可持续雨水管理技术在总体方案中发挥了关键作用（图 6-2-1）。

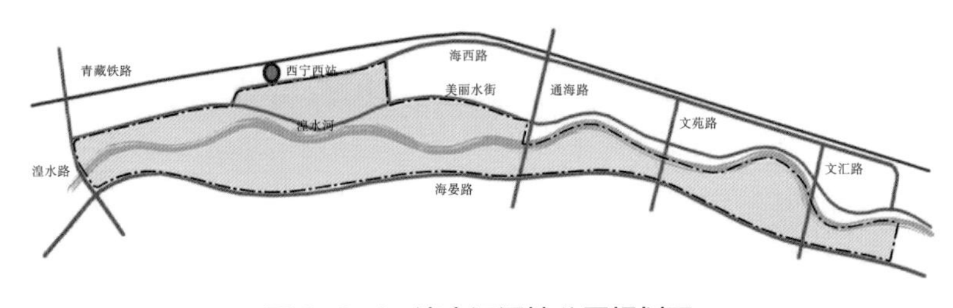

图 6-2-1　湟水河湿地公园规划区

湿地公园南岸的湿地绿道，将南场地内雨水地表径流均汇至现状湿地水系，并通过火烧沟口统一排至湟水河。北岸湿地绿道将北场地内雨水地表径流均汇入北侧湿地水系，后通过东侧出口排至湟水河。湟水河为该片区的最终受纳水体，河道长 6.66km（湟水桥—海湖桥），自然驳岸率为 62.34%，范围内的绿地可作为末端调蓄净化的重要载体，可调蓄最大容积为 13.23 万 m^3；河道全年平均水位在 2220—2230m，平均流量在 23—28 m^3/s，现状建设防洪标准为 100 年一遇；改建前河道水质为V类、劣V类，主要为氨氮、总氮超标。

湿地公园下垫面分为水域、道路、建筑、广场铺装和植被 5 类（表 6-2-1）。其中植被占地较大，现状道路为混凝土不透水路面（图 6-2-2）。

湟水河湿地公园下垫面类型统计表　　表 6-2-1

下垫面类型	水域	道路	建筑	广场铺装	植被	合计
面积（hm^2）	32.63	15.8	0.52	6.16	93.51	148.62
百分比（%）	34.54	1.41	0.32	0.68	63.05	100.00
径流系数	1	0.85	0.9	0.85	0.15	0.3

图 6-2-2　湟水河湿地公园现状下垫面总图

作为城市湿地公园，本次海绵化改造及景观提升项目属系统治理工程，旨在将湟水河湿地公园建设成为具有当地特色的旅游文化休闲型生态湿地，突出湿地公园的大海绵体建设，增强湿地的生态功能。

2　现状问题分析

（1）水生态问题

湿地生态脆弱，存在黑臭水体死角。湿地公园内局部植被配置布局不合理，生态效益发挥不足。经现场踏勘，园区植被存在植被衰退、局部土壤裸露现象；同时在湿地内高程分布出现倒坡、逆坡；水流不畅，存在死角区域，造成水体黑臭等现象。

（2）水环境问题

湟水河来水水质差，公园自身产流水质差。湟水河湿地公园需要从湟水河引水作为公园用水补充，但需要对湟水河的水质进行处理。目前湟水河总氮（6.13）、总磷（0.176）、氨氮（1.29）、化学需氧量（16.0）均超标，为劣V类水。湟水河湿地公园处经过水质监测，天然降雨本身总氮（8.1）、氨氮（6.0）等数据超标，不透水下垫面产生的径流水质极差，COD（154.6）、总磷（0.7）、总氮（9.3）、氨氮（4.5）。需要采取一定的处理措施对当地水环境进行修复。

（3）水安全问题

存在积涝风险。公园地势较为平缓，暴雨时容易发生水体积涝，对于在公园内的游客和行人以及部分建筑设施的安全造成潜在威胁。

（4）水资源问题

公园景观用水需求量大。由于当地蒸发量远超降雨量，公园除对自身雨洪资源进行利用外，还需要对湟水河、外排水和部分中水资源进行处理后引入。

3 建设总体框架和设计目标

（1）建设总体框架

通过对不同来水水源的分类处理（图 6-2-3），将经过物理沉淀、生物净化后的水引入湟水河湿地的景观体系中，打造水清岸绿，鱼翔浅底的优美生态环境，为人们提供了一处可供休憩活动的湿地公园。湿地末端将净化后的河水汇入湟水河，提高湟水河的整体水质。湿地净化监测显示从 pH 值、氨氮、总磷、总氮等指标均有较好的优化和提升，也为试点区湟水河段水质的提升发挥了作用，从省控监测断面（西钢桥、新宁桥）显示，项目实施后，相比 2016 年氨氮指标 2018 年均浓度下降了 77.87%。

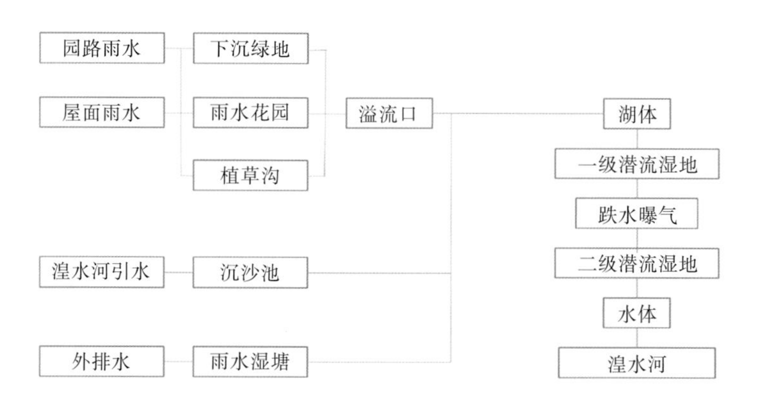

图 6-2-3 海绵城市雨水系统技术流程图

通过对试点区内直排河道的雨水、第四污水厂的中水，采用多种措施引入湿地进行净化、滞留、调蓄，补充湿地水量，增强水系景观效果，对湟水河水质的提升起到了重要作用，在运行期间调蓄雨水和中水能力达 50000m^3。

试点区海湖湿地将原有沟、渠连通，增加水域面积，通过上游多种形式的生态补水、调水，加快湿地、沟渠水体流动，提高水体的自净和生态恢复能力，让水动起来，提高水质，改善水系的生态环境；以水为景，在试点区内充分利用水系、湿地多样化景观资源，营造休憩空间，普及水文化，宣传海绵理念，服务于民，让人们享受水生态建设带来的福祉。

（2）设计目标

为指导推进西宁市海绵城市建设，修复城市水生态、涵养水资源，增强城市防涝能力，提高新型城镇化质量，促进人与自然和谐发展，落实西宁市海绵城市建设目标，依据相关法律和规范，制定本方案。

4 建设内容

针对存在的问题，在试点区内综合分析区域下垫面状况、降雨数据，确立年径流控制率，因地制宜综合施策，积极探索高海拔半干旱缺水城市“渗、滞、蓄、净、用、排”的新路子，按照“理水、润城”的总体技术路线，构建湟水河湿地体系的建设模式（图 6-2-4）。

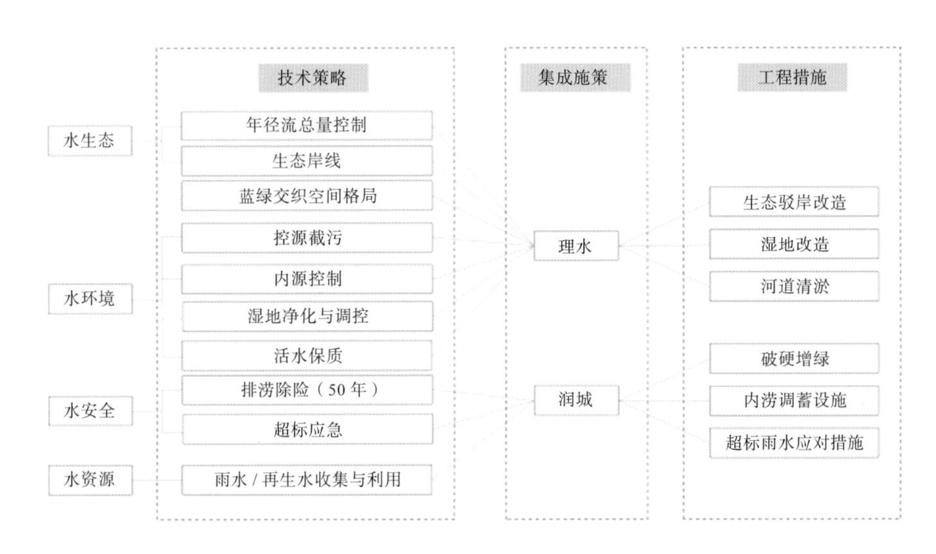

图 6-2-4 湟水河湿地公园海绵城市建设实施路线图

在打造水体景观的同时，充分利用海绵理念对“河水、雨水、中水”等多水共治、多水利用，发挥海绵体的净、蓄、用、排的功效，提升水生态环境质量。最终沿湟水河形成一条“串珠式”水系治理新模式，让更多市民享有“河湖清”的生态红利。主要措施如下：

（1）植被修复与植物景观打造

种类选择：优选本土植物；选用根系发达、茎叶繁茂、净化能力强的植物；具有一定耐涝及抗旱能力的植物；选择可互相搭配种植的植物，提高植物多样性与景观性观赏性。

主题特色分区：在提升改造中强化植物景观主题，将湿地公园分为水环境提升种植区、湿地生态提升种植区、湿地科普种植区、生态游憩种植区、湿地保育种植区、主题广场种植区、地方特色种植区、康体健身种植区、生态绿地缓冲区等分区。

（2）河道清淤工程

为保证进入湿地水资源得到充分净化，防止河底污泥感染水资源，对南北岸原河底部淤泥进行清除，南岸清淤量为 124234.8m^3，北岸清淤量为 38453.67m^3。

（3）边坡生态修复

缓坡处增种深根系、抗滑坡、蓄水涵养的植物，达到固坡的目的；局部陡坎处可采用自然石材挡土墙护坡。

（4）雨水调蓄设施

在湿地公园内合理设置传输型植草沟、雨水花园、下沉绿地、湿地等海绵设施，对雨水径流进行导流传输、调蓄沉砂及溢流排放。

（5）雨水净化措施

使用石笼坝、沉沙池、雨水花园、下沉绿地、雨水湿地、潜流人工湿地、曝气跌水等措施进行组合，可以有效处理水体中的固体悬浮物、氨氮、总氮、总磷、BOD 等污染物。其中石笼可利用废旧石材作为内部填充材料，经济环保且具有一定的渗透过滤作用；石缝积累一定量的土壤杂质后可自然生长植物，生态和景观效果俱佳。

（6）园路铺装修复改造

根据市民游览需求，修复并适当增加园路与停车场，合理采用透水铺装，减少径流；同时，结合景观营造修建桥梁道路，使游客可行走水面之上，感受自然之美，提升游赏体验。

通过上述（1）—（5）可实现水生态修复、水资源涵养和水安全保障的目标，同时通过（1）、（5）和（6）可提升景观境界，丰富游览体验。

5 建设效果

西宁市湟水河湿地公园是一个可持续的公共景观空间，其亮点包括：一个充满活力的空间、路线和公共广场：通过创建一系列的游憩空间和参观路线，为湿地公园提供充满活力的公共休憩与游玩场所，包括湿地观赏平台、林荫大道、人工瀑布、五行沙池等。滨水区的视野和通道极其开放，尤其对先前难以接近的湿地边缘进行了道路设计，让湿地观赏功能回归。

（1）项目指标完成情况

解决 23086m^3 调蓄雨水，达到 99.8% 年径流总量控制率，消纳 47.8mm 降雨，同时达到 50% 的 SS 污染物去除率，85.8% 的雨水资源利用率（表 6-2-2）。

径流控制一览表 表 6-2-2

设计指标				上位指标			
设计调蓄容积（m^3）	对应设计降雨量（mm）	设计达到年径流总量控制率（%）	设计 SS 去除率（%）	目标调蓄容积（m^3）	对应设计降雨量（mm）	目标年径流总量控制率（%）	SS 去除率（%）
119912	47.8	99.8	50	68811	47.8	99.8	50

（2）项目投资

本工程总投资为46566.899万元（含海晏路延伸段估价655万元）。

（3）项目建设成效

①生态效益

充分发挥湿地公园的“海绵”效应，实现水生态修复、水资源涵养和水安全保障与景观提升的综合目标。

②社会效益

充分发挥城市公园休闲娱乐、观光游览、科普交流功能，对城市生态文明建设、市民生活环境改善具有促进意义。

③经济效益

利用湟水河湿地公园的生态和景观资源，发展当地短距离观光功能，带动周边区域经济发展，提升园区产生的经济效益。

（4）效果图

①南岸施工前后对比效果照片（图6-2-5，图6-2-6）

图6-2-5 湿地施工前后对比效果

图6-2-6 水系施工前后对比效果

②北岸施工前后对比效果照片（图 6-2-7 至图 6-2-9）

图 6-2-7　闸桥施工前后对比效果

图 6-2-8　旱溪施工前后对比效果

图 6-2-9　出水口施工前后对比效果

6　经验总结

通过对湟水河来水、其他区域外排水、湿地公园自身径流雨水三种来水水源的水质水量进行综合分析，将雨水从建筑屋顶导流至地面，与地面雨水径流合并后进入导流设施（植草沟、渠道等）和收集设施，将湟水河引水通过沉淀等物理方法进行预处理，将外排水经过雨水湿塘等初步处理，后将三种水源引入潜流湿地、瀑布曝气、表流湿地等水质处理措施，将处理后的水资源进行净化并用于景观用水。芦苇、菖蒲、莲花等净水植物在雨水进入湿地之前，可以对雨水进行初期的过滤和净化。同时，这些景观植被也为当地的动物提供了宝贵的栖息地，并为人群提供了极具吸引力的景观场所。

6.3 “润城”案例

6.3.1 新建小区——安泰华庭小区海绵化改造项目

1 项目研究概况

安泰华庭小区占地总面积为10.65hm^2，位于五四西路以南，是一个2011年已建成入住的新建小区。小区由两条“T”字形交叉的道路分为Ⅰ、Ⅱ、Ⅲ三个分区。其中Ⅰ、Ⅲ两区为住宅用地，Ⅱ区为商业办公用地。住宅建筑均为高层板式建筑，采用沿用地周边布置的方式，四周有1—2层底商，形成封闭的内院围合模式，T字内街为商业步行街。小区的交通采取了人车分流的设计，沿住宅外围设有车行道，直接进入小区的地下车库，内院道路均为人行通道。Ⅰ、Ⅲ区的景观设计均呈现相似的模式，环形主路兼有消防通道的功能，联系各楼座单元，楼间绿地内设游步道和休闲场地，中心花园以水系景观为主，滨水设活动广场。小区实行封闭式管理，围合式的建筑布局使得小区内安全且安静，具有较高的品质。

图6-3-1 西宁市海绵城市建设试点区域范围图

2 前期分析

（1）竖向及地表排水组织

小区整体地势为南高北低、西高东低，小区外围道路标高最低点2282.29m，最高点2286.62m，有4m多的高差（图6-3-1）。小区建筑采用了错层设计，地下车库面积5.6hm^2，基本覆盖了Ⅰ、Ⅲ区的几乎所有空地，使得内院景观空间均为车库顶覆土绿化，内部场地坡度与外围道路形成约2.5m高差，采用挡土墙解决高差。内院空间的绿地通过微地形组织雨水至路侧，道路及场地的雨水通过坡度设置也集中到路侧。沿路两侧采用加盖的排水明沟引导雨水，在适当位置向下输送到车库顶板的砾石疏水层，再通过盲沟管收集排向外围的雨水管网。这样的排水方式节省了一些排水管道，但是雨水排放效率低，仅适用于降雨较少的西北地区。车库顶板覆土厚度为 0.8—1.0m，土层较薄，但是回填的素土经过夯实，也解决了黄土的湿陷性问题，对雨水的渗透利用有利有弊。小区外围的车行道和内街的雨水通过道路横、纵坡的设置，经雨水口排入雨水管网。小区的下垫面及雨水管网情况详见图 6-3-2 和图 6-3-3。

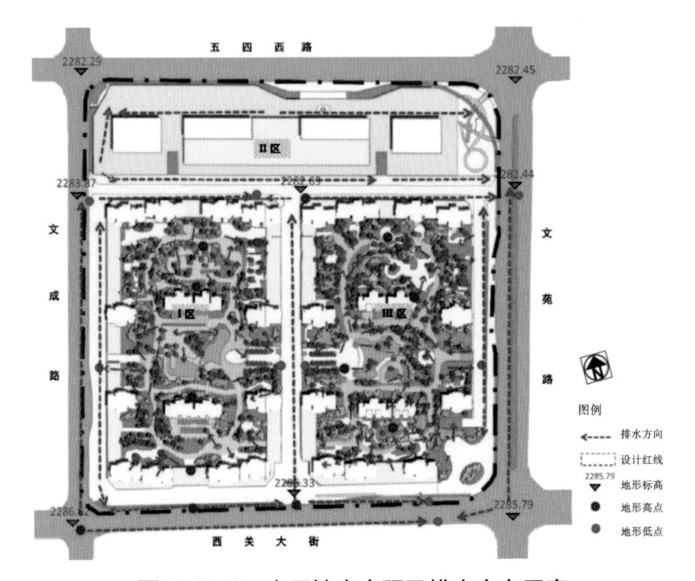

图 6-3-2　小区地表高程及排水方向示意

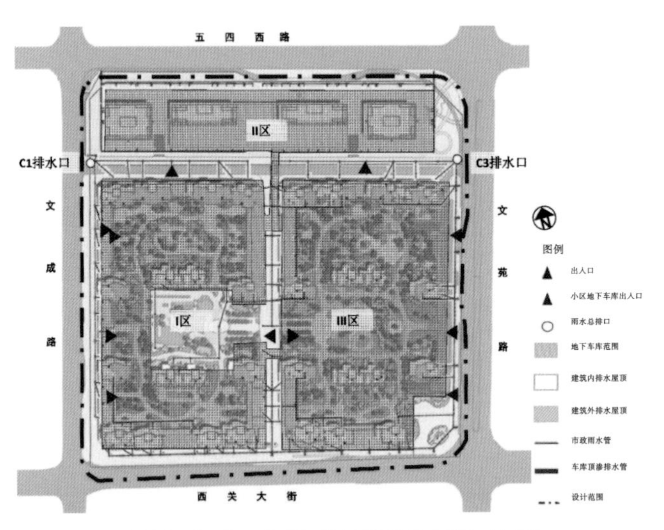

图 6-3-3　小区下垫面及雨水管网布置

（2）建筑屋面排水组织

在高寒地区，高层建筑的屋面雨水优先考虑使用建筑内排水，有利于管道保温，保护管网不受冻害的影响。小区的屋面落水管大部分使用了建筑内排水，仅在个别屋面及内街的商业建筑采用了暴露雨落管的建筑外排水。建筑内排水的雨落管直接引至地下车库，水平管横穿车库的侧墙，从地下进入市政雨水管。该设计使得雨水无法通过自流的方式进入绿地消纳，造成雨水利用的困难，需要在后期的海绵城市设计时着力解决。

（3）排水管网条件

小区采用雨污分流的排水系统，沿小区东西两侧车行道和内街上各有一条雨水主干管，收集建筑屋面雨水和路面雨水，排入市政排水管网。小区雨水共有三个主要总排口，2 号排口用于Ⅱ区商务办公区建筑产生的雨水，1、3 号排口分别排放Ⅰ区、Ⅲ区住宅用地部分的雨水。管网设计标准为 2 年一遇，管径 DN400—600mm。

（4）其他条件

小区绿地内有小型景观水体，日常运行采用市政自来水作为水源。未来小区进行雨水收集后，该水体可以作为雨水回用的受纳水体。

小区内部道路铺装使用陶瓷面砖饰面，光滑的表面在冬季冰雪天气容易导致行人摔伤，迫切需要更换（图 6-3-4）。小区的车行道是混凝土道路，在管网改造过程中有一定面积路面破拆的工作，也需要更换路面铺装（图 6-3-5）。

图 6-3-4　改造前的路面铺装及路侧排水沟

图 6-3-5　商业内街及小区车行道

3　海绵化改造方案设计

（1）总体目标要求

在《西宁市海绵城市建设项目系统性详细规划（2016—2018）》中，结合场地的改造前的现状条件包括：场地水文地质、现状下垫面条件、建筑及道路广场排水、车库顶板覆土深度等条件，根据低影响开发总体力度控制及低影响开发（LID）设施区域配置要求，确定了不同地块年径流总量控制分解指标。统筹考虑自身径流控制、污染削减率与周边地块、水体等水量、水质衔接关系，确定了如下安泰华庭小区的海绵化改造目标：

①小区年径流总量控制率为 88.8%，对应的设计降雨量为 15.2mm；

②年径流污染物（以 SS 计算）总量削减率不低于 44%；

③通过低影响开发建设，提高场地的排涝标准至 50 年一遇。

（2）雨水管理流程和设施选择

根据小区的基础条件和特点，结合西宁地区降雨量少且时空分布不均的问题，在海绵化改造中，着重建设雨水的“渗、滞、蓄”，在削减径流量的同时去除污染。设计中选择的主要技术方法包括：

①充分利用小区路侧排水明沟对径流雨水进行截留和再分配，引导至绿地中进行消纳和渗透；

②使用透水材料改造小区的人行道、车行道等，截留雨水的同时改善行人车辆的通行安全；

③根据小区现状地形情况细分汇水分区，在绿地中设置下凹绿地和雨水花园，消纳外排的屋面雨水和道路径流雨水；

④无法通过雨水管断接方式处理的建筑屋面内排水以及外围道路的路面径流，通过在小区雨水管网的末端设置地下调蓄池进行截留调蓄；

⑤在底商等低矮屋面实验性地设置托盘容器式屋顶绿化，削减屋面径流；

⑥设置雨水回用装置，将调蓄池收集的雨水用于回灌绿地，补充景观水体，塑造跌水景墙景观等。

安泰华庭小区低影响开发雨水径流组织和管理模式如图 6-3-6 和图 6-3-7 所示。

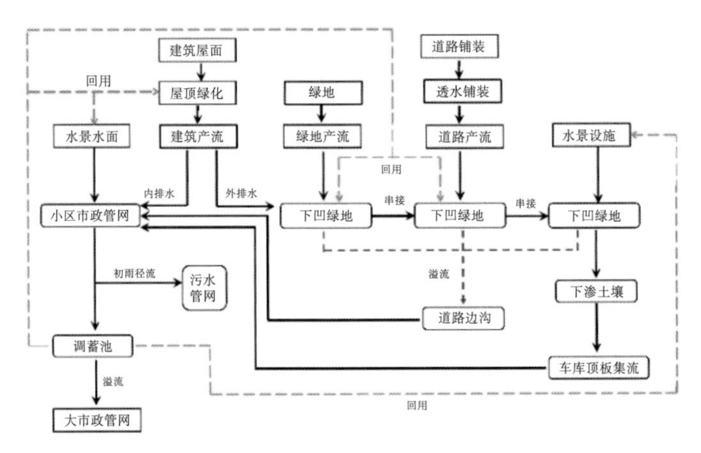

图 6-3-6 低影响开发的雨水径流组织图

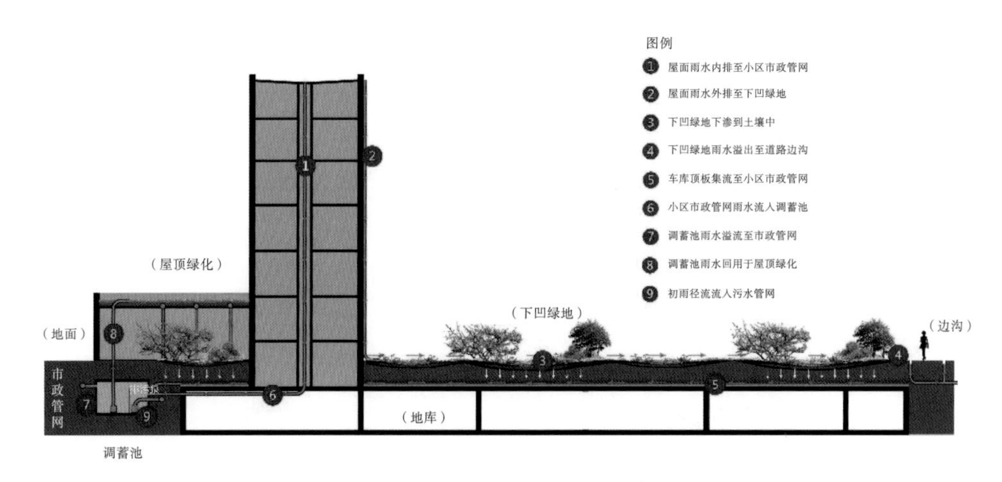

图 6-3-7　雨水管理模式示意图

（3）方案设计

通过分析雨水管网的布置情况、竖向设计及建筑排水方式等因素，将小区分为6个一级汇水分区，又细分成共计51个子分区进行雨水控制（图6-3-8）。分别统计各汇水子分区的下垫面覆盖情况进行汇总，如表6-3-1所示。

下垫面的分区覆盖情况汇总表　　表 6-3-1

汇水分区	总面积（m^2）	绿地		道路铺装		屋面		水面	
		面积（m^2）	比例（%）	面积（m^2）	比例（%）	面积（m^2）	比例（%）	面积（m^2）	比例（%）
A区	24151	13462	55.7	7767.4	32.16	2312.4	9.6	609.21	2.5
B区	22155	10981.9	49.6	7587.3	34.25	2743.3	12.4	842.4	3.8
C区	25386	330.2	1.3	15823.8	62.33	9231.8	36.4	-	-
D区	2330.4	1103.9	47.4	1226.5	52.63	-	-	-	-
E区	9400	-	-	5270.4	56.07	4129.6	43.9	-	-
F区	23118	1334.7	5.8	13841.1	59.87	7942	34.4	-	-
总计	106540	27213	25.5	51516.5	48.35	26359.2	24.7	1451.6	1.4

根据《海绵城市建设指南》，海绵城市设施以径流总量和径流污染为控制目标进行设计时，设施具有的调蓄容积一般应满足“单位面积控制容积”的指标要求。设计调蓄容积一般采用容积法进行计算。

在各子汇水分区内，充分考虑竖向标高、径流汇集方式、植草沟、排水明沟位置以及管网布置情况、现有植物栽植位置等，择地安排下凹绿地、透水铺装、屋面绿化等低影响开发设施，其规模面积、形状、调蓄水深、雨水的入口及溢流口等均按照实际建造的可能性安排，使得各子汇水分区能够就地消纳目标径流量的水量，考虑到实际建设以及后期管理可能存在的变化，在设施安排时都至少提高了10%的安全余量，详见表6-3-2。安泰华庭小区低影响开发设施布局详见图6-3-9。

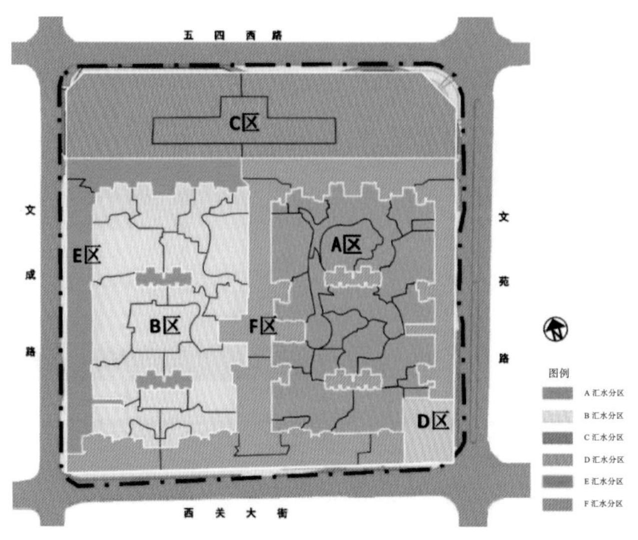

图 6-3-8　一级汇水分区及子汇水分区的划分

子汇水分区目标径流量与设计消纳径流量对比表　　表 6-3-2

子汇水分区编号	目标径流量（m^3）	设计消纳径流量（m^3）	子汇水分区编号	目标径流量（m^3）	设计消纳径流量（m^3）
RG-A-01	3.71	4.70	RG-A-02	21.56	23.58
RG-A-03	4.83	6.52	RG-A-04	13.45	28.16
RG-A-05	6.31	8.25	RG-A-06	8.50	10.81
RG-A-07	3.86	4.96	RG-A-08	7.72	9.32
RG-A-09	8.64	10.40	RG-A-10	7.28	9.18
RG-A-11	2.74	2.85	RG-A-12	3.06	3.76
RG-A-13	5.89	6.27	RG-A-14	7.54	7.61
RG-A-15	2.13	2.30	RG-A-16	16.93	19.86
RG-A-17	2.81	3.06	RG-A-18	8.63	8.82
SY-A	9.70	182.76	RG-B-01	9.59	9.71
RG-B-02	10.54	22.52	RG-B-03	5.63	11.49
RG-B-04	12.82	19.37	RG-B-05	6.62	10.33
RG-B-06	14.29	19.56	RG-B-07	14.49	27.99
RG-B-08	9.04	14.87	RG-B-09	5.51	12.57
RG-B-10	8.24	12.28	RG-B-11	5.17	6.94
RG-B-12	11.03	13.44	RG-B-13	6.22	7.53
RG-B-14	2.21	2.74	RG-B-15	2.22	4.52
RG-B-16	8.17	10.70	SY-B	17.54	252.73
TXC-C-1	103.63	130	TXC-C-2	108.56	150
RG-C	31.71	288.94	RG-D	13.70	49.50
TXC-E	116.25	130	合计	934.83	1560.90

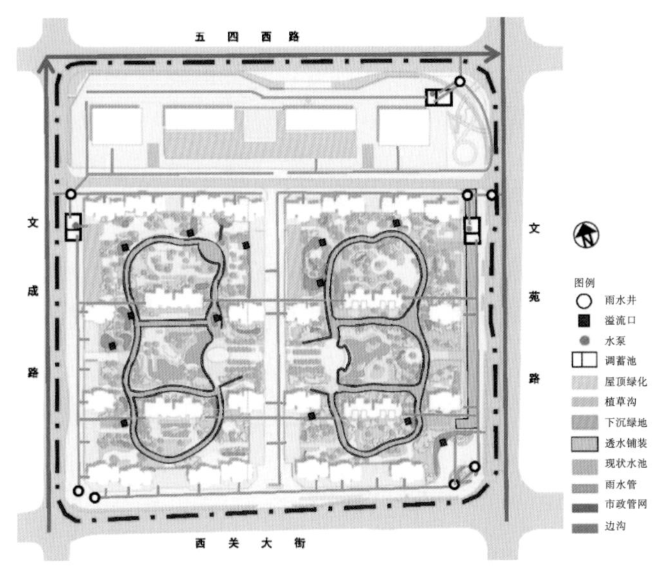

图 6-3-9　低影响开发设施布局平面图

在方案设计中，下凹绿地是主要的雨水渗透利用技术措施，用来消纳可收集的雨落管雨水、绿地及道路铺装径流雨水。改造设计充分利用了小区原有的路侧明沟排水体系，按照子汇水分区的划分位置将明沟进行分段截断，将明沟汇流的雨水在截断处破口转向，流至下凹绿地中进行消纳。而超过下凹绿地储水能力的超量溢流雨水，则再回流到截断处下游的明沟中，使得雨水在路侧明沟与下凹绿地之间不断往复进出，实现雨水的渗透利用和长距离输送（图 6-3-10）。

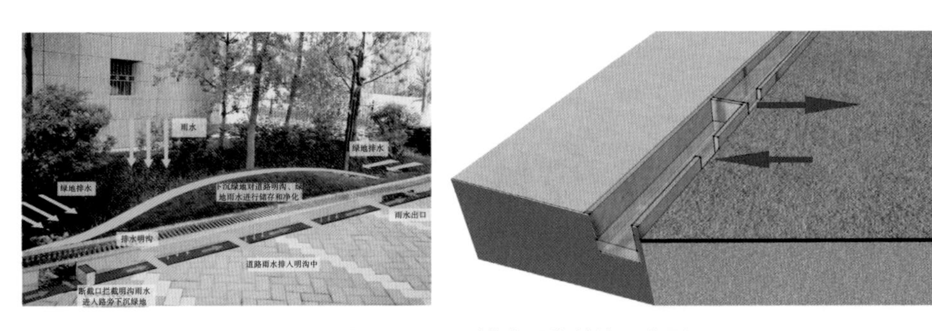

图 6-3-10　排水明沟截流示意图

在实施方案中，使用高强度的抛丸混凝土透水砖替换小区环路的陶瓷路面砖，既改善了雨雪天气下的通行安全，又可以利用二者的厚度差调高路面，使得道路标高高于周围绿地，形成绿地的相对下凹，保证路面雨水全部进入绿地。

在西宁地区，屋顶绿化是鲜见的绿化技术，主要是担心在严寒地区薄土层种植植物的越冬问题。在本设计中选择了屋顶绿化技术，目的在于利用屋顶的土壤层进行雨水拦蓄利用，对绿化的景观方面没有明确的要求，因此敢于尝试。方案中选择底商的非上人屋面进行了少量的屋面绿化设计，采用 15cm 厚人工配置土和景天科植物的组合。经过全年一个生长周期的观察，植物能够安全越冬，夏季生长良好，证明以拦蓄雨水为目标的屋顶绿化技术具有一定的实施可能性，更进一步的应用尚有待观察。

安泰华庭小区的建筑内排水雨落管与外围车行道的径流雨水无法进入绿地进行消纳，如果舍弃这部分雨水，会导致无法完成上位规划要求的就地消纳水量，因此在雨水管网接入大市政管网前设计了地下调蓄池，拦蓄的雨水又满足了上位规划对雨水回用的比例要求。设计中在地下调蓄池中安装了潜水泵，雨水回用管与小区灌溉管网连接，也引至绿化屋面、景观水系和新设置的雨水景观墙等部位，将雨水回用与灌溉、造景相结合（图 6-3-11 至图 6-3-14）。

图 6-3-11　改造后的道路使用透水砖铺装

图 6-3-12　屋顶绿化效果

图 6-3-13　施工中的地下调蓄池

图 6-3-14　雨水花园实景效果

4　设计方案的 SWMM 模拟分析

（1）模型的建立与模拟

①模型参数率定（表 6-3-3，表 6-3-4）

上述设计方案完成了上位规划对安泰华庭小区下达的雨水管理指标任务。为了验证设计的合理性，得到更准确的数据分析，则需要进一步建立SWMM模型。模型共立了49个子汇水区，78个节点，77条排水管道，管径400—600mm之间，管网末端排放口C1、C3共计2个，其中C1口排除Ⅰ、Ⅱ区的雨水，C3口排除III区的雨水。安泰华庭小区的SWMM概化模型如图6-3-15所示。

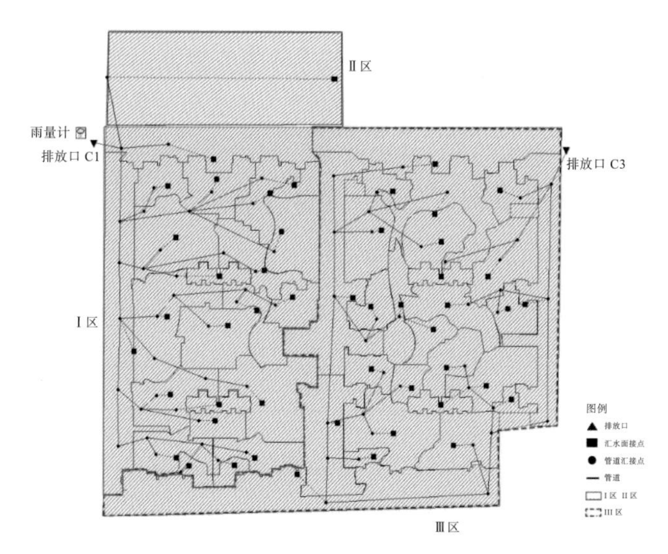

图6-3-15　小区的SMWW概化模型的构建

水文水力模块参数　表6-3-3

曼宁粗糙率		地表洼蓄量			Horton渗透模型参数			
不透水粗糙率	透水粗糙率	不透水洼蓄量（mm）	透水洼蓄量（mm）	无低洼地不透水区比例（%）	最大渗透率（$mm\cdot h^{-1}$）	最小渗透率（$mm\cdot h^{-1}$）	衰减常数（h^{-1}）	干燥时间（d）
0.013/0.025	0.24	1.27	3.18	25	40	6	4.14	7

低影响开发设施参数　表6-3-4

设施类型	设施结构	设施参数	取值
生物滞留池	表面层	存水高度	200
		表面坡度（%）	0.4
	土壤层	厚度（mm）	700
		孔隙度	0.2
	排水层	厚度（mm）	200
		孔隙率	0.35
屋顶绿化	表面层	存水高度（mm）	50
		表面坡度（%）	2
	土壤层	厚度（mm）	150
		孔隙度	0.3

续表

设施类型	设施结构	设施参数	取值
屋顶绿化	排水垫层	厚度（mm）	0
		孔隙比	0
		干燥时间（d）	7

根据西宁市气象局2010—2015年监测的单场典型降雨统计，西宁降雨多以单一前锋雨型为主，峰值多出现在r=0.375左右，因此本文采用芝加哥雨型，推求西宁市历时2小时1分钟间隔的设计暴雨雨型。利用暴雨强度公式推求P=2、5、10、20和50年重现期下的设计雨量，依据芝加哥雨型方法得到雨型分配结果。西宁地区不同重现期降雨特征如下表所示（表6-3-5）。

不同重现期西宁地区降雨的特征　　表6-3-5

重现期	2小时降雨量（mm）	平均雨强（mm/min）	峰值雨强（mm/min）
2年一遇	16.18	0.14	1.69
5年一遇	21.11	0.18	2.21
10年一遇	24.83	0.21	2.59
20年一遇	28.56	0.24	2.98
50年一遇	33.48	0.28	3.5

②改造前后不同重现期各排水口流量分析

通过SWMM模拟分析可知，在改造前后，C1和C3排水口的产流速率出现明显变化。从图6-3-16到图6-3-19分析可得出以下结论：

a. 低影响开发设施的建设，使得小区绿地消纳雨水的能力增强，在2年一遇2小时降雨量略高于设计的15.2mm，C1及C3排水口均无径流产生，且在5年一遇时仍无径流产生，说明设计的低影响开发设施具有较好的减排效果，达到了上位规划要求的目标。

b. 在10年、20年及50年重现期降雨条件下，改造前C1排水口的流量分别为0.145m^3/s、0.145m^3/s、0.145m^3/s，峰现时间分别为第50分钟、52分钟、53分钟，改造后C1排水口的流量分别达到0.024 m^3/s、0.030 m^3/s、0.061 m^3/s，峰现时间分别为132分钟、92分钟、83分钟。而改造后峰值分别降低了83.45%、79.31%和57.39%，峰现时间延迟了82分钟、40分钟和30分钟，达到了很好的削峰延时效果。

c. 在10年、20年及50年重现期降雨条件下，改造前C3排水口的流量分别为0.094m^3/s、0.094m^3/s、0.094m^3/s，峰现时间分别为第57分钟、59分钟、44分钟，改造后C3排水口的流量分别达到0.032 m^3/s、0.062 m^3/s、0.073 m^3/s，峰现时间分别为 122 分钟、109 分钟、106 分钟。而改造后峰值分别降低了 65.96%、34.04% 和 22.34%，峰现时间延迟了 65 分钟、50 分钟和 62 分钟，达到了很好的削峰延时的效果。

d. 改造前 5 年一遇及以上降雨情景下 C1、C3 排水口的流量峰值均没有变化，说明该径流量超过了管网排水能力，出现了溢流现象。2 年一遇的 C1、C3 排水口的流量峰值发别为 0.139 m^3/s 和 0.093 m^3/s，基本接近管网的满流状态。

e. 从峰值流量看，改造后 50 年重现期下小区 C1 排水口的流量为 0.061 m^3/s，C3 排水口的流量为 0.073 m^3/s，均低于改造前 2 年重现期排放口的流量 0.139 m^3/s 和 0.093 m^3/s，故可以认为低影响开发措施使得小区雨水的防洪排涝能力由 2 年一遇提高到 50 年一遇。

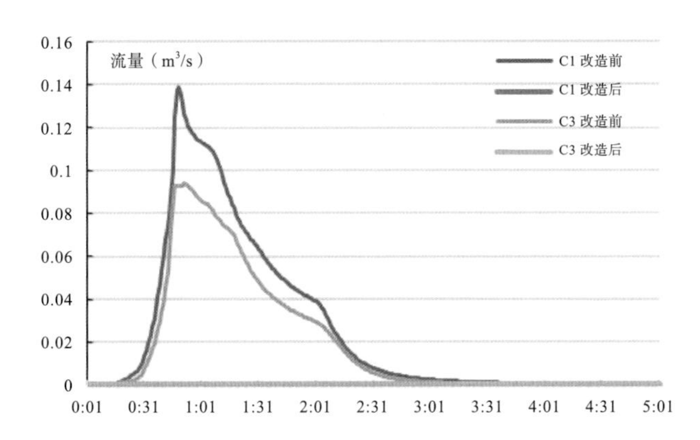

图 6-3-16　改造前后 2 年一遇 2 小时降雨下 C1 和 C3 排水口流量变化

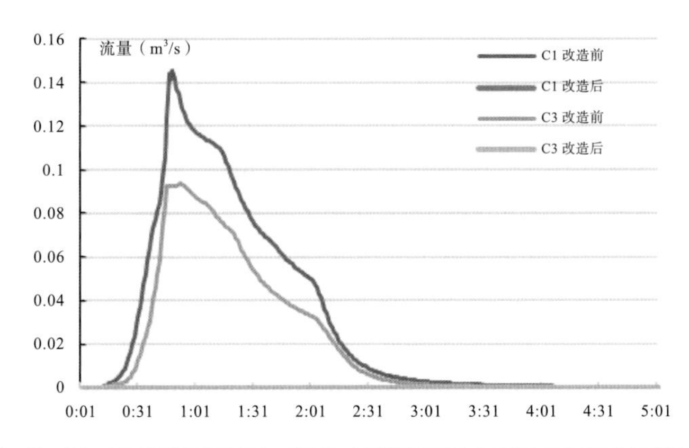

图 6-3-17　改造前后 5 年一遇 2 小时降雨下 C1 和 C3 排水口流量变化

（2）改造实施后的监测数据分析

由于工期、投资等原因限制，安泰华庭小区目前仅在Ⅲ区实施了海绵化改造，但是在 C1、C3 两个排水口均安装了雨水监测装置以监测雨水流量和 SS 浓度，这恰好为项目提供了绝佳的数据验证机会。

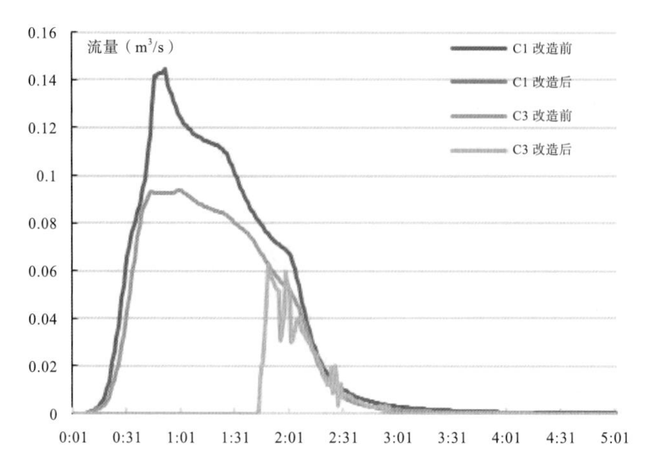

图 6-3-18　改造前后 10 年一遇 2 小时降雨下 C1 和 C3 排水口流量变化

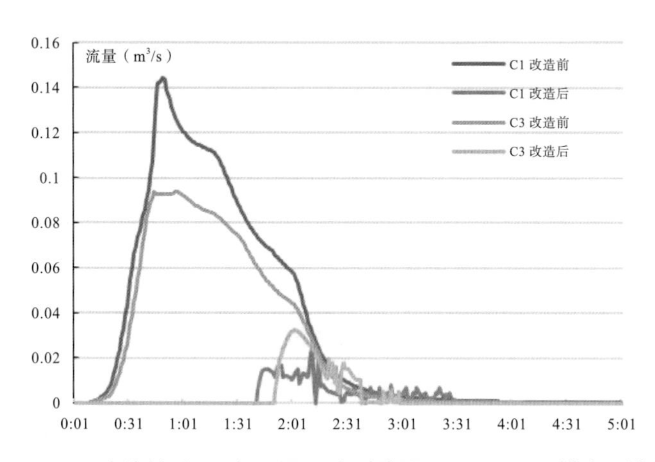

图 6-3-19　改造前后 20 年一遇 2 小时降雨下 C1 和 C3 排水口流量变化

本文选取 2018 年 5—6 月监测到的具有代表性的 3 场典型降雨（表 6-3-6）作为数据样本进行，使用先前建立的 SWMM 模型对三场降雨的数据进行模拟，将模拟的产流速率与实测的数据进行对比，以验证 SWMM 模型参数选择的合理性以及海绵化改造的有效性。

① C1 排水口的模拟与监测数据对比分析

利用三次降雨的实际监测值对安泰华庭小区 C1 排水口的 SWMM 模型模拟，将模拟结果与实测值进行对比，发现在 C1 排水口二者产流曲线基本吻合，模拟的峰值流量分别为 107.82m³/h、130.14m³/h、347.58m³/h，而实测值分别为 106.515 m³/h、190.247 m³/h、338.928 m³/h，第一次和第三次误差率在 1.31%—2.49% 之间，但第二次 5 月 21 日的峰值流量误差较大为 31.59%。降雨时间段内共计产生外排量模拟值分别为 291.34m³、424.51m³、459.19m³，而实测值为 279.47m³、437.97m³、440.37m³，误差率在 3.17%—4.10% 之间。上述数据对比分析说明，在安泰华庭小区建立的 SWMM 模型能够准确地模拟降雨产流状况，模型的参数选择符合实际情况（图 6-3-20 至图 6-3-25）。

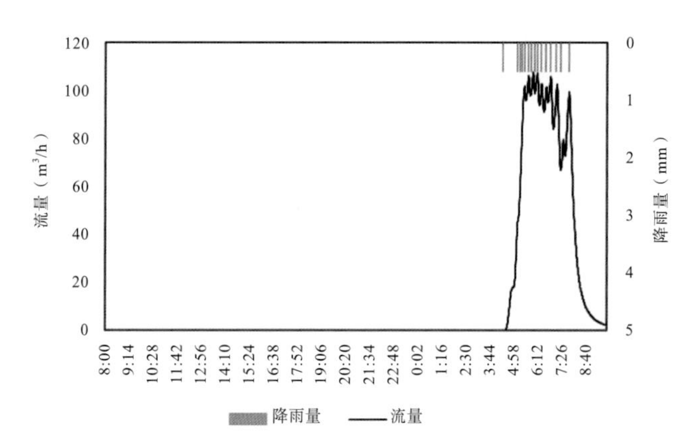

图 6-3-20　5 月 9 日降雨 SWMM 模型模拟 C1 排水口流量曲线

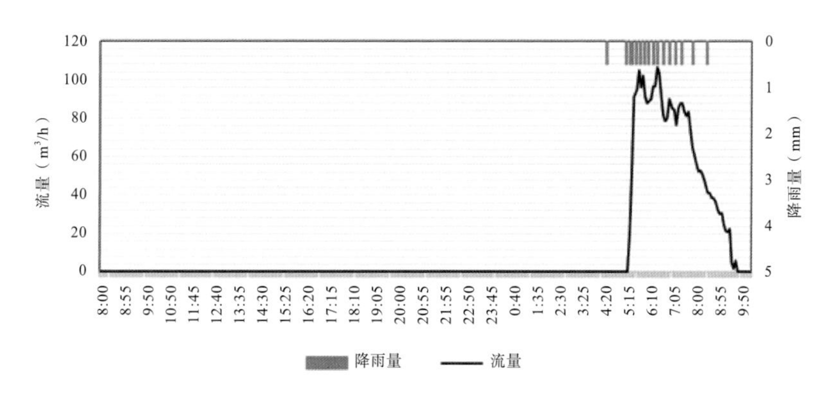

图 6-3-21　5 月 9 日降雨实测 C1 排水口流量曲线

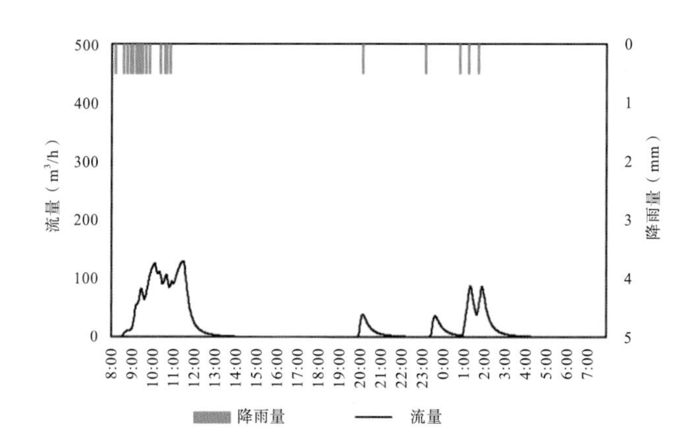

图 6-3-22　5 月 21 日降雨 SWMM 模型模拟 C1 排水口流量曲线

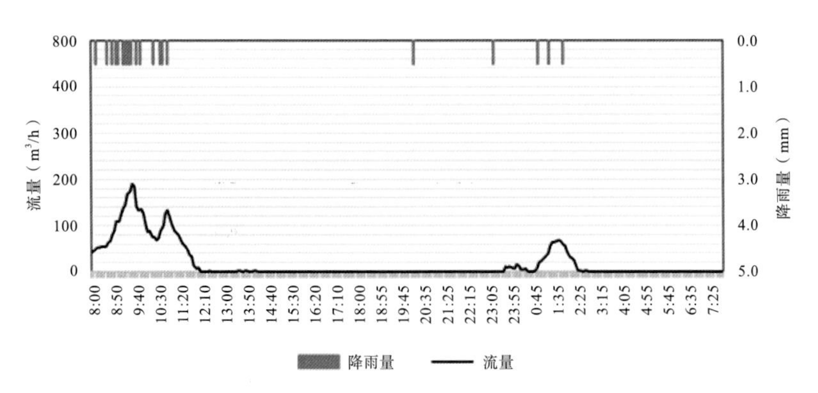

图 6-3-23　5 月 21 日降雨实测 C1 排水口流量曲线

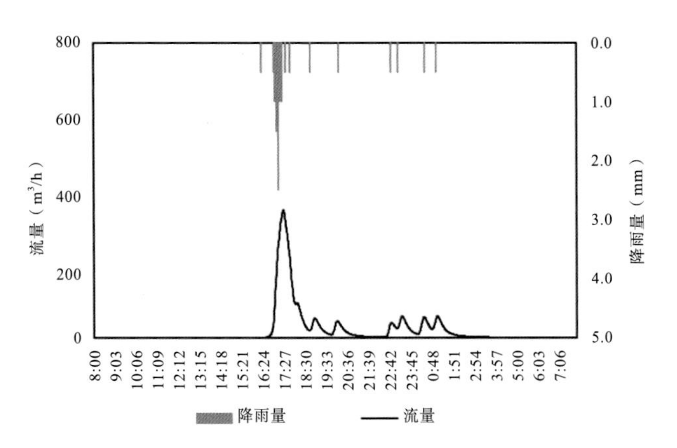

图 6-3-24　6 月 7 日降雨 SWMM 模型模拟 C1 排水口流量曲线

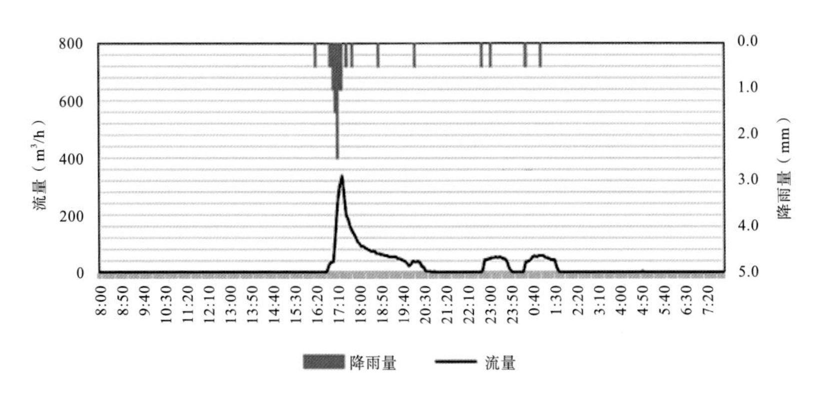

图 6-3-25　6 月 7 日降雨实测 C1 排水口流量曲线

② C1 与 C3 排水口的监测数据对比分析

通过对三次降雨 C1 和 C3 排水口的监测数据对比分析，可以发现三次降雨过程中产流峰值、出流量均大幅度降低，充分说明了该项目通过海绵化的改造，有效地实现了雨水的减排。

C1 和 C3 排放口的监测数据对比　　表 6-3-6

降雨时间	降雨量（mm）	排放口	汇水区面积（hm^2）	峰值流量（m^3/h）	外排总量（m^3）	单位面积外排量（m^3/hm^2）
5 月 9 日	7.5	C1	5.69	106.515	279.471	49.1
		C3	4.96	12.482	23.587	4.8
5 月 21 日	10.5	C1	5.69	190.247	437.967	77.0
		C3	4.96	31.482	42.070	8.5
6 月 7 日	12	C1	5.69	338.928	440.366	77.4
		C3	4.96	58.944	26.717	5.4

5　建设经验总结

安泰华庭小区的海绵化改造项目从 2016 年 7 月开始，至今完成了项目设计、实施及后期维护管理的全过程。无论是 SWMM 理论模型验证还是实际监控监测检验，都证明该改造项目是成功的。尤其是二种来源的数据相互校验，更增加了检验的可信度。

从模拟数据来看，安泰华庭的海绵化改造设计能够完成上位规划提出的设计要求。在 5 年一遇 2 小时降雨量排水口均无径流产生，设计的低影响开发设施具有较好的减排效果，达到了上位规划要求的目标。在 10 年、20 年及 50 年重现期降雨条件下，改造后的 C1 排水口的流量峰值分别降低了 83.45%、79.31% 和 57.39%，峰现时间延迟了 82 分钟、40 分钟和 30 分钟，改造后 C3 排水口的流量峰值分别降低了 65.96%、34.04% 和 22.34%，峰现时间延迟了 65 分钟、50 分钟和 62 分钟，达到了很好的削峰延时效果。改造后 50 年重现期下排水口的流量均低于改造前 2 年重现期排放口的流量，小区的防洪排涝能力由 2 年一遇提高到 50 年一遇。

从监测数据来看，以 2018 年 5 月和 6 月三次实际降雨值验证未改造的 C1 排水口流量，验证结果发现模拟数据与实际监控数据能够很好地匹配，说明设计模型的参数率定合理，模拟结论具有较高的可信度。改造完成的区域相对于未改造区域的产流峰值、出流量均大幅度降低，充分说明了海绵化改造的实施，有效地削减了外排量，实现了削峰、延时、去污等综合目标。

在安泰华庭小区的海绵化改造项目的设计和实施过程中，也存在一些值得探讨的问题。在高海拔严寒地区，建筑内排水的雨落管设计使得屋面雨水无法引流至地面，海绵化改造的难度倍增。地下车库是当前解决小区停车问题的主要手段，如果车库顶覆土厚度不足也会带来雨水利用的困难，选择适合的位置安排下凹绿地和调蓄池成为设计的主要难点。上述问题应在小区规划和建筑设计阶段时提前布局安排，为海绵城市建设创造有利条件。在低影响开发技术选择方面，在高寒地区使用屋顶绿化技术具有一定可行性，托盘容器式的屋顶绿化适用于各类非上人屋顶。在安泰华庭小区的改造费用中，地下调蓄池占比达到 30% 以上，高造价、高维护的特点使得地下调蓄池不应成为海绵城市建设中的优先选择项。

6.3.2 老旧小区——西宁市湟水花园海绵化改造项目

1 现状基本情况

（1）项目概况

湟水花园小区位于试点区城北区，按上位规划分属 11-2 排水分区，小区北侧紧邻海西西路，南侧紧靠湟水河绿道，东与海西干休所相连，西邻海湖路。小区于 1985 年完工，占地面积约为 3.13hm^2，小区居住约 610 户、2100 余人。除 2 栋高层外，以多层建筑为主。

（2）场地条件

①地质条件

小区岩土工程勘察报告显示，该区域地质构造属湿降性中等偏弱，表层土壤以黄土状土和粉质黏土为主，土壤渗透系数均大于 5×10^{-6}m/s，符合低影响开发设施的建设标准。

②竖向与管网条件

小区整个地势东西方向高于中心区域，北高南低，在小区南侧形成最低点，雨季时容易形成内涝积水。绿地、道路的雨水径流以地表漫流的形式汇入主环路东西两侧布设的污水管网，最终接入南侧市政污水管网，无雨水管网，采用雨污合流的排水系统（图 6-3-26）。

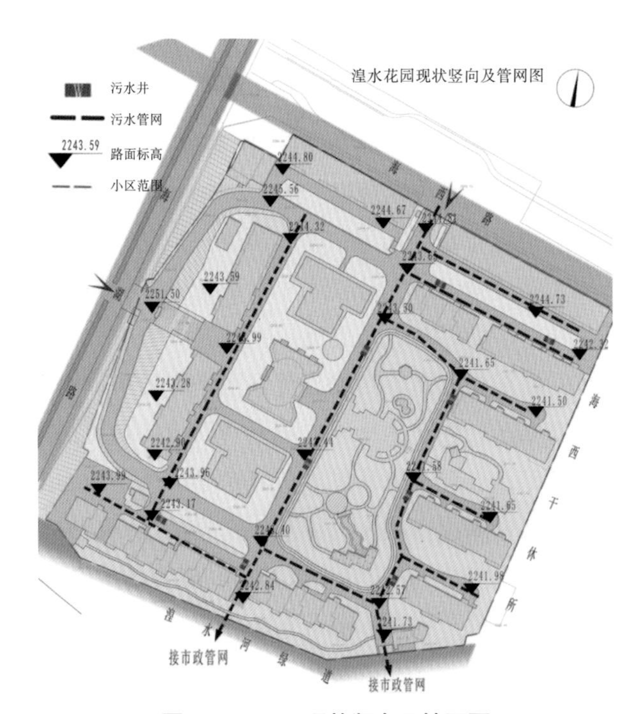

图 6-3-26 现状竖向及管网图

③建筑屋面排水组织

小区多层建筑屋面排水，均采用雨落管外接就近散排于路面或附近污水管网中，其中2栋高层建筑屋面雨水使用了建筑内排水，直接接入外围市政管网。

④其他条件

小区环形道路破损严重，下雨易积水；停车位全部位于地上，年久失修，随着小区车辆逐年增加，车位严重不足；小区绿地率为28.75%，在11-2排水分区中绿地条件相对较好，但植物景观表现欠佳，居住环境较差（图6-3-27）。

图6-3-27　湟水花园改造前照片

2　海绵化改造方案设计

（1）总体目标要求

依据《西宁市海绵城市建设项目系统性详细规划（2016—2018）》，在试点区中统筹片区与排水分区的指标控制，结合场地改造前的各种条件，综合小区各种问题，确定如下海绵化改造目标。

①雨污分流目标

解决雨污合流是老旧小区最基本的目标。

②体积控制目标

小区因地制宜地加大雨水调蓄，减少雨水外排，起到源头促渗、截留效果，确定小区年径流总量控制率为79.2%（对应的设计降水量为10.6mm）。

③流量控制目标

利用低影响开发设施控制径流体积，起到延长汇流时间，同时削减径流峰值流量的作用，实现3年一遇暴雨峰值削减，提高场地排涝标准至50年一遇。

④径流污染总量目标

通过径流体积减排，小区年径流污染物（年SS）总量削减率不低于60.3%。

⑤环境改善目标

修复破损路面，增加生态停车场，结合绿地提升景观品质，完善公共服务设施，总体达到改善小区居民生活环境的目标。

（2）设计原则

系统性原则。根据项目面临的突出问题，进行系统设计，综合实现雨水的源头削减、环境改善等多重目标。

因地制宜原则。结合当地气候条件，采用合理设施，顺应场地竖向条件科学布置，运用适宜植物营造丰富景观。

绿色生态原则。结合海绵城市低影响开发原则，重点采用绿色优先、灰绿统筹，地上与地下结合，景观与功能并重。

创新性原则。对选用的各类雨水设施进行创新和优化，不断提高功能，降低运行和维护成本。

（3）设计流程

①设计总径流控制量

利用小区不同类型下垫面的投影面积，分别统计出小区下垫面面积（表 6-3-7）。

小区各类下垫面类型面积表 表 6-3-7

汇水面类型	硬质屋面	混凝土路面（沥青路面）	硬质铺装	水系	绿地	合计
面积（m^2）	8055	7944	6010	190	9101	31300

根据《海绵城市建设技术指南》，各类下垫面雨量径流系数，采用加权平均法计算小区综合径流系数，得出综合径流系数为 0.62，利用容积法：$V=10H\Psi F$，得出本小区总设计雨水控制量为 206m^3（式中：V- 目标调蓄容积，m^3；H- 设计降雨量，mm；Ψ- 综合雨量径流系数；F- 汇水面积，hm^2）。

②竖向设计与汇水分区

结合现场竖向条件，依据地形综合分析小区汇水区域，分为 9 个分区，同时细化排水分区 85 个（图 6-3-28，图 6-3-29）。

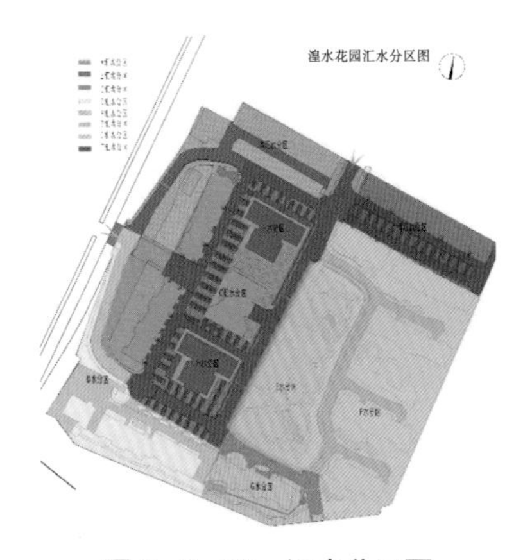

图 6-3-28 汇水分区图

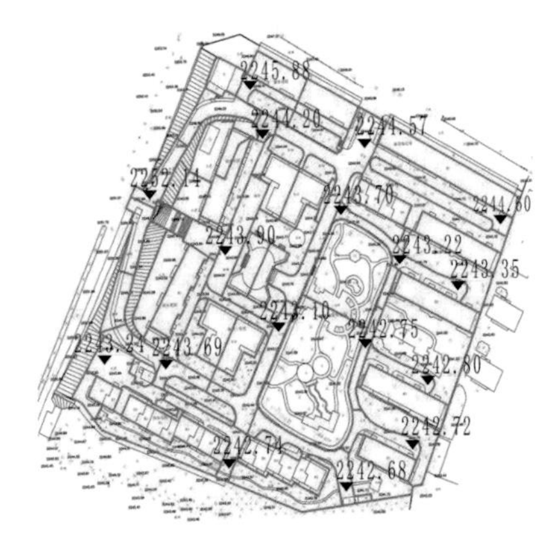

图 6-3-29 排水分区图

③技术流程

综合小区基础条件，结合地区降雨量少且时空分布不均匀特点，在小区海绵化建设中，通过铣刨原有破损主道路系统，重新铺设沥青路面，来消除原有道路的内涝积水区域；其次利用铺装路面竖向调整，引导截留雨水快速进入区域绿色设施，封堵雨水进入污水管网的通道，改变小区雨污合流的状况，实现地下污水地表雨水的雨污分流模式；结合场地和停车场改造，增加绿地和车位，同时也使车位具有调蓄雨水功能；多层建筑雨落管断接，将屋面及道路雨水通过截流沟、导流管、植草沟等设施，引导雨水至生态停车场、下凹绿地、雨水花园中；绿地改造中，在原有植物的基础上，增加当地特色植物，营造景观，其中核心手段是营造植草沟，打通带状绿地的疏水通道，与局部管网系统串联出整个小区的雨水径流通道，在小区雨水汇集最低点通过布设雨水管，将超标雨水溢流至湟水河，满足流量控制目标（图 6-3-30）。

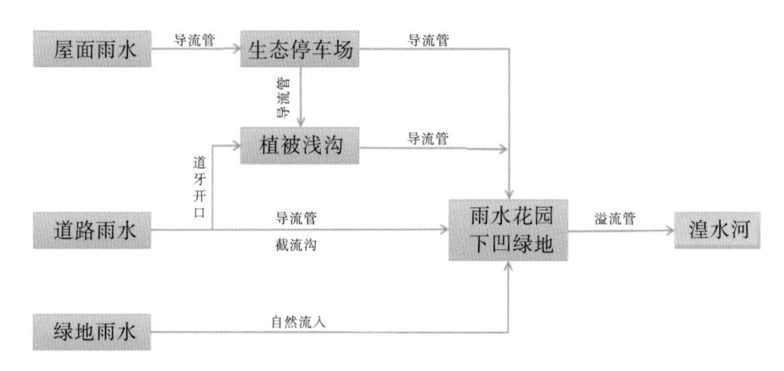

图 6-3-30　技术流程图

④分区详细设计

a. 设施布局与径流组织

结合技术流程，着重雨水的“渗、滞、蓄”，在削减径流量的同时去除污染物，达到“多用少排”的目标，利用小区主道路破损路面的恢复，调整竖向标高，在道路低点、转弯处雨水汇集点布置截流沟，引导雨水；屋面雨水断接处、生态停车场一侧布置导流管，传递雨水至生态停车场蓄水层；结合汇水分区与排水分区的分布，在低点布置绿色设施如雨水花园、下凹绿地等，通过绿色设施调蓄雨水；打通围绕主环路的带状绿地，形成传递雨水的植草沟，并与道牙开口相结合，充分发挥雨水管网的作用；超量雨水通过小区末端两处雨水花园的汇集后，利用埋设的管网溢流至湟水河。小区利用地表径流和管沟组合，最终形成海绵化改造系统。

b. 分区径流控制计算

以 A 区、B 区、C 区汇水分区为例详细解析：A 区位于西入口，地势高差大，下垫面主要类型有建筑、道路、硬质铺装、绿地等（图 6-3-31），通过汇水分区低点结合减速带设置截流沟，将区域内雨水引入道路南侧绿地雨水花园内进行净化

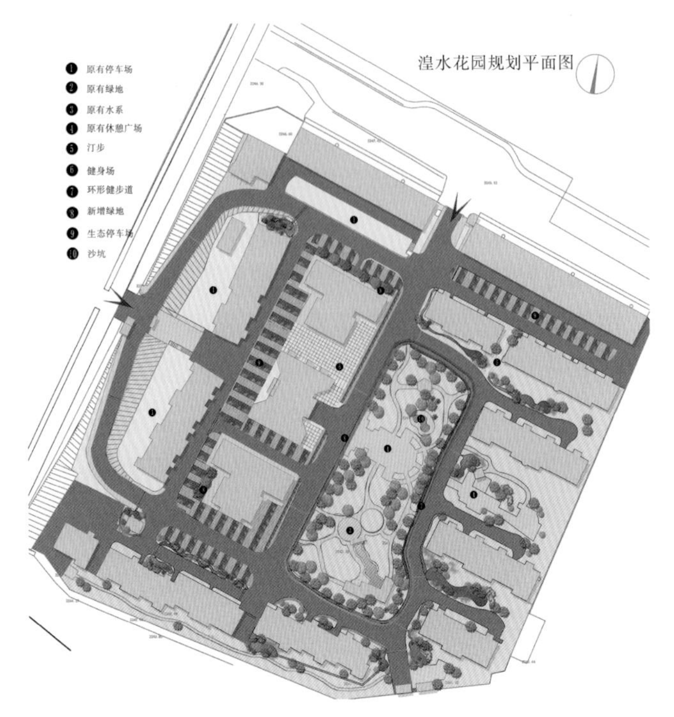

图 6-3-31　规划总平面图

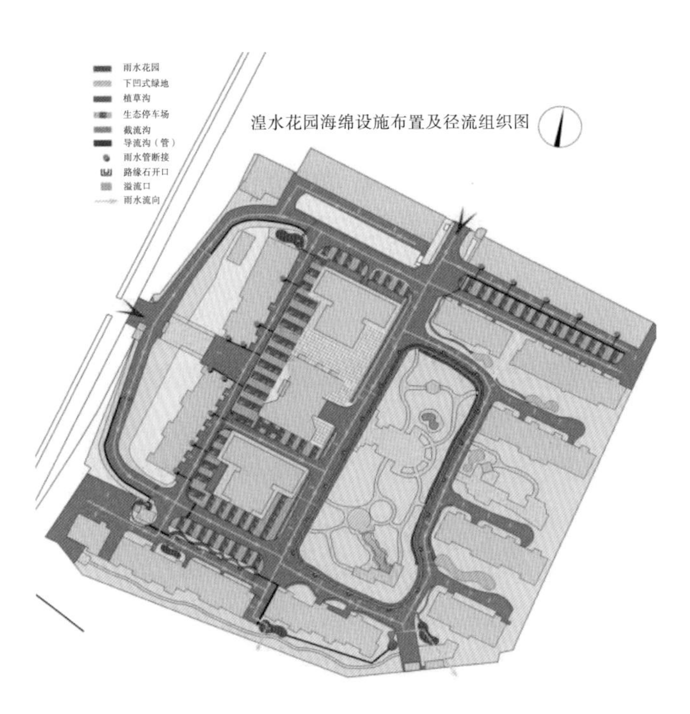

图 6-3-32　径流组织及设施布置图

和调蓄，由于 A 区绿地空间不足，利用溢流口与其相邻的 C 区串联进行雨水消纳，完成区域指标的消解（图 6-3-32）。

A区径流控制计算表 表6-3-8

汇水分区编号	汇水分区面积	综合雨量径流系数	占地面积	数量	可实施控制容积	设计径流可控数量
A区	3214m^2	0.71	22m^2	1	11.15m^3	24.2m^3

A区：依据《海绵城市建设技术指南》，考虑其渗透良影响，Vs=V—WP，V-设施进水量，WP-设施降雨过程中的入渗量，其设计深度为0.35m，面积为22m^2，雨水花园径流控制量为V=7.7m^3、WP=0.0368×1×12×8=3.45m^3、Vs=11.15[式中：WP=KJASts；WP-设施降雨过程中的入渗量，m^3；K-土壤（原土）饱和渗透系数，mh；j-水力坡降，一般取值为1；AS-有效渗透面积，m^2；有效渗透面积按雨水设施占地面积的35%计算。ts-降雨过程中的入渗历时，可取12h]（表6-3-8）。

C区：利用生态停车场（下凹绿地）其上层为蓄水空间留有0.06m，按有效面积按60%计算，其可利用实际面积为1956×0.6=1173.6m^{2}其实际调蓄量为1173.6×0.06=70.4m^3，在C区设置导流沟，并开口埋设盲管至生态停车场，将此区域断接屋面雨水，道路广场、A区溢流雨水引导至生态停车场，导流沟按三年一遇降雨设计标准，其截面尺寸为200mm×200mm，并利用导流沟将超标雨水传导至地区和小区低点进行综合调蓄，其次，C区部分道路雨水沿主路至道牙开口，传导至下一个排水分区进行调蓄（表6-3-9）。

C区径流控制计算表 表6-3-9

汇水分区编号	汇水分区面积	综合雨量径流系数	设施类型	占地面积	可实施控制容积	设计径流可控数量
C区	2397m^2	0.69	生态停车场、下凹绿地	1173.6m^2	70.4m^3	67m^3

B区：利用道路坡向引导雨水进入生态停车场（下凹绿地）进行调蓄，其可利用实际面积为419×0.6=251.4m^2，其实际调蓄量为251.4×0.06=15m^3，屋面雨水利用导流沟至F区下凹绿地内消纳（表6-3-10）。

B区径流控制计算表 表6-3-10

汇水分区编号	汇水分区面积	综合雨量径流系数	设施类型	占地面积	可实施控制容积	设计径流可控数量
B区	2397m^2	0.69	生态停车场（下凹绿地）	419m^2	15m^3	19.05m^2

利用上述方法对各汇水分区径流控制量进行计算，计算结果如下（表6-3-11）：

各分区区径流控制计算表 表6-3-11

分区	汇水面积（m^2）	设计径流控制量（m^3）	可实施控制容积（m^3）	设施类型
A	3214	24.2	11.15	雨水花园
B	2397	19.05	15	生态停车场（下凹绿地）

续表

分区	汇水面积（m^2）	设计径流控制量（m^3）	可实施控制容积（m^3）	设施类型
C	8552	67	70.4	生态停车场（下凹绿地）
D	3526	24.7	9.9	雨水花园
E	3359	11.4	11.4	水系、下凹绿地
F	7442	39.4	50.6	下凹绿地、雨水花园
G	1781	10.8	38.2	下凹绿地、雨水花园
H	1029	9.8	0	高层屋顶
合计	31300	206	207	

对汇水分区径流控制量进行计算，并进行达标评估，得到小区完成指标后的综合径流系数为 0.595，小区雨水年径流总量控制率为 80.1%，高于上位规划 79.2% 的年径流总量控制率指标，符合设计要求（表 6-3-12）。

总控制量 $207=3.13\times10\times0.595\times H$

$H=10.91mm$；年径流控制率为 80.1%

径流控制达标评估　　表 6-3-12

分区	硬质屋面（m^2）	沥青路面（m^2）	硬质铺装（m^2）	水系（m^2）	绿地（m^2）	生态停车场（m^2）	综合径流系数	汇水分区面积（m^2）	设计径流控制量（m^3）	径流控制量（m^3）
A	977	822	983	0	432	0	0.71	3214	24.2	11.5
B	844	824	0	0	310	419	0.69	2397	19.05	15
C	1629	3273	1154	0	540	1956	0.66	8552	67	70.4
D	844	1505	70	0	1107	0	0.66	3526	24.7	9.9
E	57	0	796	190	2316	0	0.32	3359	11.4	11.4
F	2172	1093	420	0	3757	0	0.5	7442	39.4	50.6
G	503	427	120	0	731	0	0.57	1781	10.8	38.2
H	1029	0	0	0	0	0	0.9	1029	9.8	0
合计	8055	7944	3543	190	9193	2375	0.595	31300	206	207

3　设施节点设计

在湟水花园小区海绵化改造中，结合当地气候特点，针对设施节点采用新方法、新工艺，改进设施类型，为海绵指标的完成起到了良好的促进作用。

（1）生态停车场

采用渗透型与下凹绿地相结合的方式，利用级配砂砾换填、碾实，荷载区域采用局部混凝土垫层与高强度 C30 混凝土预制大板平铺构成，中心区域采用高强度玻璃钢纤维格栅板，下部为 20cm 厚沙土，并撒播草籽，形成良好的景观效果，整个种植区与停车场表面下凹 0.06m，作为下凹绿地使用，调蓄场地雨水，打破传统嵌草砖草坪长势不佳、渗透率差、地势高低不平、使用不方便等传统停车场问题（图 6-3-33）。

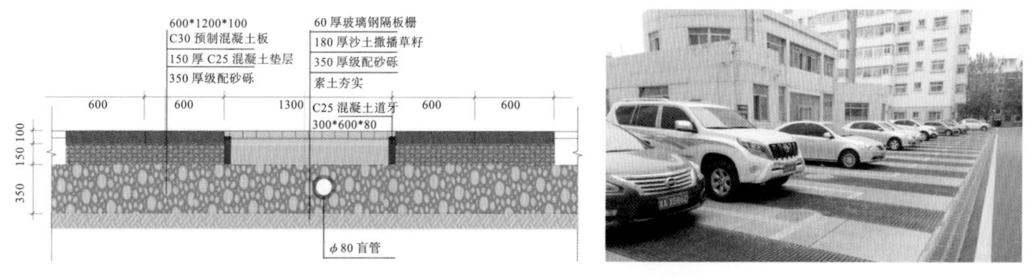

图 6-3-33 生态停车场及剖面图做法

（2）雨水花园

雨水花园作为绿化生态蓄滞区，具有蓄水、净水的功能，降低暴雨地表径流，是一种生态可持续的雨洪控制和雨水利用设施。在传统雨水花园的基础上进行了优化创新，选用树木碎屑、陶粒等不同的换填基质进行回填。经与传统雨水花园蓄水量实验对比发现，用植物碎屑回填的雨水花园蓄水效果最好，单位体积高出 6%；使用陶粒回填层的雨水花园蓄水量略高于传统雨水花园，单位体积高出 2.2%，相同环境下蒸发损失率测定实验显示，树皮蒸发损失率为 14.72%，陶粒蒸发损失率为 92.37%。所以，优化雨水花园比传统雨水花园在蓄水量和排空时间上都具有一定优势。其次，在植物选择上选择当地宿根花卉、灌木、小乔木，按多层次高中低进行配置形成丰富的景观效果，使雨水花园的配置形式更符合当地气候条件（图 6-3-34）。

图 6-3-34 雨水花园

（3）截流槽、导流沟（导流管）

针对西宁降雨量特点，以中小雨为主，采用小尺度钢板焊接钢槽布设在低点、转弯处等雨水汇集区域，将雨水进行拦截并引导进入绿色设施，起到有效调蓄雨水的作用。导流沟（导流管）（图 6-3-35）采用现浇混凝土与铸铁篦子相结合，在地表形成串联绿地和穿越道路的雨水连接设施。截流槽（图 6-3-36）采用暗埋路面的钢管作为跨路和连接重要设施的节点。

图6-3-35 导流沟

图6-3-36 截流槽

4 建设成效

项目实施中利用小区路面竖向的调整，通过收集和引导雨水，解决了小区雨污合流的问题；增加不同类型的绿色设施，并与局部管网结合，有效地调整和蓄存雨水，改变小区低点内涝问题；通过绿地条件改造，打通了传导雨水的通道，改善人居环境，提升小区品质；增加停车位等公共设施，改善出行条件，提高居民生活质量（图 6-3-37）。

图 6-3-37 建设成效

5 模拟与监测绩效评估

（1）模型构建与参数率定

上述设计方案完成了上位规划对湟水花园小区下达的雨水指标任务。为了验证设计的合理性，得到更准确的数据分析，则需要进一步建立 SWMM 模型。模型划分了 85 个子汇水区，末端排水口 C1、C2 共计 2 个，其中 A、C、D、G 和 H 汇水区的雨水排至 C1 排水口，B、E、F 汇水区的雨水排至 C2 排水口，图 6-3-38 为湟水花园小区的 SWMM 概化模型，模拟流量与监测流量对比见图 6-3-39 至图 6-3-41。

图 6-3-38 小区 SWMM 概化模型构建

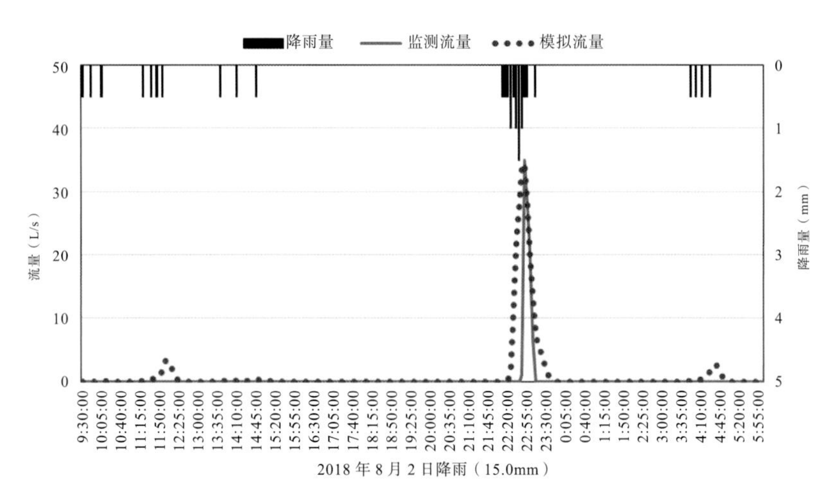

图 6-3-39 8 月 2 日降雨小区 C1 排水口模拟流量与监测流量对比曲线图

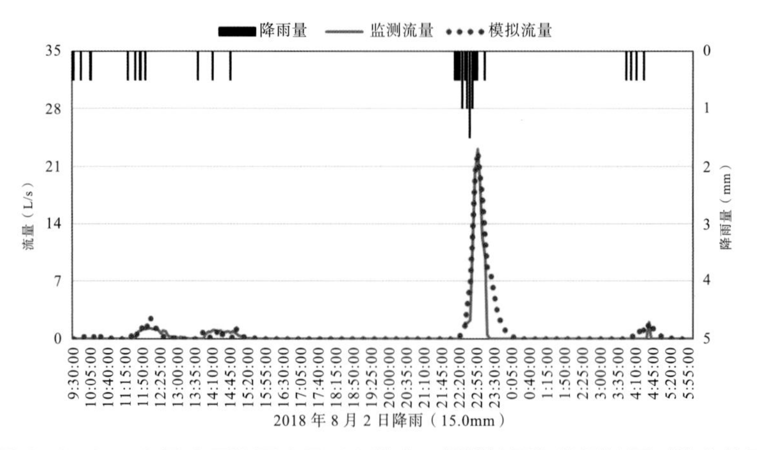

图 6-3-40　8 月 2 日降雨小区 C2 排水口模拟流量与监测流量对比曲线图

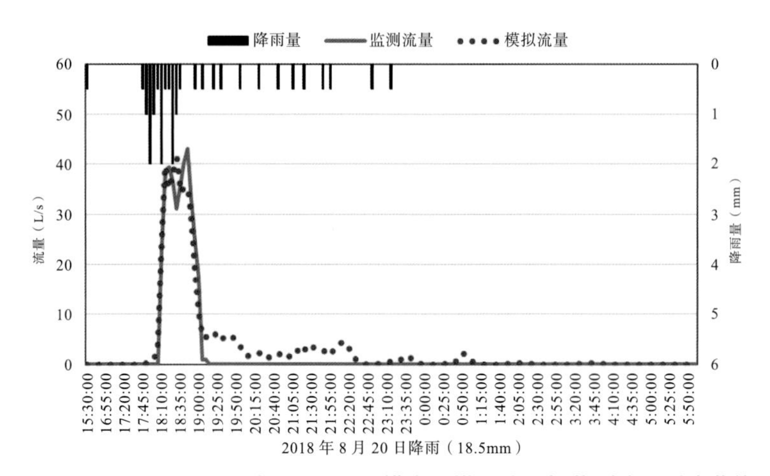

图 6-3-41　8 月 20 日降雨小区 C1 排水口模拟流量与监测流量对比曲线图

（2）年径流总量控制评估

本研究利用 2018 年全年监测降雨对湟水花园小区进行 SWMM 模型的长系列连续模拟，用于评估上述设计方案是否满足设计年径流总量控制率的要求（图 6-3-42）。

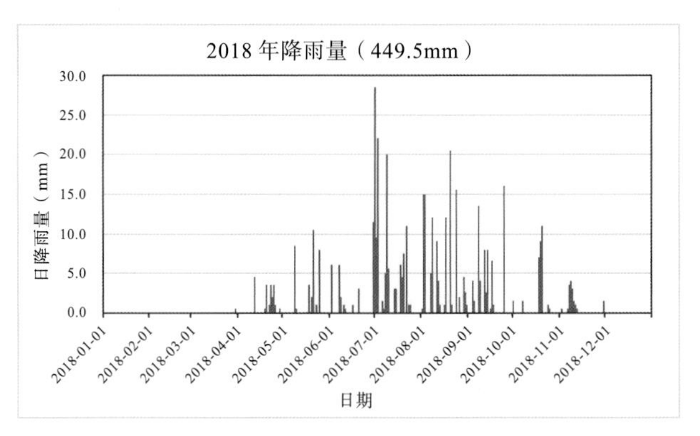

图 6-3-42　2018 年全年监测降雨分布图

采用2018年连续降雨数据进行模型模拟，湟水花园小区模型系统结果为：降雨总量449.5mm，蒸发量96.1mm，入渗和调蓄量274.7mm，产流量78.7mm。由此可知，在2018年连续降雨模拟下的年均径流总量控制率为82.5%，能够达到79.2%的设计年径流总量控制率指标。

（3）径流峰值控制评估

本研究采用3年一遇重现期下历时2小时的短历时设计降雨（降雨量20.85mm），对小区进行改造前后排水口流量的模拟分析，用于评估径流峰值流量的削减和延长效果（图6-3-43，图6-3-44）。

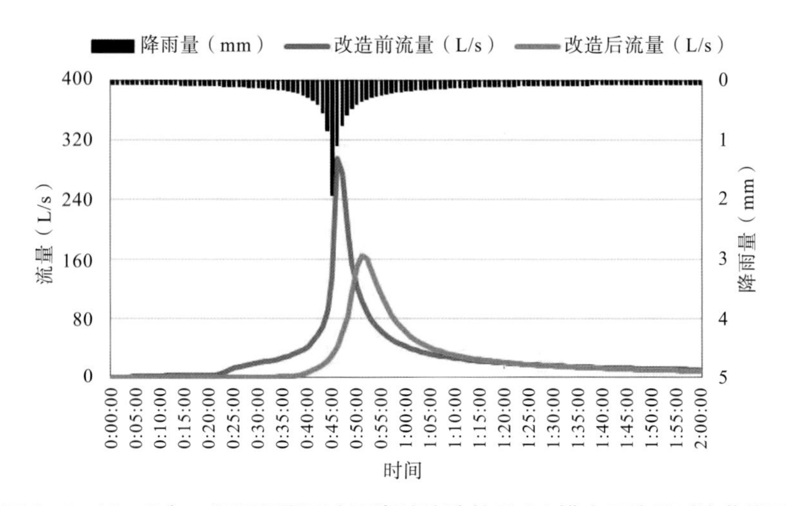

图6-3-43　3年一遇重现期下小区海绵改造前后C1排水口流量对比曲线图

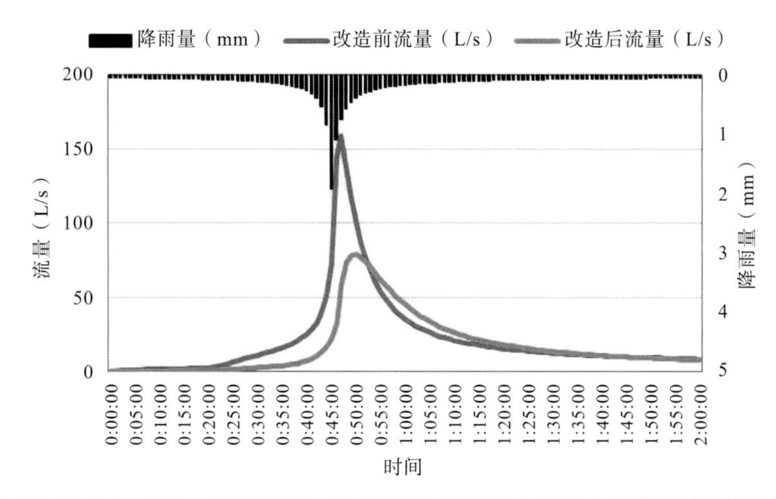

图6-3-44　3年一遇重现期下小区海绵改造前后C2排水口流量对比曲线图

通过模拟分析可知，在改造前后，C1和C2排水口的产流流量出现了明显变化，海绵设施的建设使得小区绿地消纳雨水的能力增强。由图6-3-43和图6-3-44

分析可知，在 3 年一遇降雨条件下，海绵改造前 C1 和 C2 排水口的峰值流量分别为 295L/s、159L/s，峰现时间分别为第 46 分钟、47 分钟；改造后，C1 和 C2 排水口的峰值流量分别为 165L/s、78.9L/s，峰现时间分别为第 51 分钟、第 50 分钟。因此，小区海绵改造后，两个排水口流量峰值分别降低了 44.07%、50.38%，峰值时间延迟了 5 分钟、3 分钟，起到了一定的削峰延时效果。

（4）内涝积水控制评估

本研究采用 50 年一遇重现期下历时 24 小时的长历时设计降雨（降雨量 53.5mm），对小区进行改造前后内涝积水情况进行模拟分析，用于评估超过 15cm 深度积水面积的削减程度（图 6-3-45）。

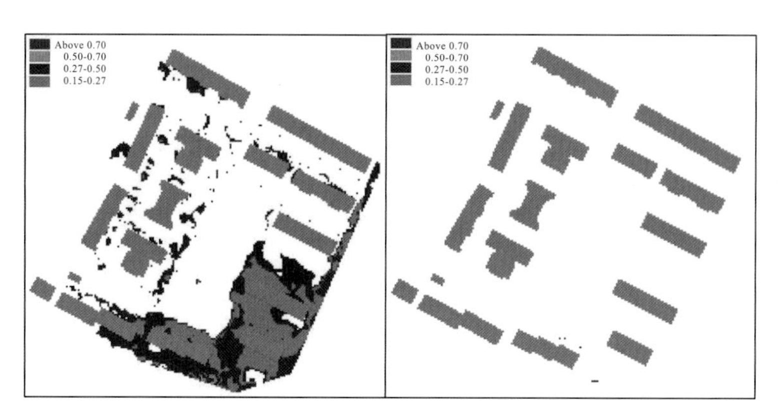

图 6-3-45　改造前后 50 年一遇内涝风险积水图

通过模拟分析可知，在改造前后，场地内部内涝积水范围出现了明显变化，海绵设施及转输设施的建设，使得小区强降雨条件下排水能力增强。海绵改造前，小区 50 年一遇降雨条件下存在较大面积内涝积水风险，改造后，由于增加了雨水调蓄及转输排水能力，相同降雨条件下 0.27—0.5mm、0.5—0.7mm、大于 0.7mm 深度范围内，积水削减率均为 100%，0.15—0.27mm 深度范围积水削减率达到 99.9%，内涝风险基本消除。

6　经验与启迪

湟水花园的小区海绵化改造项目，从 2017 年开始，至 2018 年完成，无论通过理论模型验证还是实际监测检验，都证明了项目的成功。

利用 SWMM 模型，模拟 2018 年降雨，以及实际降雨值进行对比验证，小区年径流总量控制率 82.5%，能够达到 79.2% 的设计年径流控制率指标；3 年一遇的两小时降雨条件下，两个排水口流量值分别降低了 44.07%、50.38%，峰值时间延迟了 5 分钟、3 分钟，起到了一定的削峰延迟的效果。小区的 50 年一遇降雨的排水条件，经改造增加了雨水调蓄传输排水能力，内涝风险基本消除。

小区海绵化改造的实现，解决了小区雨污合流的问题，内涝风险消除。公共设施增加，人居环境有效提升，使以往单一的雨水管网建设模式得到了改进，达到了老旧小区改造的目的，也对今后高海拔半干旱气候下的老旧小区海绵化改造提供了借鉴和启发。

（1）在高海拔半干旱降雨条件下，利用地表径流和管网结合的方式，合理地布设绿地进行雨水调蓄，最终以溢流的方式实现老旧小区雨污分流是可行的。

（2）利用带状绿地与竖向设计的结合，布设植草沟代替雨水管网，利用高差引导雨水，有效节约管网投资，提升小区景观环境，是可以实现的。

（3）雨水花园是海绵城市建设中重要的绿色设施，针对当地自然特点和气候条件，应采用灵活和多种形式的设计方式，变换填料，发挥雨水调蓄功能，不应拘泥于传统雨水花园。雨水花园植物选型更应该结合自身降雨和气候条件，采用小乔木、花灌木、多年生花卉等植物，打造多品种、多层次的配置方式，形成丰富的景观效果，区别于其他地区雨水花园仅种植耐湿性植物和以草坪为主的雨水花园类型。

（4）在老旧小区的海绵城市建设中，应改变仅采用透水材料的单一建设模式，通过生态停车场、轻荷载人行铺装等新工艺、新做法，既让雨水充分接触土壤发挥调蓄作用，又实现设施的服务功能。

6.3.3 公建广场——青海科技馆外环境海绵化改造项目

1 项目基本情况

青海科技馆海绵改造项目位于西宁市海湖新区，是目前全省最大的科普活动场所和西宁市新城建设中具有地标性质的公共建筑之一。项目在西宁市海绵城市试点区内隶属湟水河汇水片区第七排水分区，总占地面积为3.66hm^2，其中建筑占地面积12881m^2，绿地率达到35.9%且分布较为集中，为生物滞留设施的布局提供了较大空间（图6-3-46，图6-3-47）。

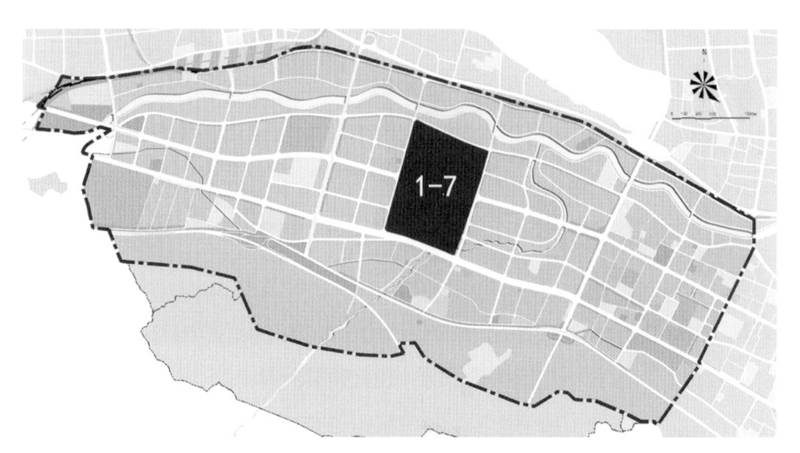

图6-3-46 七排水分区在西宁海绵城市试点区区位

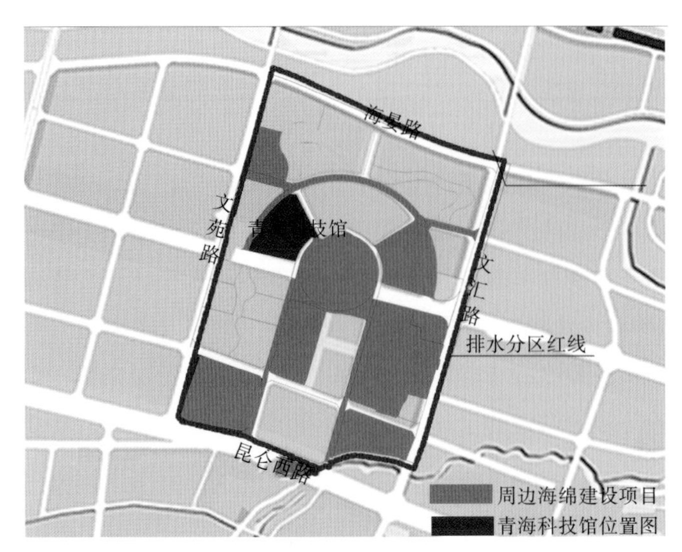

图 6-3-47　青海科技馆在七排水分区区位

2　场地现状问题分析

（1）场地竖向及排水条件

场地内西高东低，南高北低。场地径流方向总体为由建筑向四周呈放射状排放，绿地路沿石为立缘石，阻碍铺装径流汇入。现状铺装雨水径流排入小区雨水管网。现状建筑为一层外排水，总排口位于西北角科普路。外围竖向均低于场地内部竖向，无客水汇入。

（2）铺装问题

项目内硬质铺装面积较大，均为非透水材质，产流量较大。场地铺装因大型车辆碾压存在破损塌陷现象，集中降雨时存在积水（图 6-3-48）。

图 6-3-48　现状铺装问题

（3）植被问题

场地内植被种植遵循场地肌理，乔木、灌木、草本植物种类及搭配方式较为单一，在草本地被的选择及色叶植物的观赏性上有待提升，可结合海绵设施建设进行改良优化（图 6-3-49）。

图 6-3-49　现状原植被

3　建设原则和设计目标

（1）设计目标

通过海绵设施布局提高雨水利用效率，解决铺装积水问题，丰富场地植被景观，满足上位规划指标要求，年径流总量控制率达到 81.4% 以上，年 SS 去除率达到 47.2% 以上。

（2）设计原则

以截流减排、提高利用为原则，充分遵循场地现状条件，实现雨水控制利用和景观提升建设的双赢。

4　海绵改造设计

（1）汇水分区及调蓄容积计算

场地内总体径流方向为建筑向四周流向，项目内铺装场地有四个变坡点，综合场地竖向和管网分布情况，共分为五个汇水分区（图 6-3-50）。

图 6-3-50　青海科技馆汇水分区图

（2）径流控制目标及调蓄容积计算

根据上位规划指标，青海科技馆目标年径流控制率为81.4%，对应设计降雨量为11.4mm，SS去除率57.6%。根据下垫面现状，采用容积法计算出场地产流量如表6-3-13。

青海科技馆目标调蓄容积计算表　　表6-3-13

下垫面类型	面积（m^2）	占比（%）	径流系数	设计降雨量（mm）	产流量（m^3）
建筑	12881	35.2	0.9	11.4	132.2
道路及铺装	10600	28.9	0.8		96.7
绿地	13132	35.9	0.15		22.5
总计	36613	100			251.3

经过计算，场地目标调蓄容积为251.3m^3。

（3）海绵设施布局与径流组织

建筑屋面雨水与地表径流，通过在地面设置截流沟的形式以及路沿石开口的形式引入绿地内，在绿地进水口设置截污篮，雨水通过截污篮净化后进入绿地内的雨水花园或下凹绿地内滞蓄，雨水花园调蓄满后，雨水通过溢流井进入相邻的雨水口或雨水井排入市政管网（图6-3-51）。

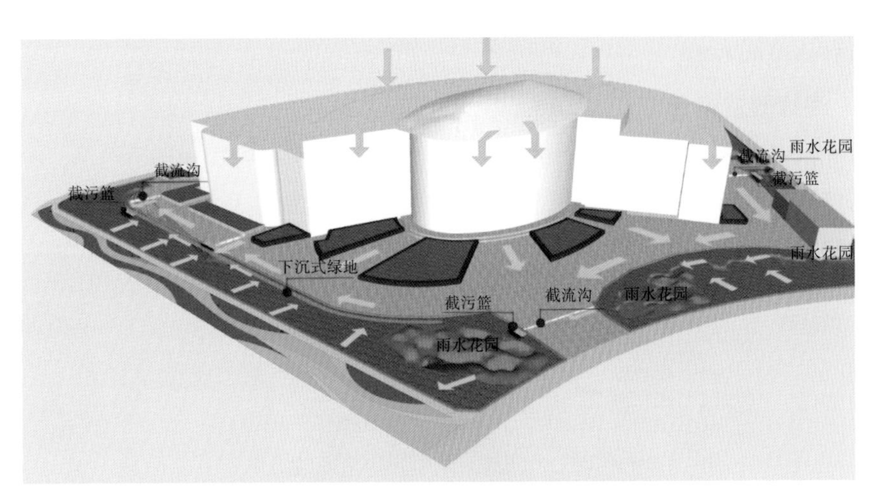

图6-3-51　青海科技馆雨水流程示意图

（4）海绵设施设计（图6-3-52）

针对现场土层局部下陷的问题，根据土壤渗透速率，雨水花园的渗透层外包裹透水土工布控制雨水下渗的速率，保证雨水花园的调蓄空间（图6-3-53）。此外，为保证海绵景观效果，对截流沟的盖板进行了水纹图案的异形加工（图6-3-54，图6-3-55）。

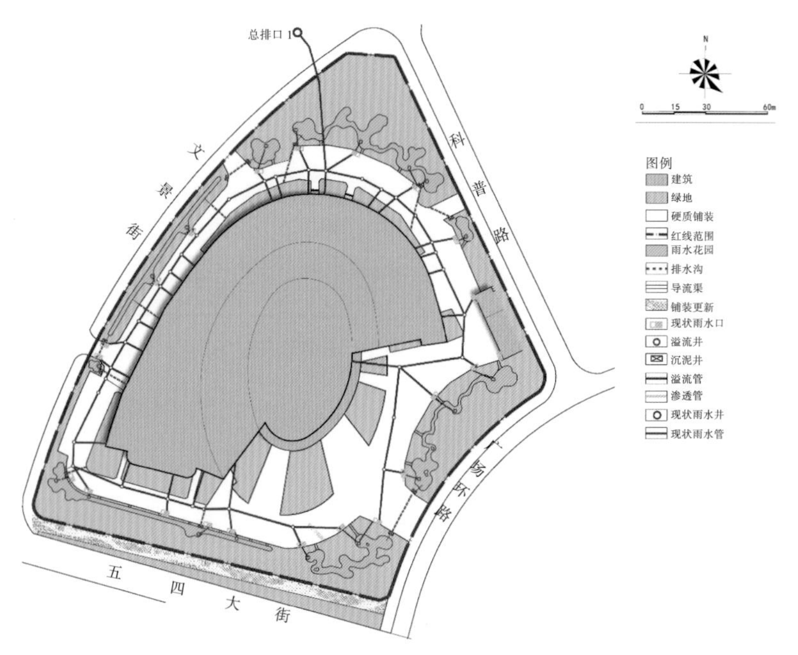

图 6-3-52 青海科技馆海绵设施布局图

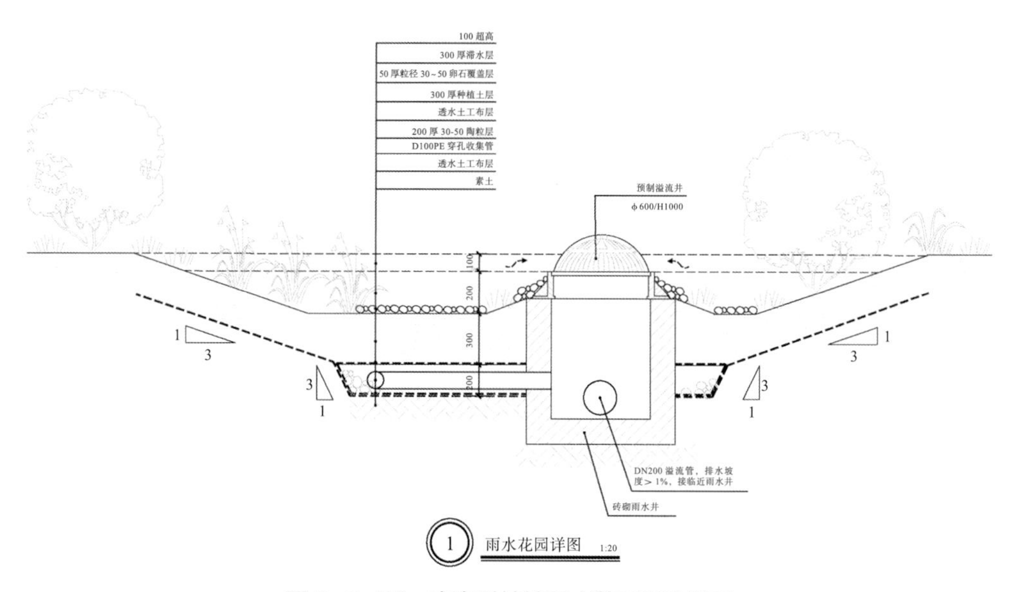

图 6-3-53 青海科技馆雨水花园做法详图

（5）设计调蓄容积核算

经过核算，设计调蓄容积达到 297.8m^3，大于目标调蓄容积 251.3m^3 的要求，年径流控制率达到 86.2%，对应设计降雨量 13.6mm，年 SS 去除率达到 72.4%。

5．建设效果

（1）建设实际效果

通过海绵改造，地表径流得到削减，积水消除，破损铺装得到修复，植物景观

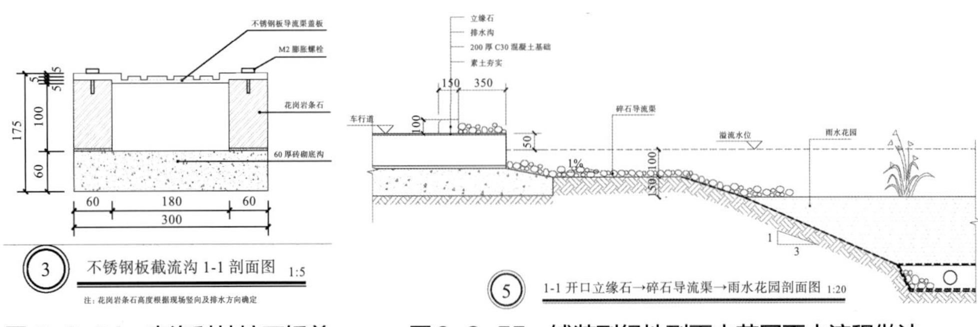

图 6-3-54　青海科技馆不锈盖板沟法详图

图 6-3-55　铺装到绿地到雨水花园雨水流程做法

效果得到提升（图 6-3-56）。

图 6-3-56　青海科技馆雨水花园效果

（2）监测效果及模型率定

为了系统性评估青海科技馆的径流控制效果，在科技馆南门靠西侧的雨水花园进出水口以及项目管网总排口，都安装了流量计和 SS 分析仪，对径流控制情况及 SS 污染去除情况进行实时监测。选取海绵改造后的 2018 年 7 月 1 日实测典型场次降雨进行水文模型的率定与验证。

以青海省科技馆一处排水口的流量计 5min 累计流量作为观测值，与模型对应排水口的模拟流量值进行对比分析可知，模型雨季率定的 E_{NS} 范围为 0.71，流量过程线的大致形状和峰值出现的时间基本均相吻合，且模拟流量曲线与监测流量结果的吻合程度非常好，说明模型选取的水文水力参数满足模拟要求。

①年径流总量控制率

根据监测降雨数据，采用 2018 年连续降雨数据进行模型模拟，青海省科技馆模型系统结果：降雨总量 449.5mm，蒸发量 45.0mm，入渗和调蓄量 351.0mm，产流量 73.5mm。由此可知，在 2018 年连续降雨模拟下的年均径流总量控制率为 83.7%，能够达到 81.4% 的设计年径流总量控制率指标（图 6-3-57）。

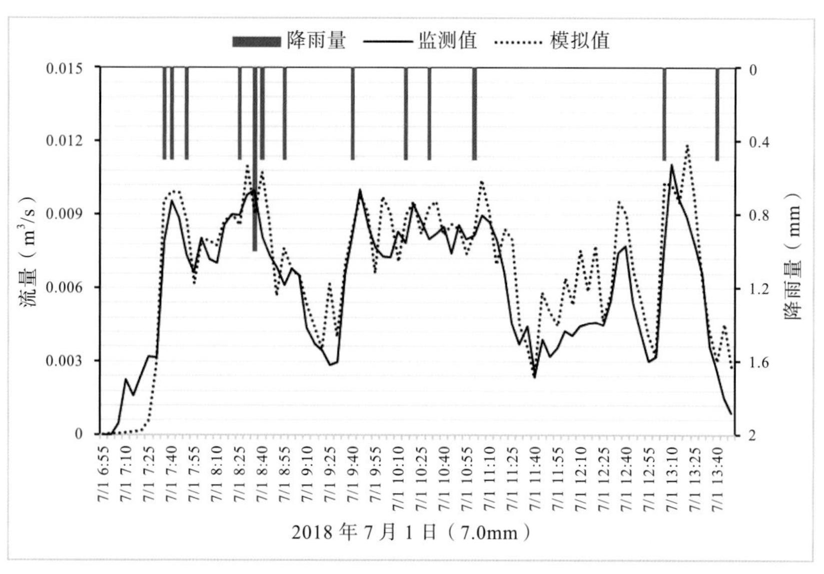

图 6-3-57 2018 年 7 月 1 日降雨青海省科技馆排水口模拟与监测流量对比图(ENS 为 0.71)

②径流峰值控制

采用 3 年一遇重现期下历时 2 小时的短历时设计降雨，对青海省科技馆进行改造前后排水口流量进行模拟分析，用于评估径流峰值流量的削减和延长效果（图 6-3-58)。

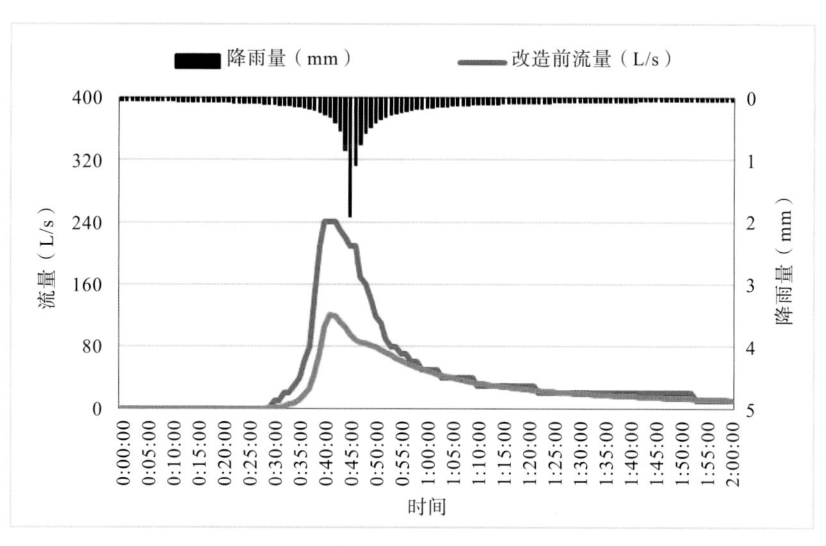

图 6-3-58 3 年一遇重现期下青海科技馆海绵改造前后排水口流量对比曲线图

通过模拟分析可知，通过 SWMM 模拟分析可知，在改造前后，排水口的产流流量出现明显变化，低影响开发设施的建设使得地块绿地消纳雨水的能力增强。在 3 年一遇 2 小时降雨下改造前，排水口的流量为 240L/s，峰现时间为第 40 分钟，改造后排水口的流量达到 120L/s，峰现时间为 41 分钟，改造后峰值降低了 50%，达到了很好的削峰延时效果，达到了上位规划要求的目标。

③ SS 总量削减率

采用 2018 年连续降雨数据进行模型模拟，青海省科技馆模型系统结果：SS 径流污染总量为 2406kg，SS 径流污染出流量为 1127g。由此可知，在 2018 年连续降雨模拟下的年均 SS 总量削减率为 53.2%，能够达到 47.2% 的设计 SS 总量削减率指标。

6.3.4 市政道路——海湖新区八条道路海绵化改造项目—文苑路

1 项目基本情况

（1）项目概况

文苑路海绵化改造项目位于西宁市海湖新区中部核心区内，项目在西宁市海绵城市试点区内，隶属湟水河汇水片区第六排水分区（图 6-3-59，图 6-3-60）。文苑路为城市主干道（Ⅰ级），道路南起昆仑大道，与西关大街、五四西路、文景街相交，北至海晏路。道路海绵化改造长度 1.47km，道路红线宽度为 40m，总占地面积 7.13hm^2。2016 年 11 月份，根据道路建成后发现的系列问题和需求，按照海绵城市试点要求启动了改造工作，2018 年 11 月投入使用。项目投资 534.8 万元。单位长度改造投资约 363.8 万元。

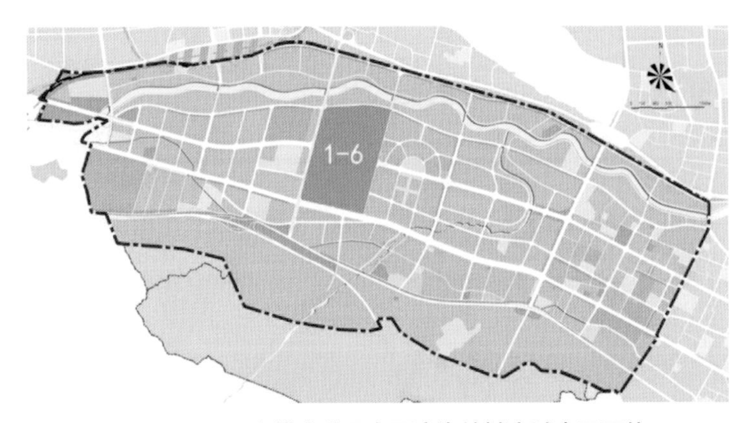

图 6-3-59　六排水分区在西宁海绵城市试点区区位

图 6-3-60　文苑路在六排水分区区位

（2）项目场地基本情况

①现状地质条件

文苑路海拔高程 2270.95—2290.25m，原工程场地属湟水河南岸Ⅱ级阶地，自上而下土壤结构依次为 0—1.2m 种植土、填筑土、砂类土（细沙）、粉质低—中液限黏土（黄土状土具有湿陷性）、砂砾土（粗砂）、砾类土（卵石）及第三系泥岩组成。沿线场地为Ⅱ、Ⅲ级自重湿陷区域，道路建设过程中对其路基进行处理。经现场实测绿化带土壤渗透系数 1.7×10^{-5}m/s。

②现状道路结构

现状道路横断面：3.5m（人行道）+3.0m（绿化带）+10.5m（车行道）+6.0m（中央分隔带）+10.5m（车行道）+3.0m（绿化带）+3.5m（人行道）（图 6-3-61）。

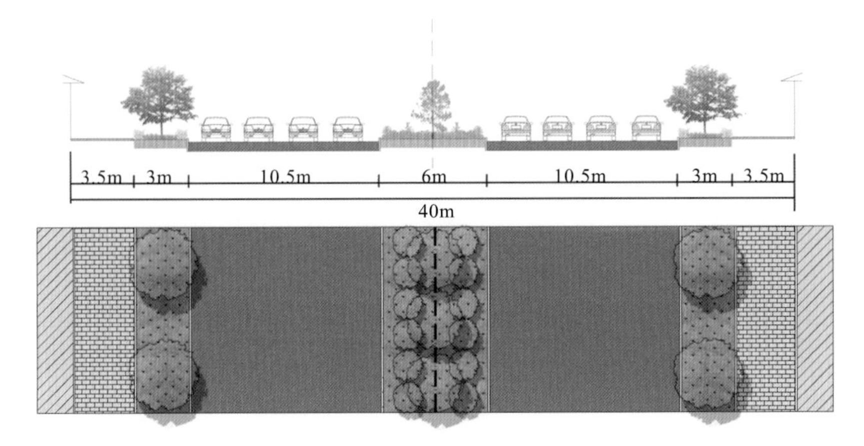

图 6-3-61　文苑路道路横断面

现状道路路面结构：结构自上而下为：5cm 厚中粒式沥青混凝土；7cm 厚粗粒式沥青混凝土面层；20cm 厚水泥稳定砂砾上基层；20cm 厚级配砂砾底基层；20cm 厚级配砂砾底垫层。路面结构总厚 72cm。

③道路竖向

文苑路位于湟水河南岸，湟水河南岸地势呈西南高，东北低，整体向东北方向倾斜，地貌单元属湟水南岸Ⅱ级阶地，阶地面上地形相对平缓，海拔高程 2269.82—2291.35m。道路的最大纵坡为 2.64%，最小纵坡为 1.06%。车行道横坡为 1.5%，人行道路横坡为 2.0%。

④排水管网

道路的排水体制为雨污分流制。边侧绿化带高于路面 0.2m，道路排水为传统快排模式，道路市政雨水管道管径为 DN600—1000mm，坡度随道路坡降，根据现场踏勘，现状雨水管道和雨水篦子有堵塞情况。机动车道边缘布置市政雨水口收集雨水，排入道路雨水管网，道路由南向北沿现状道路最终接入湟水河。

⑤下垫面条件

场地现状为已建项目，下垫面类型为车行道、人行道和道路附属绿地等类型，其中硬化路面占 82.66%，可收集路面雨水的边侧绿化带仅占 6.4%（表 6-3-14）。

下垫面情况一览表 表 6-3-14

序号	下垫面类型	面积（m^2）	占比
1	机动车道	40355.00	56.56%
2	人行道铺装	18027.00	25.27%
3	绿地	12967.00	18.17%
4	总计	71349.00	100.00%

2 问题与需求分析

（1）土壤地质环境特殊性为道路海绵设计带来挑战

道路建设区域原地质属Ⅱ、Ⅲ级自重湿陷区域，道路的个别路段地质结构存在湿陷性黄土，道路在建设过程中虽对其路基进行处理，但绿化带内在大量浸水后，土壤发生塌陷、变形的风险依旧很大。如何处理好雨水下渗和道路基础结构安全的关系，如何做好低影响开发雨水设施的防渗工作，保证道路的结构安全，尤为重要。

（2）雨水排放为传统快排模式

道路的中央绿化分隔带的竖向高程高于两侧道路。市政管线基本埋于中央分隔带下，绿化带均高于路面，降雨时道路雨水经雨水口快速排入雨水管道，缺乏必要的调蓄和利用，造成雨水资源的浪费。

（3）硬化下垫面占比较大，积水内涝风险较高

原道路的车行道和人行道均为不透水路面结构，局部段落纵坡坡度较大，雨水沿绿化带边缘雨水篦子直接排走，无法下渗、滞蓄，源头径流雨水控制不足，强降雨时迅速形成径流峰值，汇集大量雨水，对雨水管网造成较大的排水压力，存在积水内涝风险。

（4）面源污染严重，绿化带整体下凹难度大

西宁道路绿化带高于道路铺装，沙尘大且存在泥土外溢的情况，如采用简单的绿地下凹改造工程量较大，且对现状长势良好的乔木、灌木、绿化带内的电力管线造成破坏，如最大限度保留现状植物，就增加了低影响开发雨水设施的布置难度。

3 海绵城市改造目标

项目综合考虑文苑路气候、降雨、水文、地质等环境本底特征，结合海绵城市建设理念及规划管控指标要求，确定改造目标，因地制宜开展设计。

（1）安全第一，功能优先；分级削减，控制径流；降低污染，调蓄雨水；提升景观，

改善环境。

（2）湿陷性黄土地质不良地区道路，低影响开发技术创新与研究示范。

运用海绵城市建设理念，实现雨水径流污染控制、径流总量控制、人居环境治理、生态系统修复等目标；满足海绵城市相关控制要求，同时解决道路自身景观品质及交通安全问题。

4 海绵城市改造设计方案

（1）设计流程

本项目的设计包括前期调研、确定控制目标、系统设计、控制措施选用四大部分。城市道路径流雨水应通过有组织的汇流与转输，经截污等预处理后引入道路红线内、外绿地，并通过设置在绿地内的以雨水渗透、储存、调节等为主要功能的低影响开发设施进行处理，同时综合考虑经济、环境、社会等因素。道路海绵改造技术路线如图 6-3-62。

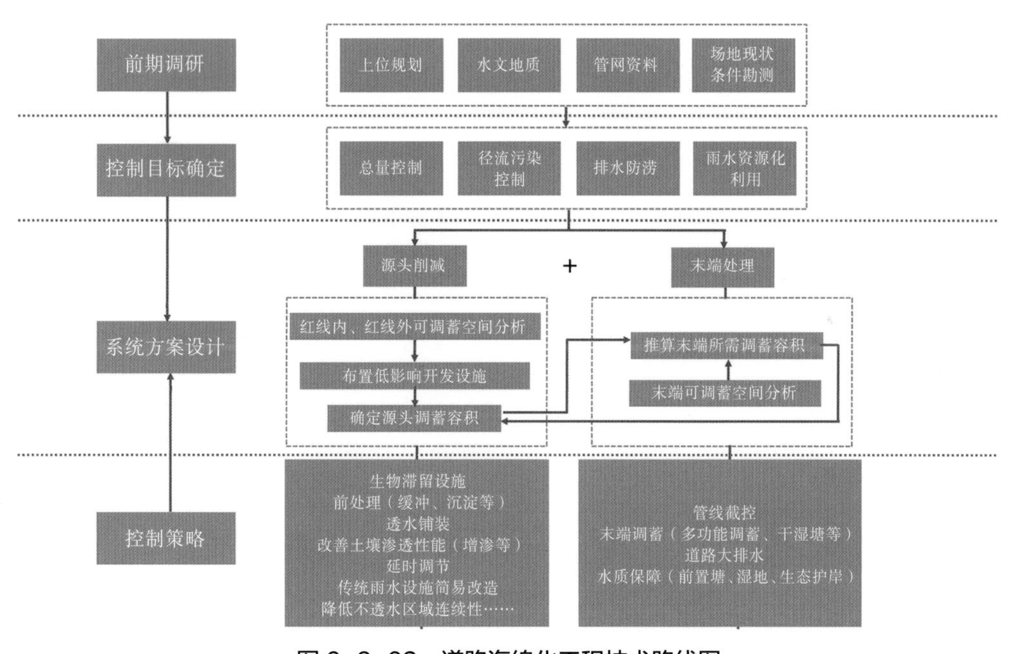

图 6-3-62 道路海绵化工程技术路线图

（2）设计降雨

根据住建部发布的《海绵城市建设技术指南——低影响开发雨水系统构建（试行）》中的计算方法，选取西宁市气象局提供的西宁站 1985—2015 年近 30 年的日均降雨量作为基础数据，本项目年径流总量控制率为 48.2%，对应年径流总量控制率对应的设计降雨量为 4.4mm（图 6-3-63）。

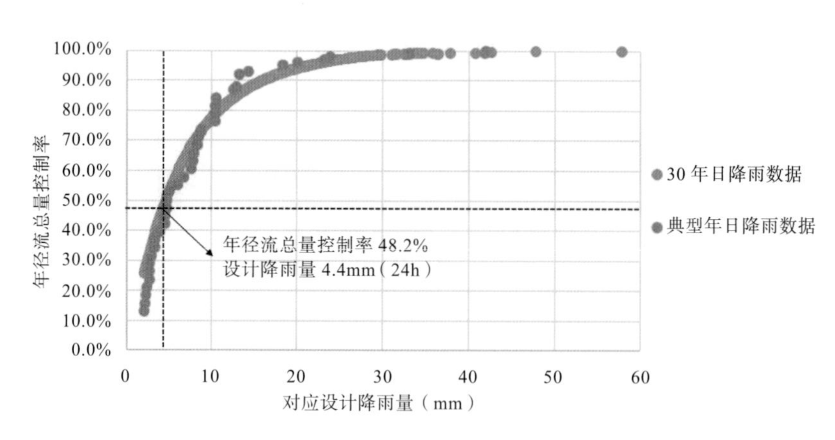

图 6-3-63　年径流总量控制率——设计降雨量对应关系曲线

（3）总体方案设计

①设计径流控制量计算

根据典型道路断面计算道路中和雨量系数，加权计算可得改造前道路综合雨量系数为 0.72，详细计算过程参见下表所列。按照容积法计算，文苑路设计总净流控制量需不小于 231.8m^3（表 6-3-15）。

道路综合雨量径流系数计算　　表 6-3-15

位置	机动车道	人行道	边侧绿地	中央绿地	道路横向总长
道路宽度（m）	21	7	6	6	40
雨量径流系数	0.9	0.8	0.15	0.15	0.74

注：引自《建筑与小区雨水利用工程技术规范》GB 50400—2006。

②改造策略与技术路线

根据文苑路道路结构、现状绿化分隔带的宽度与调蓄空间的大小及道牙情况，设置不同功能的低影响开发雨水设施，实现源头削减和末端调蓄。源头削减主要通过收集地表径流到生物滞留设施中进行滞蓄和净化来实现，末端调蓄是指多余的雨水通过溢流设施进入原雨水管网，在总排口结合湟水河湿地集中调蓄。

在道路海绵化改造时，采用模块化的设计单元，减小对现状植被的破坏，同时对原有道路照明、通信等管线采取最大化的保护措施。

在满足道路海绵建设的要求上，同时考虑道路景观的美观要求，丰富了道路植物品种，增加了多种道路绿化种植模式，实现道路改造集景观提升与低影响开发雨水设施的完美融合。

（4）改造方案

文苑路边侧绿带较宽，绿地覆土高于车行道路面 20cm，车行道一侧为立道牙。为了能达到更好的滞水效果，降低对场地原始植被的破坏，设计通过引水石和排水

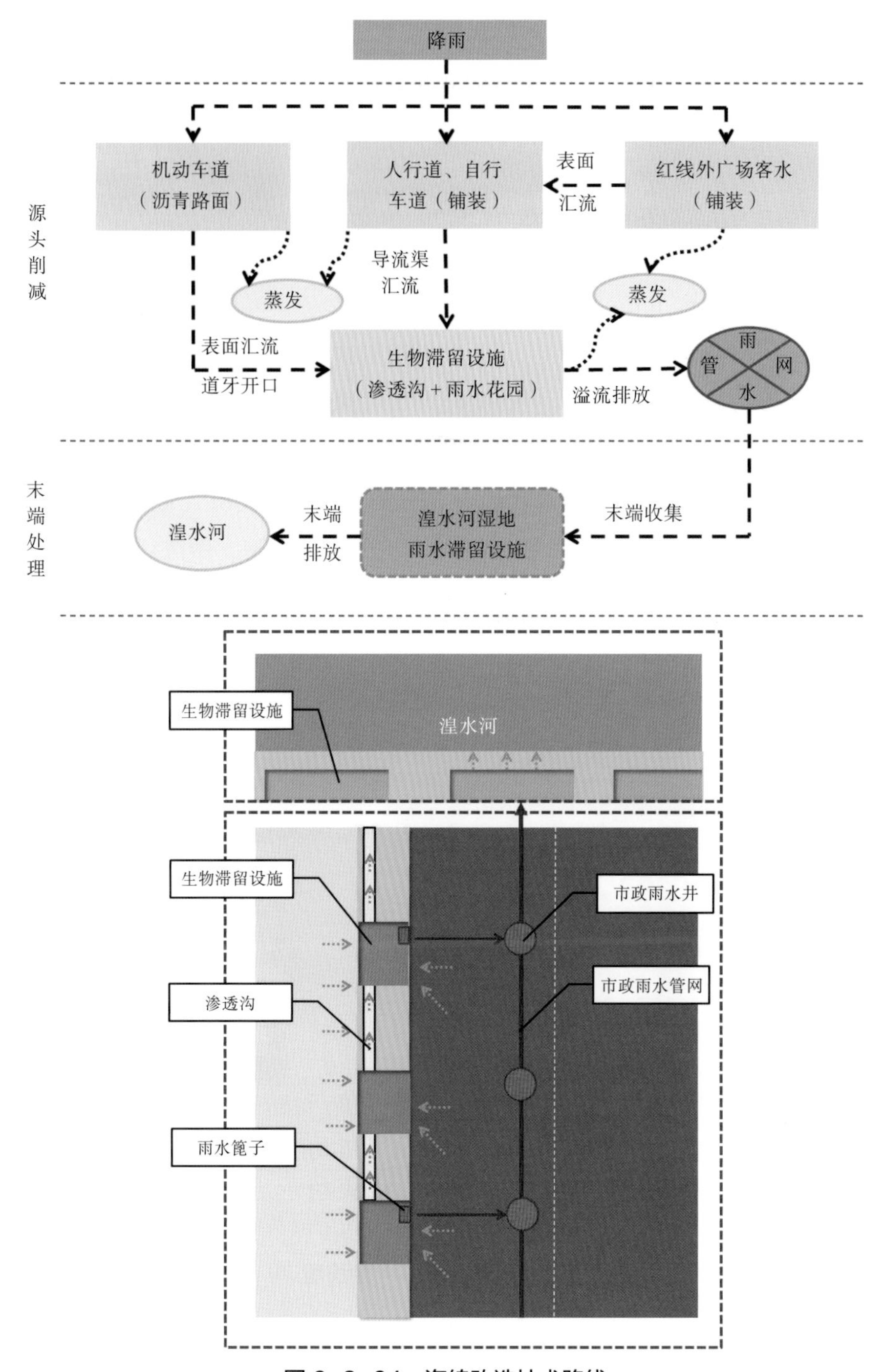

图6-3-64 海绵改造技术路线

型路缘石收集人行道与车行道的地表径流；在现状道路最低点设置道牙开口，并将边侧绿地下挖1.1m，布置海绵设施模块进行雨水的滞留与净化，设计滞水深度为250mm（图6-3-64）。模块A收集的雨水通过渗透沟传输至模块B，通过模块B的溢流设施进入市政雨水管网系统（图6-3-65）。

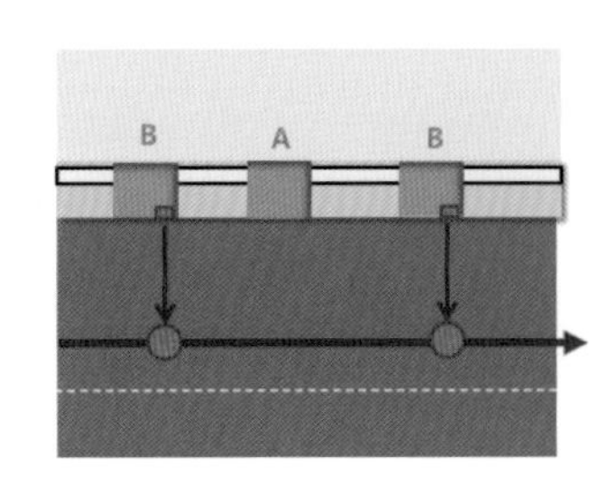

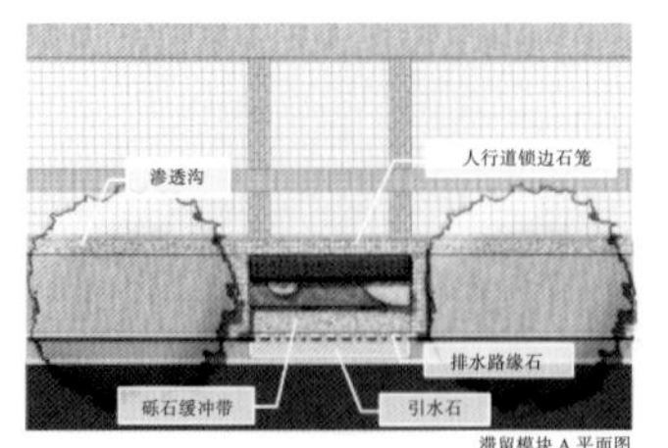

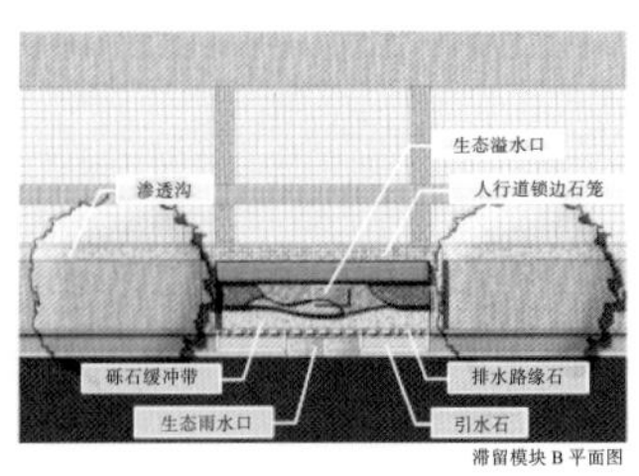

图 6-3-65　海绵化改造平面图

①模块 A

功能：针对无市政雨水口的道路低点布置，滞留与传导收集的地表径流。

流程：人行道雨水通过导流渠汇入锁边石笼最终进入模块 A；车行道雨水通过引水石、排水路缘石、卵石缓冲带，最终汇入模块 A。而模块 A 汇流的超标雨水则通过砾石排水层、锁边石笼、渗透沟汇入下一个雨水设施。做法详见模块 A 断面图 6-3-66。

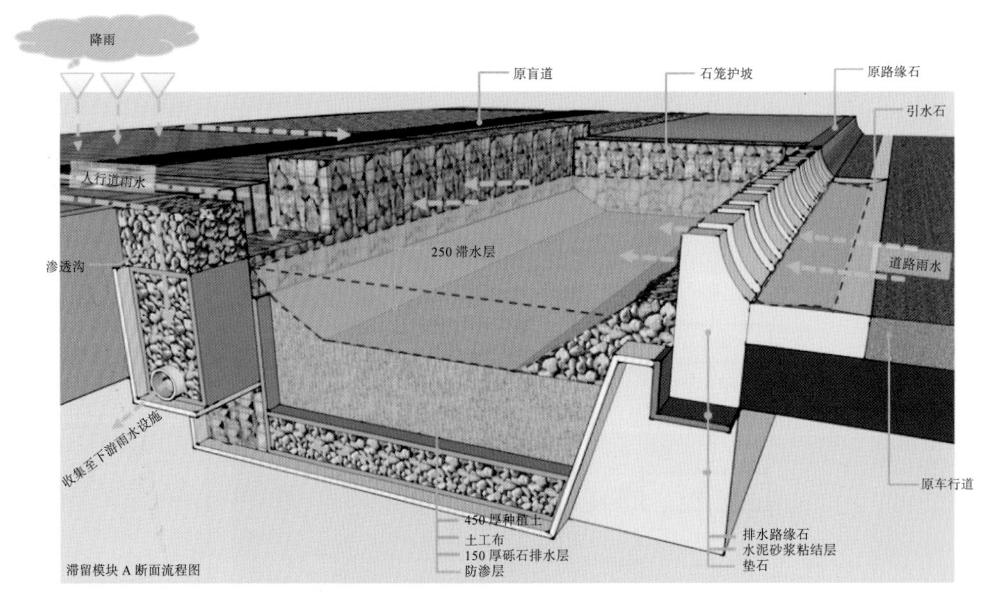

图 6-3-66　模块 A 断面图

②模块 B

功能：针对有市政雨水口的道路低点，作用为滞留与溢流。

流程：人行道雨水通过导流渠汇入锁边石笼最终汇入模块 B；车行道雨水通过引水石、排水路缘石、卵石缓冲带，最终汇入模块 B。而 B 设施汇流的超标雨水与上游渗透沟的汇水，则通过渗透井汇入市政雨水口，最终汇入城市雨水管网。做法详见模块 B 断面图 6-3-67。

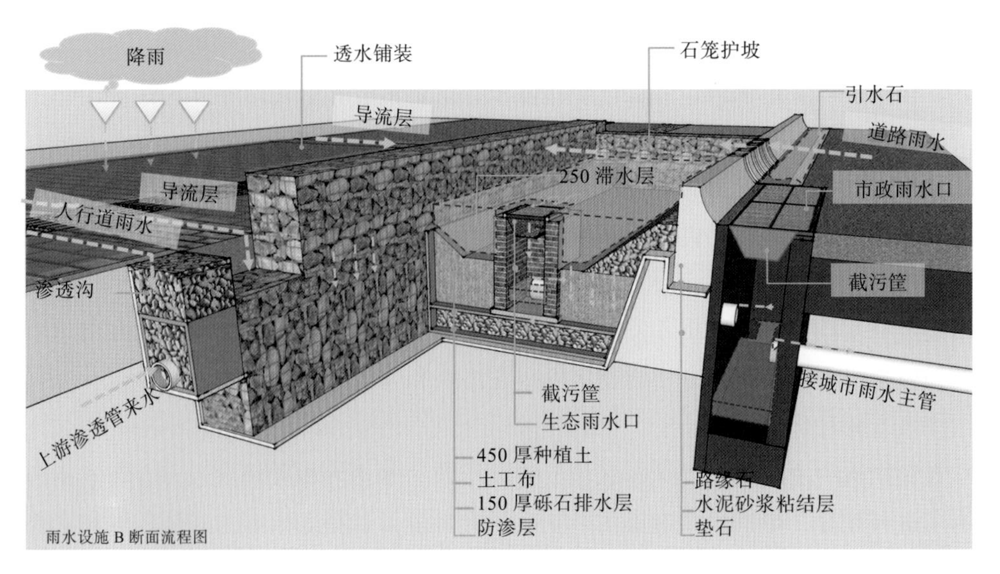

图 6-3-67　模块 B 断面图

此外，道路绿化带设滞留设施，为防止绿化用水侵入路基，造成路基的破坏，在绿化带底部设置防水复合土工膜（两布一膜）。由于绿化带内种植土下挖 1.1m，考虑到立缘石和人行道的稳定性，在立缘石绿化带一侧设置垫石，以防倾覆，人行道靠绿化带一侧设置锁边石，保证人行道的稳定性。做法详见设施结构示意图 6-3-68。

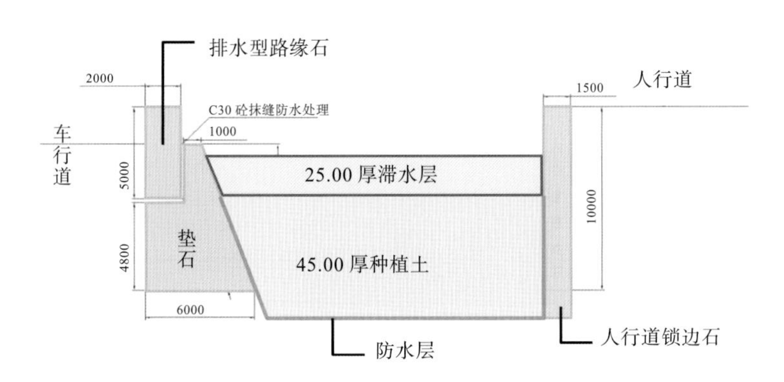

图 6-3-68　设施结构示意图

（5）植物配置方案

①现场原有植物利用

对现场植物种类做出调研、统计、分类、分析、定位，为进行植物种植设计提供基础资料。例如对于场地现有的生长良好、与规划设计不相违背的植物就地保留，雨水设施模块内的植物配置应充分利用周边现状植被条件进行设计，新种植如有与规划设计严重不合的植物要做出相应的方案调整，对植物做出保护措施，对于生长较差的植物加以生态保护，并设计生态认知、景观营造等景观处理方式。

②植物种类多样性

在植物配置方面充分考虑植物的多样性配置，考虑植物种类之间互相组合的适宜度把控，在现有植被条件下对现状植被进行小范围的梳理，形成乔灌草覆层的稳定、美观的植物空间与生态小环境，改变原有单一而脆弱的植物群落。在形成稳定的植物组群基础上，可根据不同的设计要求来适当增加不同需求的树种，在绿道较宽的地段选择多样的植物来形成稳定的生态斑块和丰富的景观空间。

③乡土树种优先

在植物选种中应考虑当地的区域气候、土壤、水文等相关环境条件，以本土树种为主进行配置，形成稳定健康的植物生长大环境，选择固碳能力较强的树种，不可为追求景观效果而一味地引进外来植物品种而对现有生境造成威胁和破坏。

④生态优先

根据不同区域的生态功能需求进行相应的植物种植设计。例如雨水花园的设计，因为除了雨季之外均为干旱状态，应采用耐水淹、耐干旱、净化效果良好的乡土植物，根据不同的净化等级布置不同种类、不同耐水程度的净化植物种类，每个等级配置多种不同的植物达成一个稳定的生态小环境，同时考虑景观效果的营造，达到生态与景观美观的统一。在植草沟等生态处理地段采用生态功能良好的植物，对土壤完成净化、修复过程。

（6）设计调蓄容积核算

经过核算，设计调蓄容积达到 277.68m^3，大于目标调蓄容积 253.5m^3 的要求，年径流控制率达到 56.8%，对应设计降雨量 5.6mm，年 SS 去除率达到 36.3%，详见表 6-3-16。

海绵设施一览表　　表 6-3-16

设施类型	模块 A（41 个）	模块 B（41 个）	透水铺装	下凹绿地	总计
设施面积（m²）	358.8	174.8	3538	4274	—
调蓄容积（m³）	71.76	34.96	—	170.96	277.68

5　建设成效

文苑路自 2018 年 11 月竣工后，植被长势良好，并在 2018 年雨季发挥了较好的源头减排作用（图 6-3-69）。

图 6-3-69 改造前后照片对比图